信息安全保障人员培训教程

工业控制系统网络安全

GONGYE KONGZHI XITONG WANGLUO ANQUAN

中国信息安全认证中心

◎主　编 张　剑　◎副主编 王志威　张彬哲　张记卫 钱晓斌

★★★ CISAW ★★★

电子科技大学出版社

图书在版编目（CIP）数据

工业控制系统网络安全 / 张剑主编. - - 成都：电子科技大学出版社, 2017. 5

ISBN 978 - 7 - 5647 - 4500 - 4

Ⅰ. ①工… Ⅱ. ①张… Ⅲ. ①工业控制系统 - 信息安全 - 研究 Ⅳ. ①TP273

中国版本图书馆 CIP 数据核字 (2017) 第 109319 号

内容提要

本书全面阐述了工业控制网络和工业控制系统，论述了工业控制网络的特点和面临的安全威胁，给出了工业控制网络的风险评估方法和流程，阐述了工业控制网络中具体的安全防护体系和防护技术。本书介绍了工业控制网络相关的一些法律法规和标准规范，并结合典型行业应用中的工业控制网络，分析了安全防护体系和具体的安全防护技术。本书作为信息安全保障人员认证（CISAW）工业控制安全技术方向专业教材，与《信息安全技术》《信息安全技术应用》基础教材配套使用。

本书包括工业控制网络方面的基本概念、基本方法和较为深度的技术方法，适合不同层次的学员和相关领域的技术与管理人员使用。

工业控制系统网络安全

gōng yè kòng zhì xì tǒng wǎng luò ān quán

张剑 主编

王志威 张彬哲 张记卫 钱晓斌 副主编

策划编辑 万晓桐 徐守铭

责任编辑 万晓桐 徐守铭

出版发行 电子科技大学出版社

成都市一环路东一段 159 号电子信息产业大厦九楼 邮编 610051

主 页 www. uestcp. com. cn

服务电话 028 - 83203399

邮购电话 028 - 83201495

印 刷 成都市火炬印务有限公司

成品尺寸 185mm × 260mm

印 张 17. 5

字 数 448 千字

版 次 2017 年 5 月第一版

印 次 2017 年 5 月第一次印刷

书 号 ISBN 978 - 7 - 5647 - 4500 - 4

定 价 62. 00 元

丛书编委会

工业控制系统网络安全

主　编：张　剑

副主编：王志威　张彬哲　张记卫　钱晓斌

编　委：（以汉字拼音为序）

白　波　董黎芳　冯文博　冯显亮　何宛馨　黄　伟

马文杰　乔思远　王　行　王　亮　王　勇　王中东

武传坤　武　文　邢　鹏　杨　苹　杨　莹　张大江

张辉文　赵　杰　周家豪

序

2014年，我国提出了建设网络强国战略与目标。实现网络强国，培养和造就网络与信息安全人才队伍是关键。据调查，截至2014年年底，国内网络与信息安全人才缺口高达50万人，并呈现持续增长的趋势。加快人才培养是我国经济社会发展和信息安全体系建设中的一项长期性、全局性和战略性的任务。

作为我国专业信息安全认证机构和培训机构，中国信息安全认证中心以保障国家网络与信息安全为己任，于2011年推出了信息安全保障人员认证（CISAW）。CISAW认证是面向IT从业人员、在校学生，特别是与网络与信息安全密切相关的高级管理人员、专业技术人员推出的人员资格认证和专业水平认证。CISAW认证的推出和实施，为培养和造就我国网络与信息安全人才探索了一条有效途径，得到了业内专家和社会各界的好评。

推行CISAW认证，编写高质量的教材尤为重要。鉴于此，中国信息安全认证中心组织国内信息安全保障的专业技术和应用领域的专家，依据《信息安全保障人员认证考试大纲》要求，结合信息安全保障工作的各岗位知识和应用能力要求，共同编著了信息安全保障人员认证系列教材，其中包括《信息安全技术》《信息安全技术应用》和《信息安全实验》3本基础教材；《软件安全开发》《信息系统安全集成》《信息安全管理》《信息安全咨询手册》《信息系统安全运维》《信息系统安全审计》《信息安全风险管理》《网络攻防技术》《业务连续性管理》《云计算安全》《物联网安全》和《工业控制安全》12本专业技术应用教材；《电子政务安全》《电子商务安全》《交通服务信息安全》《能源服务信息安全》《医疗卫生信息安全》《教育服务信息安全》《金融服务信息安全》《通信服务信息安全》《宾馆服务信息安全》和《物流服务信息安全》10本应用领域教材。

本系列教材以实用为首要原则，从统一的信息安全保障模型出发，构建了包括信息安全技术基础知识、信息安全专业技术知识和应用领域安全保障管理知识的完整信息安全保障知识体系。既是广大 CISAW 认证申请者的考试指导用书，同时也是广大信息安全保障工作者的工作指南和参考用书。

希望本系列教材的出版，能为广大信息安全保障从业者学习、工作和申请认证提供指导和帮助。

是为序。

中国信息安全认证中心主任　魏昊

2014 年 12 月 28 日

前 言

2016年11月7日，第十二届全国人大常委会第二十四次会议表决通过了《网络安全法》，并将于2017年6月1日起施行。这标志着我国已经进入依法治理网络，依法保护网络安全的时代。

2015年6月，国务院学位委员会等机构批准成立“网络空间安全”一级学科。这意味着国家在培养网络空间安全人才方面将要加快步伐。网络安全的建设需要创新技术，更需要人才。为了能快速培养具有网络安全知识的人才，中国信息安全认证中心组织了多种课程的人才培训，效果明显。在网络安全相关领域的人才培训过程中，培训内容也在不断丰富和更新。但是，工业控制安全领域的人才培训仍然欠缺，其主要原因是工业控制安全领域是一个跨学科的领域，涉及工业控制领域与信息安全领域，而这两个领域的交叉存在一定难度。

工业控制网络安全是网络空间安全的重要组成部分，其安全隐患具有重要的社会影响。为了尽快完善网络安全认证工作，我们组织编写了这本培训教材。本书以工业控制网络安全的相关理论为基础，结合业界的实际操作经验，对工业控制网络安全的全生命周期进行了论述。

全书共分7章，第1章介绍了工业控制系统网络安全的发展历程，分析了工业控制系统网络存在的安全漏洞、由此导致的典型网络安全事故、我国工业控制系统网络安全面临的严峻形势等；第2章从技术上对工业控制系统进行了全面描述，包括常见的工业控制系统架构、典型工业控制协议、工业控制系统的网络架构等；第3章描述了工业控制系统风险评估，包括风险评估的概念、意义和方法，风险评估流程和实施，工控系统对风险的处置策略等；第4章介绍工业控制系统安全防御体系，从不同层面对工业控制系统网络安全的防御技术方法和策略进行了详细描述；第5章介绍了具体的工业控制系统网络安全防护技术，包括对结构安全的防护技术，对主机和设备安全的防护技术，对行为安全的防护技术，对基础软硬件安全的防护技术，并介绍了工控系统中特有的安全白名单技术和常见的工控系统网络安全检测工具；第 6 章针对电力行业和石油化工行业，描述了工业控制系统网络安全典型应用案例；第 7 章介绍了工业控制系统网络安全相关法律法规和标注等。

本书在编写过程中得到《信息安全保障人员认证考试用书》编委会的指导，同时得到中国信息安全认证中心、北京匡恩网络科技有限责任公司、国卫信安教育科技（北京）有限公司和四川省中认信安技术服务有限公司的大力支持，在此表示衷心感谢。

由于我们水平有限，错误之处在所难免，欢迎读者批评指正，帮助我们在以后的培训中进行修改，提高教材的质量。

张剑

2017 年 2 月

目 录

第 1 章

工业控制系统网络安全发展历程

工业控制系统网络安全是集成了信息系统网络安全技术与工业自动化控制技术的跨学科的全新领域，是网络安全在工业控制领域的延续。工业控制系统网络安全与国家安全、经济安全和民生安全息息相关，是信息时代国家经济和社会建设的基础性问题，也是当前加快推进产业转型升级、维护社会和谐稳定的最迫切的现实问题。

1.1 网络安全技术发展历程

随着互联网的普及和信息化建设步伐的加快，人们的工作、生活已严重依赖于网络，互联网已成为国家的重要基础设施。然而，互联网在带给人们极大便利的同时也带来了许多网络安全问题，网络安全问题正成为制约互联网、工业生产、关键基础设施的发展，甚至国家安全的重要因素。

1.1.1 网络安全的起源

1968 年，美国国防部高级研究计划局组建了一个计算机网，名为 ARPANET（英文 Advanced Research Projects Agency Network 的缩写，又称"阿帕"网）。按央视的数据，新生的"阿帕"网获得了国会批准的 520 万美元的筹备金及两亿美元的项目总预算，是当年中国国家外汇储备的 3 倍。时逢美苏冷战，美国国防部认为，如果仅有一个集中的军事指挥中心，万一被苏联摧毁，全国的军事指挥将处于瘫痪状态，所以需要设计一个分散的指挥系统。它由一个个分散的指挥点组成，当部分指挥点被摧毁后其他点仍能正常工作，而这些分散的点又能通过某种形式的通信网取得联系。

1969 年，"阿帕"网第一期投入使用，有 4 个节点，分别是加利福尼亚大学洛杉矶分校、加利福尼亚大学圣巴巴拉分校、斯坦福大学以及位于盐湖城的犹它州州立大学。

位于各个结点的大型计算机采用分组交换技术，通过专门的通信交换机（IMP）和专门的通信线路相互连接。一年后“阿帕”网扩大到 15 个节点。1973 年，“阿帕”网跨越大西洋利用卫星技术与英国、挪威实现连接，扩展到了世界范围。

1975 年，“阿帕”网由美国国防部通信处接管。在全球，已有大量新的网络出现，如计算机科学研究网络（Computer Science Research Network，CSNET）、加拿大网络（Canadian Network CDnet）、因时网（Because It's Time Network，BITNET）等。

1982 年中期“阿帕”网被停用过一段时间，直到 1983 年“阿帕”网被分成两部分，即用于军事和国防部门的军事网（MILNET）以及用于民间的“阿帕”网版本。用于民间的“阿帕”网改名为互联网。

1986 年，一家巴基斯坦电脑公司为了防止自己出售的软件被非法拷贝而编写了“大脑（Brain）”程序。该程序运行在 DOS 操作系统下，通过软盘在不同的计算机之间传播。该程序能够追踪到有多少人在非法使用该公司的软件，成为世界上公认的第一个在个人电脑上广泛传播的计算机病毒。

1988 年，美国人罗伯特·莫里斯把一个“蠕虫”病毒程序放到了互联网上。该病毒迅速扩散蔓延，最终导致了数千台连接互联网的计算机瘫痪。这个被称为“莫里斯（Morris）蠕虫”程序的出现使相关人员意识到互联网并不是他们想象中的那样安全，从此以后计算机网络安全问题得到了越来越多的关注与重视，网络安全技术的研究得以广泛开展，网络安全革命也随之爆发。

1.1.2 网络安全技术发展历程

网络安全技术的发展经历了面向信息的安全保障和面向业务的网络安全保障、面向服务的安全保障三个阶段。[1]

1.1.2.1 面向信息的安全保障

从计算机诞生一直到 20 世纪 90 年代末期，这段时间计算机网络刚刚兴起，各行各业的信息正在陆续实现电子化，不同行业和领域的业务系统相对独立。在需要交换信息时，通常通过建立特定的数据格式和文件格式，以及数据交换区的形式来实现。这个阶段的信息量相对较小，复杂程度也较低，因此能够实现对信息进行直接的安全保障。

面对信息的安全保障，体现在对信息的产生、传输、存储、使用过程中的保障，主要的技术是信息加密，保障信息不外露在“光天化日”之下。因此，信息安全保障设计的理念是以风险分析为前提，如 ISO13335 风险分析模型，找到系统中的“漏洞”，分析漏洞能带来的威胁，评估堵上漏洞的成本，再“合理”地堵上“致命”漏洞，威胁也就消失了。

在此阶段，安全技术一般采用防护技术，加上人员的安全管理，出现的最多的是防火墙、加密机等，但大多边界上的防护技术都属于识别攻击特征的“后升级”防护方式。

1.1.2.2 面向业务的网络安全保障

随着信息化的深入和互联网的普及，网络成了人们工作与生活中重要的信息通道，上个世纪末还是梦想的“无纸化”办公，在短时间内迅速实现。从邮件系统、OA 系统到电子商务、电子政务，互联网已经深入到社会的各个角落。此时计算机的故障、网络的中断已经不再是 IT 管理部门的小事件，往往是整个企业的大故障，有些金融、物流、交通等企业，网络的故障完全可以导致企业业务的中断，企业的停业。此时，需要保护的信息不再只是某些文件，或者某些特殊权限目录的管理，而是用户的访问控制、系统服务的提供方式，此时要保障的不再只是信息，而是整个业务系统，以及业务的 IT 支撑环境，业务本身的安全需求，超过了信息的安全需求，安全保障自然也就从业务流程的控制角度考虑了，这个阶段我们称为面向业务的安全保障。

系统性的安全保障理念，不仅是关注系统的漏洞，而且从业务的生命周期入手，对业务流程进行分析，找出流程中的关键控制点，从安全事件出现的前、中、后三个阶段进行安全保障。具体的保障设计，“花瓶模型”给了我们一个清晰的设计框架，把安全保障分为防护技术、监控手段、审计威慑三个部分，其中防护技术沿用信息安全的防护理念，同时针对“防护总落后于攻击”的现状，全面实施系统监控，对系统内各个角落的情况动态收集并掌握，任何的风吹草动都及时察觉，即使有危害也减少到最小程度，攻击没有了“战果”，也就达到了防护的目的；另外，针对网络事件的起因多数是内部人员，采用审计技术可以取证追究，是震慑不法小人的恶意滋生的“武器”。

面向业务的安全保障不只是建立防护屏障，而是建立一个立体的“陆海空”防护体系，通过更多的技术手段把安全管理与技术防护联系起来，不再是被动地保护自己，而是主动的防御攻击，也就是说：面向业务的安全防护已经从被动走向主动，安全保障理念从风险承受模式走向安全保镖模式。

1.1.2.3 面向服务的安全保障

随着网络上业务系统越来越多，各个业务系统的边界逐渐模糊，系统间需要相互融合，数据需要互通交换，若能把多个业务系统的开发与运营统一到一个管理平台上来，不仅方便新业务的开发，而且可以缓解日益严重的运营维护危机，此时 Web 2.0 技术出现了，不仅继承了免客户端维护的 B/S 架构、而且可以方便交互的方式促使业务模式的开发，很多软件公司把它作为 SOA（面向服务的架构）架构的实现基础。

软件开发的模式改变了，对业务流程的分析方式也就不同了，因为“流程片段”对于使用者来说是组件积木，也是只关心其外部功能的“黑箱”，安全保障不仅是组件间的环节控制，对组件本身的安全同样需要。对单个业务的安全保障需求演变为对多个业务交叉系统的综合安全需求，IT 基础设施与业务之间的耦合层度逐渐降低，安全也分解为若干单元，安全不再面对业务本身，而是面对使用业务的客户，具体地说就是用户在使用 IT 平台承载业务的时候，涉及该业务安全保障，由此，安全保障也从面向业务发展到面向服务。

1.1.3 我国网络安全技术发展历程

我国网络安全技术发展历程大致可分为宣传启蒙、开始、逐渐走向正轨、快速发展等四个阶段。[2]

1.1.3.1 宣传启蒙阶段：20 世纪 80 年代末之前

1986 年由缪道期牵头的中国计算机学会计算机安全专业委员会正式开始活动，以及 1987 年国家信息中心信息安全处，这个第一个专门安全机构的成立，从一个侧面反映中国的计算机安全事业的起步。

这个阶段的典型特征是国家尚没有相关的法律法规，没有较完整意义的专门针对计算机系统安全方面的规章，安全标准也少，也谈不上国家的统一管理，只是在物理安全及保密通信等个别环节上有些规定：广大应用部门也基本上没有意识到网络安全的重要性，只在个别部门和部门的少数有些网络安全的意识的人们开始在实际工作进行摸索。在此阶段，网络安全的主要内容就是实体安全；八十年代后期开始了防计算机病毒及计算机犯罪的工作，但都没有形成规模。

1.1.3.2 开始阶段：20 世纪 80 年代末至 20 世纪 90 年代末

从 20 世纪 80 年代末以后，随着我国网络应用的迅速拓展，各个行业、企业的安全需求也开始显现。除了此前已经出现的病毒问题，内部信息泄漏和系统宕机等成为企业不可忽视的问题。此外，90 年代初，世界信息技术革命使许多国家把信息化作为国策，美国“信息高速公路”等政策也让中国意识到了信息化的重要性，在此背景下我国信息化开始进入较快发展期，中国的网络安全事业也开始起步。

在这个阶段，一个典型的标志就是关于计算机安全的法律法规开始出现——1994 年公安部颁布了“中华人民共和国计算机信息系统安全保护条例”，这是我国第一个计算机安全方面的法律，较全面地从法规角度阐述了关于计算机信息系统安全相关的概念、内涵、管理、监督、责任。

另一个中国信息安全产业起步的重要标志是，在这个时期中，许多企事业单位开始把信息安全作为系统建设中的重要内容之一来对待，加大了投入，开始建立专门的安全部门来开展信息安全工作；一大批基于计算机及网络的信息系统建立起来并开始运行，在本部门业务中起到重要作用，成为不可分的部分，如金融与税务业——可以说，企事业界对信息安全的重视对整个信息安全学术发展起到了推动作用，这是产业市场发展的关键之一。

还有一个不能不提到的变化是，在 20 世纪 90 年代，一些学校和研究机构开始将信息安全作为大学课程和研究课题，安全人才的培养开始起步，这也是中国安全产业发展的重要标志。

1.1.3.3 逐渐走向正轨阶段：20 世纪 90 年代末至 2013 年

从 1999 年前后到现在，中国安全产业进入快速发展阶段，逐步走向正轨。标志走向正轨的最重要特征，就是国家高层领导重视信息安全工作，国家出台了一系列重要政策、措施。1999 年国家计算机网络与信息安全管理协调小组和 2001 年国务院信息化工作办公室成立专门的小组负责网络与信息安全相关事宜的协调、管理与规划，都是国家信息安全走向正轨的重要标志。与此同时，国家在信息安全的法律、规章、原则、方针上都有对应措施。发布了一系列文件。

同时，这个阶段安全产业和市场开始迅速发展，增长速度明显加快。1998 年中国信息安全市场销售额仅 4.5 亿元人民币左右，之后 10 年间以惊人的速度发展，至 2012 年，市场预计接近 300 亿人民币。其中，中国自主研发、自主生产的安全设备发展较快，品种也逐步健全。

1.1.3.4 快速发展阶段：2014 年至今

2014 年是中国接入国际互联网 20 周年。20 年来，中国互联网抓住机遇，快速推进，成果斐然。国家对网络安全的重视日益加强：2014 年 2 月 27 日，中央网络安全和信息化领导小组成立，国家主席习近平亲任小组组长。该小组将研究制定网络安全和信息化发展战略、宏观规划和重大政策，推动国家网络安全和信息化法治建设，不断增强安全保障能力。

为保障网络安全，维护网络空间主权和国家安全、社会公共利益，保护公民、法人和其他组织的合法权益，促进经济社会信息化健康发展，2016 年 11 月 7 日《中华人民共和国网络安全法》发布，正式做到有法可依。

1.1.4 新技术、新要求对网络安全的挑战

近年来，政府机构和重要信息系统部门通报安全事件数量呈现几何增长，重大网络安全事件时常在新闻报道中出现。大数据、云计算、两化融合……当诸多与网络相关的新名词深入日常社会生活中时，“安全”成了最基础也最有挑战性的问题。[3]

1.1.4.1 大数据时代的网络安全新挑战

数据密集型科学是继实验科学、理论科学、计算机科学之后，科学研究的又一个热点与重大变革。以大数据为代表的数据密集型科学已经带来数据处理领域的重大技术变革。

大数据（Big Data）并不仅仅是指大量的数据。国际数据公司（IDC）从大数据的四个特征来定义大数据：庞大的数据规模（Volume）、多样的数据类型（Variety）、巨大的数据价值（Value）、高效的处理方式（Velocity）。

庞大的数据规模（Volume）。据统计，到目前为止全世界生产的所有印刷品所包含的数据量大约是200PB的量级，全世界从古至今人类说过的所有的话的数据量大约是5EB的量级。而在大数据时代，数据规模的增长速度呈几何级增长，一些企业的数据量就已经突破了PB级，接近了EB量级。

多样的数据类型（Variety）。通常在数据库中数据被分为结构化数据和非结构化数据。在大数据时代，相对于以往便于存储的以文本为主的结构化数据，网络日志、音频、视频、图片、地理位置信息等非结构化数据的增长大大加快，数据类型的多样性和复杂性对数据的处理能力提出了更高要求。

巨大的数据价值（Value）。大数据包含了社会生活各方面的信息，具有巨大的价值，但是这些有价值的信息隐藏在海量的数据中。通常价值密度的高低与数据总量的大小成反比。如何通过强大的运算能力和更高效的算法更迅速地完成数据的价值的分析和提取，是目前大数据背景下亟待解决的难题。

高效的处理方式（Velocity）。在海量的数据面前，处理数据的效率就是大数据的生命。大数据的分析与处理与传统数据挖掘技术有着很大的不同，包括大规模并行处理（MPP）数据库、数据挖掘电网、分布式文件系统、分布式数据库、云计算平台、互联网和可扩展的存储系统等新技术的应用，极大地提高了大数据的处理效率。[4]

大数据技术发展面临更多的网络安全风险。大数据时代，随着数据量级的几何级增大，对海量数据进行网络安全防护的难度也变得更加困难。同时，大数据通常采用的分布式处理技术也极大增加了数据泄露的风险。

大数据成为国家核心资产。2012年达沃斯论坛上发布了名为《大数据大影响》的报告，报告称数据已成为一种新的经济资产类别，就像货币或黄金一样。2012年3月，美国宣布投资2亿美元启动“大数据研究和发展计划”，借以增强收集海量数据、分析萃取信息的能力。[5]美国政府已把“大数据”上升到国家战略层面。美国政府认为，一个国家拥有数据的规模、活性及解释运用的能力将成为综合国力的重要组成部分，未来对数据的占有和控制甚至将成为继陆权、海权、空权之外国家的另一个核心资产。[6]

大数据带来的巨大商业价值。近年来，甲骨文、IBM、微软、SAP等大型企业集团正纷纷投向大数据产业，累计投入超过15亿美元。大数据使得每个人的行为都充分的暴露在互联网上，海量的智能终端、随时在线的网络传输、互动频繁的社交网络使得商业生态环境在正在发生巨大的变化。大数据企业有机会进行大规模的精准化的行为研究，其带来的利益足以使企业占据未来竞争的制高点。

大数据的发展不仅带来了新机遇，同时也带来了更多网络安全风险。

1. 大数据成为吸引黑客攻击的显著目标。一方面，海量数据的汇聚会吸引更多的潜在攻击者，攻击大数据中心可以一次性获得更多复杂、敏感的数据；另一方面，数据的大量汇集，使得黑客成功攻击一次就能获得更多数据，无形中降低了黑客的进攻成本，增加了“收益率”。

2. 大数据加大隐私泄露风险。大量数据的汇集不可避免地增加了用户隐私泄露的风险。一方面，数据集中存储增加了泄露风险；另一方面，一些敏感数据的所有权和使用权并没有明确界定，其中涉及到个人隐私，很多基于大数据的分析挖掘技术都未考虑这一问题。

3. 大数据安全挑战存储和安防措施。大数据的存储带来了新的安全问题，海量数据通过虚拟化技术进行集中存储、分布式存储，后果是数据存储的复杂多样。大数据安全防护技术的更新升级速度无法跟上数据量非线性增长的步伐，就会暴露大数据安全防护的弱点和漏洞。

4. 大数据技术成为黑客的攻击手段。在企业利用数据分析与挖掘技术获取商业价值的同时，黑客也在利用这些技术向企业发起攻击。大数据分析使黑客能够收集更多社交网络、邮件、微博、电子商务、电话和家庭住址等信息，因此攻击行为更加精准。

5. 大数据成为高级持续威胁行为（APT）的载体。传统的安全检测技术是在单个时间点基于威胁特征进行实时匹配检测，而高级持续威胁（APT）是一个实施过程，往往不具有明显的行为特征，因此难以被检测到。黑客可以将攻击隐藏在大数据中，庞大的数据量掩盖了攻击行为，给安全检测带来很大困难。黑客可以通过欺骗的方法误导安全厂商目标信息提取和检索，从而导致安全监测偏离正确方向。

6. 大数据技术为信息安全提供新支撑。大数据在带来新的安全问题的同时，也为信息安全的发展提供了新机遇。网络攻击行为在组织和实施阶段总会留下蛛丝马迹，这些痕迹都以数据的形式隐藏在大数据中。对于大数据的分析有助于信息安全服务提供商更快地发现网络异常行为，在黑客的攻击行为尚未完成之际发现蛛丝马迹，从而提前预警和拦截，防止诈骗和阻止黑客入侵。利用大数据技术整合计算和处理资源有助于更有针对性地应对信息安全威胁，有助于找到攻击的源头。[7]

1.1.4.2 云计算面临的网络安全挑战

云计算是以虚拟化技术为基础，以网络为载体提供基础架构、平台、软件等服务为形式，整合大规模可扩展的计算、存储、数据、应用等分布式计算资源进行协同工作的计算模式。[8]

云计算技术的出现使得人们可以直接通过网络应用获取软件和计算能力，这一新的模式将会给传统的 IT 产业带来一场巨大的变革。随着云计算技术的普及，云计算的市场规模正在快速增长。根据国际数据公司（IDC）的数据，全球云计算市场规模 2008 年为 160 亿美元，到 2012 年则增加到了 420 亿美元，占总投入比例也将由 4.2% 上升到 8.5%。此外，甘特纳（Gartner）的数据分析和投资机构美林集团（Merrill-Lynch）的数据分析均表示云计算产业正在飞速增长，市场规模迅速扩大。[9]

云计算飞速发展，但安全措施相对滞后，由此带来了严重的安全隐患。近年来，云服务提供商频频出现严重的安全事件。2008 年亚马逊云服务出现了网络宕机事件，使得包括 Twitter，SmugMug，37Signals 和 AdaptiveBlue 等知名网站在内的几千个基于亚马逊云服务的的云计算和云存储的站点受到影响，此后又发生多次中断事故。2009 年谷歌 Gmail 邮箱爆发全球性故障，由于位于欧洲的数据中心例行性维护，导致欧洲另一个数据中心过载，连锁效应迅速波及其他数据中心，最终致使全球性断线，服务中断时间长达 4 个小时[9]。同样是 2009 年，谷歌云服务发生了大批用户文件外泄事件，微软的云计算平台 Azure 停止运行长达 22 小时，大量的安全事故层出不穷。

RSA，Gartner，CSA，SUN，IBM 等国际网络安全研究机构和组织都对云安全开展了深入的研究。RSA 在其云计算安全白皮书中，列举了供应商管理、技术标准、数据可迁移性、数据机密与隐私、访问控制、符合性、以及安全服务水平等方面的安全度量指标，并总结了基础设施、身份、信息 3 大类云计算安全要素。RSA 实验室的 Bowers 等人还提出了一种高可靠性、完整性云存储模型 HAIL，并进行了安全性和效率方面的实验[9]。

2008 年 Gartner 发布的一份名为“云远程登录：安全风险与补救措施（Teleworking in the Cloud：Security Risks and Remedies)”的报告，列举了云计算存在的特权用户接入、可审查性、数据位置、数据隔离、数据恢复、调查支持、长期生存性 7 大安全风险。报告认为，云计算需要进行全面的安全风险评估，包括数据完整性、数据恢复及隐私等。此外，还应对电子检索、可监管性及安全审计等问题进行法律方面的评价[9]。

2008 年 IBM 发布《新兴安全性技术趋势展望》白皮书，对接下来的几年内将会影响安全性环境的九个重要的趋势和技术进行了概括，其中排在第一位的是“保护虚拟化环境的安全”。具体包括对云计算环境中以下 3 方面问题的解决：

1. 各组织（云服务提供商）应该准备好强有力的单独管理功能，通过可在多个虚拟化平台间应用的分离策略，可以从其余用户中分离出专用于某个用户的应用、数据和基础设施；

2. 应该像保护物理环境那样有力地保护和管理虚拟环境的完整性，应该将网络监控和入侵防御等传统的安全性功能应用到虚拟环境中；

3. 由于虚拟化资源是作为数据图像存储的，所以有可能遭到污染，各组织应该建立图像管理功能，以保护并维护包括功能强大的变更和批处理管理程序等在内的资源定义。

2009 年云安全联盟（CSA）在 RSA 大会上正式成立。CSA 发布了一份名为“云计算关键领域安全指南”的报告。全面概括了云计算用户和提供商必须解决的 15 个安全问题，包括便携性与互用性，数据中心，操作管理，法规与审计，事件响应、告知与修复，应用安全，加密与密钥管理，身份认证与访问控制等，涵盖了和云计算相关的法律、技术和管理等各方面[9]。

1.1.4.3 两化融合带来的网络安全威胁

两化融合是信息化和工业化的深度结合，是以信息化带动工业化、以工业化促进信息化的新型工业化道路，以信息化为支撑的工业化可持续发展模式[10]。

两化融合是具有中国特色的发展模式，十八大开创性地提出走中国特色新型工业化、信息化、城镇化、农业现代化道路，推动信息化和工业化深度融合、工业化和城镇化良性互动、城镇化和农业现代化相互协调，促进工业化、信息化、城镇化、农业现代化同步发展。并提出了到 2020 年全面建成小康社会时，要达到“工业化基本实现，信息化水平大幅提升”的目标[11]。随着十八大明确提出“两化深度融合”和“四化协同发展”的战略要求，我国的两化融合工作面临新的安全挑战。

随着两化深度融合的推进，以往的安全边界都在逐渐消失，生产性信息技术、销售物流、零部件产业、商业信息技术等领域都将联系到一起。数字世界和现实世界日益融合，网络安全挑战越发严峻。信息通信技术渗透至生活和工作的每个领域。数字世界和现实世界的界限日益模糊。与此同时，网络入侵行为向着专业化、组织化的方向发展，其攻击目标明确，拥有充足的信息资源和资金支持，传统的预防方式已不足以应对新情况，网络安全挑战越发严峻。工业控制系统网络安全是其典型代表[12]。

1.2 工业控制系统网络安全发展历程

工业控制系统（Industrial Control Systems，ICS）由几种不同类型的控制系统组成，包括数据采集与监视控制（SCADA）系统，分布式控制系统（DCS），过程控制系统（PCS）、可编程逻辑控制器（PLC）和远程终端单元（RTU）等。工业控制系统广泛应用于我国电力、水利、污水处理、石油化工、冶金、汽车、航空航天等诸多现代工业，其中超过 80%的涉及国计民生的关键基础设施（如铁路、城市轨道交通、供排水、邮电通信等）都依靠工业控制系统来实现自动化作业，随着国务院“中国制造 2025”战略提出，中国工业控制领域正在发生重大的变革，两化深度融合是产业结构调整和升级转型的重要支撑，工业控制系统网络安全已经成为两化融合的重要组成部分，深刻地影响着工业控制系统及相关产业的发展，工业控制系统网络安全风险所带来的，不再仅仅是信息泄露、信息系统无法使用等“小”问题，而是会对现实世界造成直接的、实质性的影响，其安全性不仅关系到生产安全和经济发展，甚至影响到社会稳定和国家安全。

1.2.1 从网络安全到工业控制系统网络安全

随着信息技术的迅猛发展，远程自动化对设备间的信息互联互通的要求越来越高，针对工业控制系统的安全威胁接踵而至。如何实现控制网络互联互通的情况下保证安全性是目前摆在工业企业及设备制造商面前的难题。现有的工业控制系统安全强调边界安全、应用分区，并通过既有传统的信息安全技术，制定相应的管理措施和监督体系来保证各种安全措施的正确实施，这些措施虽然在应对现有的安全威胁时可以起到部分令人满意的效果。但是近些年来，随着IT技术和应用的迅猛发展，新的安全威胁接踵而至，基于不同的目的，种种对公用设施和控制系统进行攻击的案例频繁发生，这些攻击具有破坏力大、影响恶劣、攻击技术新颖（混合多种专业技术）等新的特点，此类打击已不再是传统的信息危害，而是对一个国家的安全造成了实质性的威胁[13]。

自工业控制网络安全这一课题被业界人士提出以来，国内外工业控制系统网络安全防护的理念经历了一系列的发展演变过程，总的来说可以划分为四个阶段，如图1-1所示。

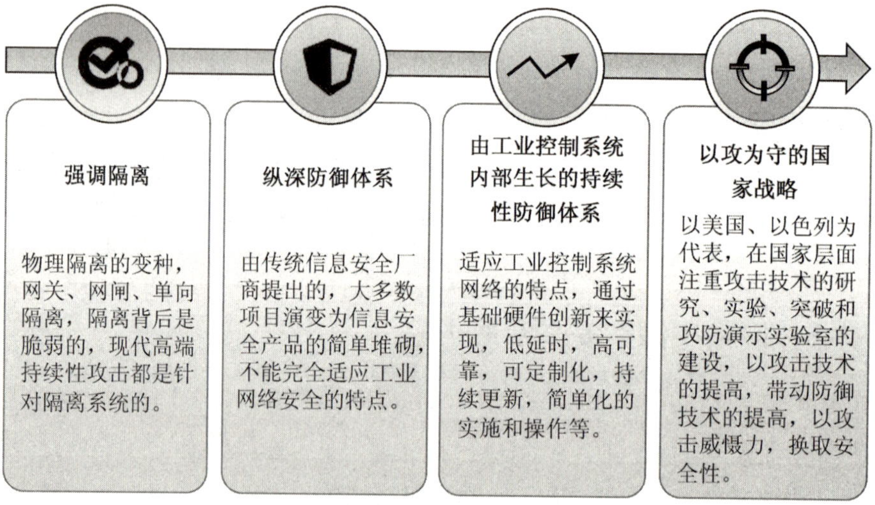

图1-1　国际工业控制系统网络安全防护理念经历四个阶段

第一个阶段是以隔离为手段的安全防护理念。在我国工业化、信息化两化融合伊始，隔离就成为了企业用户、集成商、供应商应对工业控制系统网络安全的“庇护伞”。工业控制系统是一个“信息孤岛”成为了行业内根深蒂固的思想，直至2010年“震网”病毒爆发，人们才开始意识到隔离在整个工业控制系统网络安全防护中只是一种手段，并非解决一切问题的方法[14]。隔离手段在工业控制系统内有各种实现方式，比较常用的有物理隔离或在系统边界部署网闸进行隔离，以隔离为手段的防护理念其风险在于：一旦隔离被连通后，其系统内部的脆弱性就会被一览无遗。

第二个阶段是纵深防御的安全防护体系。纵深防御这一概念是由IT厂商提出的，近年来在学术界、工业界也一直被提及用于工业控制系统网络安全的防护。这个理念从信息安全领域自然延伸，自有其在网络安全防护上的功效与成果，但是在实际的工业控制系统网络安全防护实施过程中，设备供应商、安全供应商并未解决实际问题。首先，设备供应商推卸责任。工业控制设备供应商出于自身利益，缺乏工业控制安全的基因与动力。例如，某厂商在被工业控制网络病毒攻击成为众矢之的后，提出了一个纵深防御的体系，将业主自身的运维管理、工厂其他信息设备的漏洞均纳入到其以产品为核心的纵深防御体系中的一环，分摊了事件的责任，却没有给出一个落到实处的解决方案。其次，安全供应商偷换概念。其为工厂用户所建立的纵深防御体系往往会变成一个简单的信息安全产品的堆砌，收人钱财而未替人消灾。工业控制网需要尽可能少的故障点，而部署了大量的信息安全产品后，故障点不减反增。信息安全产品中的防火墙、防病毒等工具，是信息网络中形成的分化产物，在追求稳定性、可用性、实时性的工业控制网络中，反而会带来一系列问题。

第三阶段是工业控制系统内部生长的持续性防御体系。在经历了一系列事件后，国外的工业控制系统网络安全策略已从“事后免责”转变为“主动防御”。根据工业控制网络自身特点，持续性的防御体系需要关注三点。第一，故障点尽可能要少。这是工业控制系统与生俱来的需求，因此，安全设备也要符合工业控制设备的特点。除了尽量避免多层部署外，安全设备在保护工业控制系统正常生产运行的同时还要保证即使断电、设备更新，也能对系统不产生任何影响。第二，防御体系要有可持续性。适应工业控制网络特点的持续性防御体系可以通过基础硬件的创新来实现，使安全防护满足低延时、高可靠、可定制化、可持续更新、操作与实施的简易化等特性。第三，主要解决存量系统问题[14]。国外学术界对是针对新装增量系统进行防护还是对在装存量系统进行改造有过激烈的争论，探究其本质，仍是需要解决存量在装系统的问题，这些是真正的与人民生产生活息息相关的、直面安全威胁的主体。

第四阶段是以攻为守的国家战略。2013 年年初，奥巴马发布了总统令，责成 NIC、DHS 等机构对美国所有的基础设施进行普查，要求有问题的企业在年底前进行整改，至今效果并不显著。美国转而将大量经费投往攻击手段的研究上，以攻为守促进整个工业控制安全技术的进步。不仅是美国，其他各国以攻为守的策略也异曲同工，以色列是以技术公司的形象出现，俄罗斯是通过民间组织在实施。我国近两年在有关部门的领导下，建立了多个工业控制系统安全研究实验室，以高仿真工业控制系统攻防平台为基础，通过对典型工业控制网络威胁的复现、工业控制系统脆弱性的研究、工业控制系统风险的评估，在高对抗的复杂环境中正一步一步赶上国际工业控制系统攻防技术的前沿水平。

当下，工业控制网络安全防护体系构成层次正逐级提高。一些企业内部若出了工业控制网络安全事件，往往会先自发地进行安全防护，事件也会形成一定的行业推动；而没有发生相关事件的企业与行业的工业控制系统网络安全防护的意识都较为薄弱，即使意识到存在安全的威胁与隐患，也苦于找不到对症下药的手段。因此，整个工业自动化界正急需一个能落地的工业控制系统网络安全防护标准，按照国外的相关经验，此类标准应由跨政府部门的多个机构来推动组织。国内的存量在装工业控制系统以国外工业控制设备与复制国外陈旧技术的国产设备为主，相关标准照搬国外会使我国处于一个很被动的境地。在国家层面驱动、行业用户推广下，以史为鉴、以实为据，凭我国现有基础设施规模和先进性完全有能力引领工业控制网络安全的技术创新和标准制定。我国工业控制网络安全防护理念的进步也将不只停留在技术人员的研究中，而是切切实实为业界所接受。

1.2.2 工业控制系统网络安全现状

工业控制领域正在发生重大的变革，德国和美国相继提出了“工业 4.0”、“工业互联网”概念，我国也于 2015 年 5 月 8 日提出“中国制造 2025”战略，在两化深度融合的基础上继续进行产业结构调整和升级转型。作为工业控制网络重要的组成部分，工业控制系统安全深刻地影响着工业控制网络及相关产业的发展，具有极强的产业关联度和产业渗透能力，因此工业控制系统安全产业得到了各国极大的关注。

近几年，走进公众视线的工业控制系统安全问题越来越多，各界对工业控制系统安全问题关注度大幅上升，针对工业控制系统安全的研究呈现爆发式增长[15]。

1. 工业控制系统设备漏洞数量居高位

美国工业控制系统网络应急响应小组（ICS－CERT）发布的 2014 年关键基础设施安全报告显示，在 2014 年共收集了 167 个工业控制漏洞报告，涉及的设备分布在能源、制造业等多个领域，图 1－2 中显示了从 2012 年到 2014 年工业控制漏洞报告数量和所涉及工业控制设备的数量。

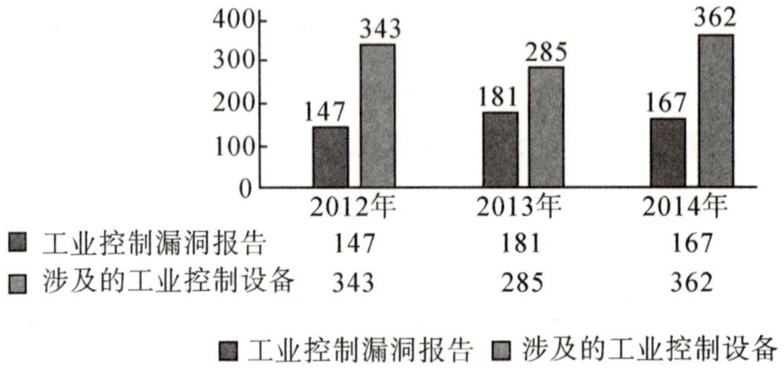

图 1－2　工业控制漏洞及相应的工业控制设备统计

2. 工业控制系统安全事件呈逐年增加趋势

工业控制系统信息安全事件在近几年呈现稳步增长的趋势，2015 年被 ICS－CERT 收录的攻击事件达到了 295 件。近年来 ICS－CERT 收录的安全事件数量如图 1－3 所示。

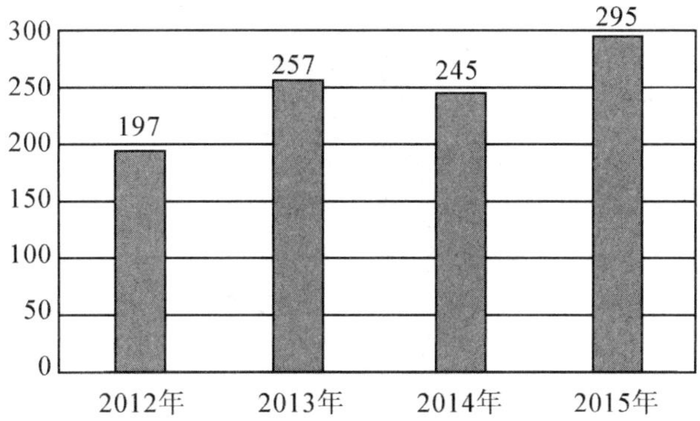

图 1-3 工业控制系统安全事件统计

3. 关键制造业成为近年受攻击最多的行业

2015 年 ICS-CERT 共收集了 295 起涉及关键基础设施的安全事件（见图 1-4），关键制造业、能源、水处理成为被攻击最多的三个行业。这些事件由个人、团体、第三方/研究机构和美国政府多方提供。不过，这些数据虽然为工业控制系统管理者们提供了一些参考，但也有人指出统计结果与实际情况可能会有较大差距，并不是所有的组织选择与 ICS-CERT 分享关于关键基础设施安全事件的信息。图 1-4 统计了受到攻击最多的 12 个行业和领域。

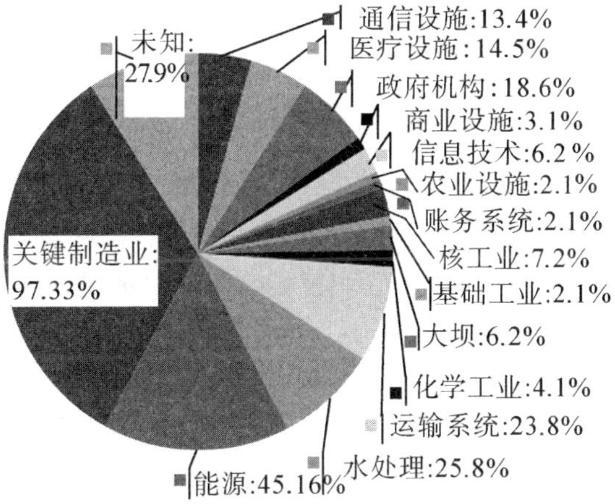

图 1-4 2015 年各行业攻击事件统计

由图 1-4 可知，2015 年有 97 个安全事件是关于关键制造业的，占到全部事件的 33%，成为 2015 年度受攻击最多的行业（2014 年是能源行业）。

另外，ICS-CERT 还对攻击方式进行了统计，见图 1-5。

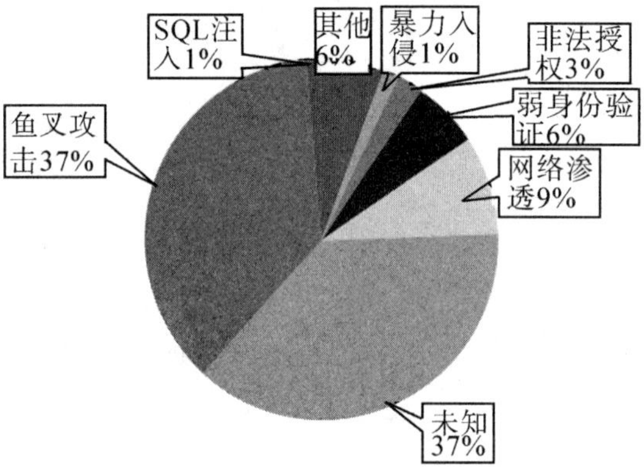

图 1-5 工业控制网络攻击方式

通过对攻击方式的分析我们发现，2015 年鱼叉式攻击数量达到了 37%。很多的安全事件是由于系统架构设计不合理、不完善而导致的，如果工业控制设备直接或间接地与互联网连接，就会使鱼叉式攻击极易成功。

ICS-CERT 反复强调网络安全监测和入侵检测技术（帮助管理者探测、响应和分析事件）的重要性，但仍有 37%的网络安全攻击没有被甄别出是如何实现的。

在已知的攻击方式统计中，鱼叉式攻击占到了总数的 37%，可见对重要基础设施来说，鱼叉式攻击是一种相对容易的攻击手段，其多利用 Email 附件传播木马程序进行攻击。与 2014 年相比，网络渗透攻击的数量虽然急剧下降，但这种下降并不意味着真实攻击数量的减少，而是因为部分关键基础设施的所有者具备了一定的防御能力，从而减少了向 ICS-CERT 请求支持的报告。

另外，ICS-CERT 的统计数据也显示出资产所有者能够保护自己的设备，大量的攻击以失败告终。统计显示，有 69%的攻击没有入侵成功，而在 2014 年这一数据是 49%。不过，有 12%的攻击入侵到了工业现场级的控制系统，这一数据要高于 2014 年的 9%。

1.2.2.1 工业控制系统漏洞分布

截至 2015 年年底，根据中国国家网络安全漏洞共享平台所发布的 2015 年新增漏洞信息（CNVD），共整理出 2015 年新增的工业控制系统相关的漏洞 108 个。重点分析新增漏洞的统计特征和变化趋势，主要涉及公开漏洞的总体变化趋势、漏洞的严重程度、漏洞所影响的工业控制系统类型、漏洞的危害等几个方面的对比分析，如图 1-6 所示。

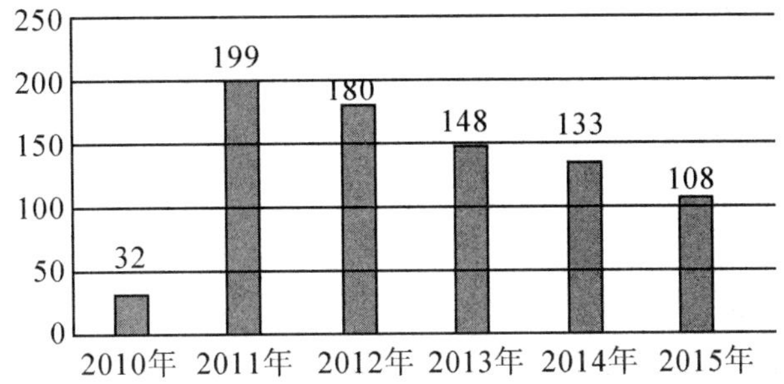

图 1—6　工业控制行业每年新增漏洞统计（数据来源：CNVD、匡恩网络）

1. 新增漏洞价值越来越高

工业控制系统已经成为网络安全工作者关注的焦点，一些不怀好意的攻击者不断扫描工业控制系统的漏洞并使用针对工业控制系统的专用黑客工具发动网络攻击。从图 1—6 可以看出，除了 2011 年爆发式增长外，每年公开发布的新增漏洞数量有下降趋势。

一方面工业控制系统的主要厂商意识到其产品已经成为安全短板，从而加强安全方面的开发，所以再挖掘这些产品漏洞的难度越来越大。

另一方面，由于政治、军事等因素的影响，作为国家基础设施建设重要组成的工业控制系统已经成为网络战争的必争之地，所以很可能一些漏洞信息被限制公开或转为地下交易，从美国 ICS—CERT 每财年发布的安全事件数量可以印证这一点。虽然每年新增漏洞数量有下降趋势，但工业控制安全事件却有上升趋势，从而也说明工业控制漏洞的价值和影响力越来越大。

2015 年以来，工业控制安全厂商和国家安全组织仍在不遗余力收集工业控制安全漏洞信息，研究安全解决之道，以帮助工业控制企业提高系统的安全防护能力，提高攻击者的攻击门槛和攻击成本。

2. 中高危漏洞比例居高不下

根据 CNVD 公布的 2015 年工业控制系统漏洞数据分析，其中高危漏洞和中危漏洞所占比例居高不下，如图 1—7 所示。

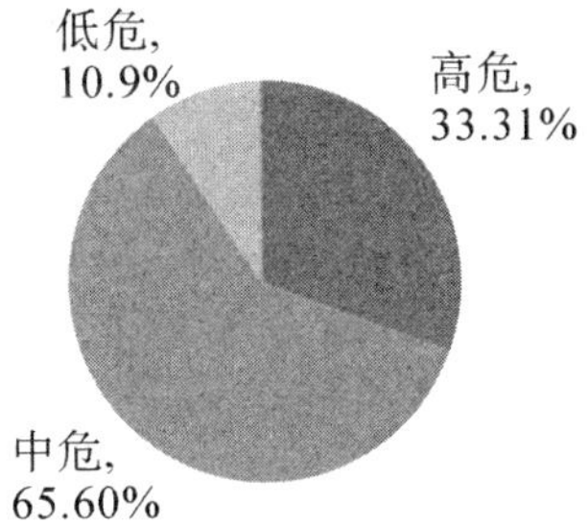

图 1—7　工业控制行业漏洞危险级别统计（数据来源：CNVD）

由此可以看出，工业控制相关应用系统和软件的安全健壮性不足。无论是应用软件漏洞，还是设备固件漏洞，均是目标系统在开发过程中遗留的安全设计和实现缺陷所导致的，1 个高危漏洞就意味着目标系统中可能存在 1 个或多个致命的 Bug。

隐患严重的软件 Bug 通常在软件发布初期出现的较多，随着软件版本不断更新而减少。工业控制应用系统中的高危漏洞的占比如此之高，说明这些目标系统的安全性设计和验证还处于初期阶段，存在着大量的安全优化空间，亟待自动化厂商在开发测试阶段就加入安全因素，降低中高危漏洞的数量。

3. 漏洞类型复杂多样

近年来有关主管部门和企业统计的漏洞类型如图 1－8 所示。

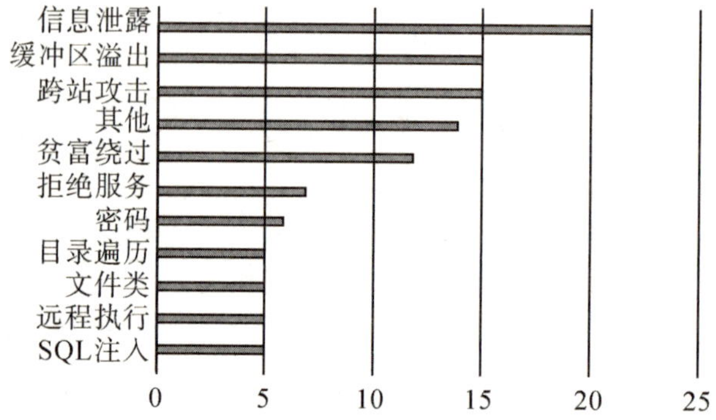

图 1－8　**漏洞数量统计（数据来源：**CNVD**、匡恩网络）**

从统计的数据可以看出，信息泄露方面的漏洞高居榜首，对工业控制系统的影响主要体现在两个方面。一方面企业内部的工艺流程、图纸、排产计划等关键信息容易成为攻击者窃取的对象，所以对这些关键数据的保护构成严重威胁；另一方面信息泄露的漏洞经常被攻击者利用间谍工具来收集被攻击目标各种信息，为真正的网络攻击方式、工具的使用提供情报。紧随其后的是缓冲区溢出漏洞和跨站攻击漏洞，缓冲区溢出在各种操作系统、应用软件中广泛存在。利用缓冲区溢出攻击，可以导致程序运行失败、系统宕机、重新启动等后果，甚至可以利用它执行非授权指令，对工业现场的智能设备下发非法指令（例如修改运行参数、关闭阀门开关等），以达到其攻击目的。工业控制系统中的跨站攻击漏洞主要体现在现场设备的 WEB 管理界面漏洞，利用该漏洞，攻击者可以盗取现场工程师或操作员的账号信息，并利用盗取的身份信息进行非法操作，或者利用该漏洞使工程内部工作人员成为病毒扩散的载体，协助其快速扩散到攻击目标。另外值得一提的是密码类漏洞明显增多（该类漏洞在信息网的漏洞中已经并不多见），主要包括密码存储和传输过程中未做加密和编码变换的处理，让攻击者很容易就能获取管理密码。

4. 漏洞的补丁发布严重滞后

从发布的数据看，2015 年发布的新增漏洞，有 30％的漏洞在发布的时候相关厂家并未提供补丁，也就意味着向所有人通告，这里有一个敞开的大门，可以随意做任何事情，这对于工业控制系统是非常危险的事情。有无补丁的漏洞统计如图 1－9 所示。

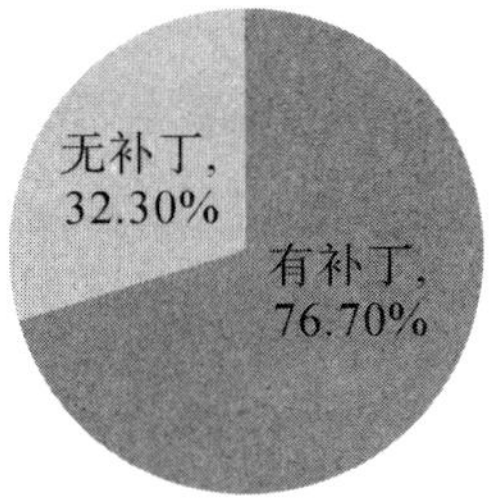

图 1－9 有无补丁的漏洞统计（数据来源：CNVD）

发现漏洞并打补丁在网络安全领域是安全防护工作的常态，但在工业控制安全领域却经常面临着发现了漏洞却无补丁的尴尬状态。例如某厂家的 RTU 的加密算法中存在安全漏洞，而没有该漏洞的补丁，那么攻击者则可以很容易的利用该漏洞获取通信信息，甚至伪造控制命令。

1.2.2.2 工业控制系统重大网络安全事件

以 2010 年攻击伊朗核设施的“震网”超级病毒为标志性事件，工业控制系统的对抗已经成为影响各国国防安全的重要元素。2010 年伊朗核设施遭受“震网”超级病毒攻击，大量生产核燃料用的离心机遭到破坏，病毒的复杂程度超出人们的想象，该事件也被称为世界上首个“网络超级武器”事件。由于工业病毒攻击可以直接导致物理设备的故障，并进一步造成生产瘫痪甚至爆炸的灾难性后果，以美国为代表的各国政府已经将工业漏洞代码列为军备物资并限制出口和交易。

近年来，工业控制安全事件更是频繁发生。

2014 年 12 月，德国联邦网络安全办公室公布消息称：德国一家钢铁厂遭受高级持续性威胁（APT）网络攻击，并造成重大物理伤害。攻击导致工业控制系统的控制组件和整个生产线被迫停止运转，由于是非正常关闭炼钢炉，这次事件给钢铁厂造成了巨大的损失。

2015 年 4 月，美国赛门铁克公司声称发现了一个主要针对石油、天然气等能源行业的木马程序，该木马能够收集目标机器的数据，并将数据发送给木马制作者进行分析，从而决定是否进一步入侵。

2015 年 6 月，波兰航空公司的地面操作系统遭遇黑客攻击，导致长达 5 个小时的系统瘫痪，至少 10 个班次的航班被迫取消，超过 1400 名旅客滞留。这是全球首次发生的航空公司操作系统被黑事件。

2015 年 12 月 23 日，乌克兰至少有 3 个区域的电力系统被具有高度破坏性的恶意软件攻击，导致大规模停电，伊万诺－弗兰科夫斯克地区超过一半的家庭（约 140 万人）遭遇停电困扰；整个停电事件持续数小时之久。在发电站遭受攻击的同一时间，乌克兰境内的其他多家能源企业如煤炭、石油公司也遭到了针对性的网络攻击。

2016 年 1 月，乌克兰最大的机场遭到黑客攻击和控制，导致机场瘫痪。

2016 年 1 月，以色列电力供应系统受到重大网络攻击。

2016 年 4 月，德国核电站遭恶意攻击停产。

这一系列事件意味着，工业控制安全威胁离我们并不遥远，它就在我们身边，时刻威胁着我们的日常生活。

1.2.2.3 攻击工业控制系统的目的

工业控制系统信息安全问题是当今国家安全的前沿和新焦点。

工业控制系统正在成为网络空间安全战争的主战场。2010 年震网病毒攻击伊朗核设施；2012 年火焰病毒再次重创伊朗核工业；2014 年超级电厂病毒攻击全球上千座发电站；2015 年朝鲜通过网络攻击韩国地铁；2016 黑暗力量病毒攻击乌克兰电网造成大面积停电，随后再次攻击乌克兰最大机场，造成信息系统瘫痪。2016 年初，以色列电力供应系统受到重大网络攻击侵袭。网络攻击已成为国际对抗的新形式，甚至已经成为新的战争形式。对工业控制系统的攻击和数据窃取成本极低、速度极快、后果极为严重，一个小小的病毒就可以导致一个国家重大基础设施、经济体系的崩溃。

工业控制系统信息安全领域是各国反恐斗争的新战场。2015 年巴黎恐怖事件表明，ISIS 国际恐怖组织已经在内部进行网络安全培训，并持续进行网络攻击。2016 年初，以色列电力供应系统受到重大网络攻击侵袭，多份报告表明勒索软件是造成事故的主因。恐怖分子不但能够从互联网传播暴恐思想和技术，策划袭击活动；更有可能利用网络发起对电力、交通、市政管网的袭击，造成大量实体破坏和人员伤亡，制造新的恐怖气氛。

智能社会背景下，工业控制系统信息安全就是生产力。2015 年全球受网络安全事件影响的企业超过 28%，因病毒事件造成的工业控制系统停机的企业高达 19.1%。我国电力、石化等行业都遭受了针对工业控制系统的网络攻击，造成系统崩溃、数据采集失败、通信中断甚至停工停产等后果。

随着网络经济的发展和智能社会的快速推进，由工业控制系统形成的安全问题日益突现、迅速放大，甚至将成为改变整个世界安全形势和格局的重要因素。

1.2.3 工业控制系统信息安全展望

过去几十年中，我国在关键工业基础设施和重大工程建设中大量使用国外设备和控制系统。以工业 PLC 为例，2015 年西门子、三菱、欧姆龙、罗克韦尔、施耐德等国外企业市场占有率超过 80%。我国工业物联网安全的感知能力、防护体系建设目前几乎空白，全网感知体系和终端设备监测手段缺失，网络安全总体上受制于人。

随着“互联网+”行动计划和“中国制造 2025”战略的实施，我国进入工业智能化建设的高峰期，工业和关键基础设施互联互通的需求不断增强，在 2016 年 RSA 大会上更是将“Connect to Protect”的新理念作为主题。传统上以分区隔离为主要思想的工业控制系统信息安全技术与产品着重分区域、分层次的保护，强化了隔离，弱化了安全的连接和共享，这种信息孤岛式的安全体系难以适应工业智能化的需求，因此应扩大安全的范畴，打通信息孤岛，从更广和更深的层次保障工业和关键基础设施安全，即工业物联网安全。

工业物联网安全是工业控制系统信息安全的基础上，做到安全的上升和下沉。安全的上升就是从全局的角度掌控区域、行业、全国乃至全球工业物联网安全态势，使用云计算、大数据等技术，对安全威胁进行综合分析，实现及早预警、态势感知、攻击溯源和精确应对。安全的下沉就是要实现工业智能设备的完整可信、自主可控，实现硬件芯片化，为工业控制系统植入安全基因。

因此，工业物联网安全，可以从三个角度实现：工业云安全、工业控制系统信息安全和工业基础软硬件安全。

工业云安全方面，目前我国涉足工业云安全的企业包括匡恩、360、知道创宇等，在云计算、物联网、大数据分析等技术具备一定的基础。应用在工业云安全上，通过部署在工业网络中的各类传感器，自动采集、识别工业网络和工业控制设备的漏洞与潜在威胁，并运用基于云平台的大数据建模分析与核心知识库，对安全威胁进行综合分析，预测预防设备潜在风险的发生，能够及早预警、态势感知、攻击溯源和精确应对，从而实现主动防御能力。与信息系统的云安全不同，工业云安全的数据采集面临更复杂的设备、协议类型和更多的信息壁垒，一些数据需要与工业企业进行深入的合作才能够获取。

工业控制系统信息安全方面，目前我国已经涌现出匡恩网络、海天炜业等一批专注于工业控制系统信息安全的公司；启明星辰、绿盟科技等一批网络安全公司，以及和利时、四方继保等一批工业控制系统和设备厂商也纷纷在该领域加强了研究和探索。在有关部门的大力支持下，目前已经形成了工业控制防火墙、入侵防御、数采隔离、审计等保护类产品，以及漏洞挖掘检测、威胁评估等检测类产品，形成了面向电力、石油化工、轨道交通、冶金、先进制造等行业的解决方案。这些产品和方案主要基于专网专用、隔离认证的思想，下一步将逐渐打破隔离，面向互联互通的需求做进一步的改进。

工业控制基础软硬件安全方面，由于国外产品的垄断地位，目前我国该领域技术基础较为薄弱，从事该领域研究的公司较少，有溢思得瑞等工业基础软硬件安全厂商，以及龙芯等国产芯片厂商。工业基础软硬件安全主要包括工业以太网交换、存储控制、信息传输等环节的安全，并在此基础上实现自主芯片与可信计算技术的结合，实现基础软硬件的安全可信、自主可控。以此为抓手推动我国将采用国产安全技术作为国外工业控制产品准入的门槛，并最终实现国产化替代。

1.3 网络安全与工业控制系统网络安全的关系

由于信息技术的高速发展，当前网络安全的通常意义是指办公和互联网网络的信息安全，其安全性目标体现在信息的保密性、完整性、可用性三方面；而工业控制系统网络安全在网络安全的基础上，更重要的目标是保证工业控制系统长时间、无间断的稳定、可靠、精确的运行，和网络安全相比，工业控制网络自身的特殊技术特点决定了工业控制网络的安全防护不能简单沿用已有的网络安全技术。

工业控制和信息网络的区别主要体现在以下几个方面。

1）网络通信协议不同。信息网络通信协议终极目标是将信息传递到目的地，常见的如 TFTP，HTTP，Telnet 等协议，而工业控制系统采用工业控制系统特有的协议，例如 MODBUS、OPC、IEC－104、DNP3、PROFINET 以及其他具有工业控制系统特色的关注控制特征的特殊协议，这些工业控制协议设计的目标在于可靠和可控，因此实时性和精度是重要衡量指标，如果工业控制网络协议在实时、精度上失去可用性，其信息传递的保密性、安全性和完整性也会失去意义。

2）工业控制网络相对信息系统对稳定性要求高。大多数工业控制系统需要连续不间断的工作，某些情况下正在生产的产品或正在使用的设备比信息更加重要，因此在系统自动化生产过程中非预期的断电、停机开机操作，会影响到生产，一般出现非预期的情况下是不可接受的。

3）系统运行软硬件环境不同，工业控制系统在使用寿命的设计上比信息系统长得多，导致其运行环境相对落后于当前主流的信息技术。同时，由于工业控制系统的更新代价高，所以现场还在沿用旧的操作系统，甚至是微软不再维护的 Windows XP 操作系统，同时软、硬件在操作控制系统中升级也较困难。

4）工业控制系统更新代价高，无法像办公网或互联网通过打补丁来封堵安全缺陷。工业控制系统的软件更新通常不能及时实现，这些更新需要进行彻底的测试，并且由提供工业控制应用的供应商来完成，任何环节的升级失败或出错将造成整个系统的不可用，给工业生产带来巨大的损失。

5）工业控制网络不同于互联网和办公网，其网络结构和网络行为对控制信号的传输时延、传输可靠性、传输稳定性要求非常高，数据必须在固定的时间内可靠到达目标系统，数据丢失、延迟、乱序传输等都将给控制系统带来严重的问题。

6）现场运行的自然环境不同。工业控制系统的工业现场环境恶劣，例如工业环境可能需要在野外零下几十度的低温、潮湿、高原、盐雾等环境中正常运行，而 IT 信息系统通常在恒温、恒湿的机房中。这就要求工业控制系统中的安全产品，硬件上必须按照工业现场环境的要求专门进行设计，做到全密闭、无风扇，运行温度支持 - 40℃ ～70℃宽温，防腐蚀，防潮等特殊要求。

工业控制网络有着巨大的价值，行业覆盖面广、遇到的攻击水平高而防护水平低、行业中对网络安全的意识较差而安全措施覆盖面低，这些因素造成了工业控制网络安全面临更加严峻的挑战。同时，由于上述工业控制网络和办公互联网的区别决定了基于办公网和互联网设计的网络安全防护手段（如防火墙、病毒查杀等）无法有效地保护工业控制网络的安全。

1.4 工业控制系统典型安全事件

黑客对工业控制系统的攻击行为由来已久，1992 年一位前雇员关闭了美国雪佛兰公司位于 22 个州的应急警报系统，直到一次紧急事件发生之后才被发现。1994 年黑客成功入侵美国的亚利桑那州的盐河工程。1997 年一个十几岁的少年侵入纽约 NYNES 系统，干扰了航空与地面通信，导致马萨诸塞州的 Worcester 机场关闭 6 个小时。但直到 2010 年震网病毒事件的发生才使世界各国意识到，针对工业控制系统的攻击行为已经不再是普通黑客的小打小闹，而是成为了一种具有强大破坏力的武器。

1.4.1 “震网”病毒事件

震网病毒（又称为 Stuxnet 蠕虫）攻击伊朗核电站事件是非常具有代表性的一个工业控制安全事件[16]：

震网病毒主要针对西门子公司的数据采集与监控系统 SIMATICWinCC 进行攻击，媒体又称其为“超级病毒”、“超级工厂病毒”，并形容成“超级武器”、“潘多拉的魔盒”；此病毒在短时间内已经感染了全球超过 45000 个网络，伊朗遭到的攻击最为严重，60%的个人电脑感染了这种病毒。计算机安防专家认为，该病毒是有史以来最高端的“蠕虫”病毒，其目就是攻击伊朗的布什尔核电站，最终此安全事件导致了布什尔核电站的投运推迟。

自从发现 Stuxnet 蠕虫病毒，西门子公司已经开始注意到在安全方面存在的差距。具体来说，恶意软件使用西门子默认的 MSSQL 账户密码 WinCCConnect 登录到 PCS7/WinCC 数据库并提取过程数据，或者可能登录人机界面屏幕 DOW。西门子很好地集成到了利比亚的基础设施，如果一个对手想要探索某个领域，它就可能成为第一波攻击的目标。

1.4.2 乌克兰电网遭受病毒攻击事件

2015 年 12 月 23 日，乌克兰伊万诺－弗兰科夫斯克地区大约有一半的家庭（受影响的人口数量约为140万）遭受了停电的困扰，而且整个停电事件持续了数小时之久。这也乌克兰有史以来首次导致停电的网络攻击。

2016年1月4日时，安全公司iSight Partners宣布已经取得用来造成该起大停电的恶意程序码，由于过去从来未曾有黑客攻击造成电网大规模停电的记录，iSight Partners认为这起攻击是电网安全史上的里程碑。

乌克兰相关单位怀疑是俄罗斯在背后发动的这起攻击，俄罗斯曾用木马软件“BlackEnergy”攻击乌克兰政府相关机构，因此，乌克兰方面认为这次停电也可能是俄罗斯当局使用“BlackEnergy”对乌克兰进行的攻击，不过尚未有足够证据显示这次事件是由“BlackEnergy”所引起的[17]。

1.4.3 其他典型事件

在过去的10多年里，工业控制系统中许多已经发生的设备故障、断电与其他事故被认为是网络安全问题所导致。在信息技术与传统工业融合的过程中，工业控制正面临越来越多的网络安全威胁，除了上述两个人们熟知的典型事件外，持续不断的安全事件出现在大众视野中。

1. 德国钢厂网络攻击事件

2014年12月，德国联邦信息安全办公室（BSI）发布了一份2014年信息安全报告，公布了德国一家钢铁厂遭受高级持续性威胁（APT）网络攻击并造成重大物理伤害。攻击者使用鱼叉式钓鱼邮件和社会工程手段，获得钢铁厂办公网络的访问权，然后利用这个网络，设法进入到钢铁厂的生产网络。攻击者的行为导致工业控制系统的控制组件和整个生产线被迫停止运转，由于不是正常的关闭炼钢炉，从而给钢铁厂带来了重大的破坏。

2. 美国供水SCADA系统攻击事件

2014年12月，Joe Weiss公布了位于伊利诺斯州的Curran－Gardner乡镇公共供水区的水SCADA系统遭到网络攻击的消息，因而掀起一阵风波。这已是南休斯顿市第二个被黑客攻击的水厂。据悉攻击者破坏了管理或制造Curran－Gardner使用的SCADA系统的公司的IT系统，同时还窃取了用户名和密码。然后攻击者利用这些信息侵入Curran－Gardner的SCADA系统。

3. 波兰航空公司安全事件

2015年6月21日，波兰航空公司的地面操作系统遭遇黑客攻击，致使出现长达5小时的系统瘫痪，至少10个班次的航班被迫取消，超过1400名旅客滞留在华沙弗雷德里克·肖邦机场。这是全球首次发生航空公司操作系统被黑的情况。好在这次黑客攻击活动只侵入了地面操作系统中的航班出港系统，未造成进一步的严重损害。这次黑客事件也提醒全球航空业以及同行运营商，黑客技术已经具备入侵航空系统核心部分的能力。

1.5 我国工业控制系统网络安全形势

我国工业控制系统基本处于“裸奔”状态。随着我国成为全球网络经济发展最快的国家，大量工业装备和基础设施联网，网络经济安全问题正在迅速放大，相比其他国家，事态更为严峻，形势更加逼人。

1.5.1 我国工业控制系统网络安全事态严峻

从总体上看，工业控制基础硬件安全问题长期得不到解决。过去几十年我国建立的大量关键基础设施、重大工业领域，基本是依靠使用国外装备和控制系统建立起来的。国外厂商设备普遍存在未知的漏洞以及可能存在后门，一些领域的安全漏洞已经隐藏数年，成为国家安全的重大隐患。随着智慧互联的进程加快，建成设施和系统再针对安全进行弥补、整改，代价将非常高昂。没有安全保障的工业与信息化深度融合将很有可能导致工业和信息化得双重灾难，“关键时刻谁将控制中国”将成为问题。

从实际情况看，一是工业控制系统运行环境存在大量漏洞和隐患。操作系统长期未升级、缺乏基本安全设置；生产系统与公用网络存在接口，相关安全机制存在严重安全隐患；野外设备普遍缺乏物理安全防护；远程无线通信系统缺乏接入认证和通信保密防护。

二是工业控制网络安全感知、防护体系几乎空白。工业控制网络安全威胁能够长期潜伏不被发现，我国目前的工业系统缺乏全网感知体系和终端设备监测手段，在攻击来临时无法察觉，在遭受攻击后无法追踪溯源。

三是工业控制网络安全标准亟待建立。由于缺乏相关标准，不能适应基础设施、智能制造等领域广大建设和运营企业的安全需求，也严重阻碍了工业控制网络安全产业的技术创新和发展。

1.5.2 各行业工业控制系统网络安全的重视程度逐步提高

中国政府相继出台了一系列工业控制网络安全政策、标准，开展专项行动。2011 国家工信部发布 451 号文《关于加强工业控制系统信息安全管理的通知》，2011 年 1 月国家标准化委员会发布《工业控制网络风险评估规范》（GB/T 26333－2010）。2012 年 6 月国务院发布《关于大力推进信息化发展和切实保障信息安全的若干意见》。2013 年 8 月发改委发布《关于组织实施 2013 年国家信息安全转型有关事项的通知》。2013 年 8 月工信部发布《信息化和工业化深度融合专项行动计划（2013－2018 年）》，强调要增强安全可控的信息技术产品和服务能力。2014 年 2 月国家主席习近平直接领导的中央网络安全和信息化领导小组宣告成立。一系列的行动标志着中国政府将工业控制网络安全作为专门的问题提升到国家战略层面，给予全面的重视。

2014 年 12 月 5 日，国家标准化委员会发布《工业控制系统信息安全》（GB/T 30976－2014），包括评估规范、验收规范两部分。2015 年 8 月，全国信息安全标准化委员会 4 个工业控制安全标准项目立项，分别是《信息安全技术 工业控制系统漏洞检测技术要求及测试评价方法》、价《信息安全技术 工业控制网络监测安全技术要求和测试评方法》、《信息安全技术 工业控制网络安全隔离与信息交换系统安全技术要求》、《工业控制系统信息安全通用评估准则》。

2015 年 7 月 1 日，第十二届全国人民代表大会常务委员会第十五次会议通过，中华人民共和国主席令第 29 号公布《中华人民共和国国家安全法》，自公布之日起施行。其中，第二十五条对网络和信息安全进行了专门论述，并重点强调了“关键基础设施和重要领域信息系统及数据的安全可控”。这部法律第一次明确了“网络空间主权”这一概念，这可以理解为国家主权在网络空间的体现、延伸和反映。

2015 年 6 月，第十二届全国人大常委会第十五次会议初次审议了《中华人民共和国网络安全法（草案）》，全面阐述了我国网络安全战略、规划，网络安全运行的原则和要求。其中，在第三章“网络安全运行”的第二节，专门列出了“关键信息基础设施的运行安全”，对重要行业和重要领域的网络安全运行进行规定和系统阐述。

这些国家相关政策的出台和标准制定，标志着中国将各行业工业控制网络信息安全提升到了国家战略高度，特别是其中关乎国家经济命脉的电力、能源、化工、运输等行业，在具有较高程度的工业控制自动化的行业背景下，鼓励在工业信息化的同时，要求各级政府部门和相关企业加大对于工业控制网络安全技术的研发力度，加速推进相关技术和解决方案的完善以及相关政策标准的制定。重大工业控制网络安全事件已经引起政府部门和各行业企业的高度关注，未来政策扶持和相关业务投资和发展将得到政府进一步重视和资金投入。

随着信息化与工业化技术的深度融合以及潜在网络战威胁的影响，工业控制系统也将从传统的仅关注物理安全、功能安全转向更为关注信息系统安全，这种转变将在国家政策的推动下对传统的工业企业产生较大的影响。

两化融合、工业 4.0 带来了中国工业控制系统市场规模的不断增长，也让整个生产、服务系统得以更具效率地运转，但如果安全保障没能跟进，也可能让整个工业控制系统变得更加脆弱。因此，安全能否得到保障可以说是工业 4.0 能否成功的至关重要的因素。中国拥有世界最大的工业自动控制系统市场，传统工业技术改造、工厂自动化、企业信息化都需要大量的工业控制系统和工业控制网络，整体的市场容量十分巨大。工业控制行业的发展带来的是同样具有广泛市场前景的工业控制网络安全领域市场需求。据工业控制领域咨询公司 ARC 的数据显示，2014 年中国工业信息安全市场需求大致在 12 亿。有理由相信这一蓝海市场在未来几年将以颠覆式的增长率不断发展。

在工业控制网络安全领域，不同的行业领域内部使用了不同的网络数据通信协议和标准，最常见的协议和标准包括 ModBus、OPC、IEC－104、MMS、DNP3 等。此外不同行业根据其生产工艺和设备特点，还会对理想的工业控制网络安全产品的扩展性、可审计性、保密性、易用性、通用性提出自己的需求。因此，市场对工业控制网络安全产品的需求不仅迫切，对于产品服务的丰富性、广度深度也有着显著而实际的需求。有理由相信，在中国随着一大批国家重点行业领域企业已率先实现工业生产控制自动化、信息化、网络化，对于工业控制网络安全产品的需求已完全成型。

2014 年 4 月 17 日，“工业控制系统信息安全产业联盟”由中国电子技术标准化研究院信息安全研究中心、全国工业过程测量控制和自动化标准化技术委员会、公安部第三研究所、工信部电子科学技术情报研究所、中国软件评测中心、中国仪器仪表行业协会等涉及国家主管部门、工业控制系统厂商、信息安全厂商以及行业用户的 24 家单位共同发起，以“搭建政府、用户、企业、科研院所、大专院校之间的交流平台，发挥纽带与桥梁作用，共同推进我国工业控制系统信息安全产业发展，保障关键基础设施安全稳定运行，支撑中国工业健康可持续发展”为宗旨，致力于为我国工业控制系统信息安全在体系建设、等级保护、风险评估、标准制定、产品开发和评测等方面迅速有效地取得积极成效而搭建一个交流平台[18]。

纵观 2014 年的工业控制网络安全市场，从自动化设备厂商、安全厂商、研究机构到政府机构等，都对工业控制系统安全的认识达到了一个新的高度，电力、石化、制造、烟草等多个行业，陆续制定了相应的安全性指导性文件，国家标准相关的组织也已经启动了相应标准的研究制定工作，如电监会的《电力二次系统安全防护规定》、国家烟草局《烟草工业企业生产区与管理区网络互联安全规范》，中石油集团公司工业控制系统信息安全检查项目组于 2012 年 3 月 19 日至 2012 年 4 月 20 日对北京油气调控中心等 11 家集团公司下属企业开展针对工业控制系统信息安全的检查工作。

1.5.3 工业控制系统网络安全面临的新挑战与新机遇

第四次工业革命的到来，打破了发达国家对核心技术、工艺和标准的垄断，工业控制系统网络安全产业作为一个新兴产业迎来难得的发展机遇：

我国工业信息化、智能化建设存在后发优势。我国工业信息化、智能化建设起步较晚，但新建系统多，自动化水平高，有利于工业控制网络安全体系的部署和实施，实现弯道超车。

我国工业规模巨大为安全产业发展提供广阔空间。我国现代工业规模为世界之最，具备完整的现代工业体系，为工业控制系统网络安全产业的发展提供了全球首屈一指的成长空间。

工业控制系统网络安全成为国产化自主可控的契机。以工业控制系统网络安全为杠杆，要求国外巨头企业开放产品技术壁垒，促进自主工业控制产品替代进口。

工业控制系统网络安全正在成长为一个战略新兴产业。该产业与我国现代工业产业互相促进、共同发展，提高工业智能化水平的同时，自身做大做强，形成产业优势，并与我国基础设施建设深入结合，为其植入安全基因。

我国强力、高效的国家安全管控能力和强大的基础设施建设能力使其具备引领全球工业控制安全产业发展的实力。我国有能力成为该领域的先进国家，并主导该领域标准和规范的制定，建立全球影响力。

1.6 本章小结

通过本章学习，我们了解了网络安全技术的发展历程，并对工业控制系统有了初步的概念，同时也知道了工业控制系统与传统网络的区别。通过世界上实际发生的多个典型的工业控制安全事件，我们知道了，工业控制网络相对于传统网络安全而言，非常的不安全。而且工业控制网络一旦被入侵、控制，相较于传统网络，破坏性极强，完全可以威胁到国家安全。所以我国近几年来，从国家层面上，也越来越关注于工业控制网络安全，中央政府相继出台了一系列针对工业控制安全的法律法规，各个行业也对此越来越重视，建立了许多工业控制安全研究机构。学习本课程的学员，非常有幸可以在此时参与到我国的工业控制网络安全建设中来，为我国的腾飞贡献力量。

1.7 本章习题

1. 从信息安全角度，简单描述一下工业控制系统和传统信息系统的不同之处。
2. 请说出 3 个典型的工业控制网络安全事件，并简述事件的过程及造成的危害。
3. 工业控制系统的发展经历了哪几个阶段？
4. 从你自身所接触到的行业来谈一谈，如果你是黑客入侵到该行业的工业控制网络中，会造成什么破坏？

第 2 章

工业控制系统概述

工业控制系统（Industrial Control System，ICS）是对现场所有操作单元组合而成并能满足特定工业需求的总称，也称工业自动化与控制系统。典型形态包括了数据采集与监视控制（SCADA）系统、分布式控制系统（DCS）、可编程逻辑控制器（PLC）等。这些控制系统广泛应用于核设施、钢铁、有色、化工、石油石化、电力、天然气、先进制造等国家关键基础设施的运行。

典型的工业控制系统通常由控制器、传感器、传送器、执行器和输入输出接口等部分组成，这些组成部分通过工业通信线路，按照一定的通信协议进行连接，形成一个具有自动控制能力的工业生产制造或加工系统。

2.1 工业控制系统概念与构成

工业控制系统（ICS）是由各种自动化控制组件以及对实时数据进行采集、监测的过程控制组件共同构成的，确保工业基础设施自动化运行、过程控制与监控的业务流程管控系统。

2.1.1 工业自动化概述

工业自动化是机器设备或生产过程在不需要人工直接干预的情况下，按预期的目标实现测量、操纵等信息处理和过程控制的统称。自动化技术就是探索和研究实现自动化过程的方法和技术，它是涉及机械、微电子、计算机等技术领域的一门综合性技术。工业革命是自动化技术的助产士，正是由于工业革命的需要，自动化技术才冲破了卵壳，得到了蓬勃发展。同时自动化技术也促进了工业的进步，如今自动化技术已经被广泛地应用于机械制造、电力、建筑、交通运输、信息技术等领域，成为提高劳动生产率的主要手段。

1. 自动控制概述

自动控制是指在没有人直接参与的条件下，利用外加的设备或装置（控制装置或控制器），使机器、设备或生产过程（统称被控对象）的某个工作状态或参数（即被控量）自动地按照预定的规律运行。在自动控制中，根据生产工艺的要求不同，需要选择不同的控制系统。

控制系统本质是实现控制目标所需要的所有部件的有机组合，通常由控制器和被控对象组成。

自动控制方法起始于自动控制理论，自动控制理论是研究自动控制共同规律的科学，它包括以反馈控制理论为基础的古典控制理论（单输入、单输出），以状态空间为基础的现代控制理论（多输入、多输出）以及以模糊控制和神经网络为代表的智能控制（不需要精确数学模型）。

工厂生产的工艺流程可用控制流程图来简化复杂的控制过程，简单的反馈控制方块流程图如图 2-1 所示。

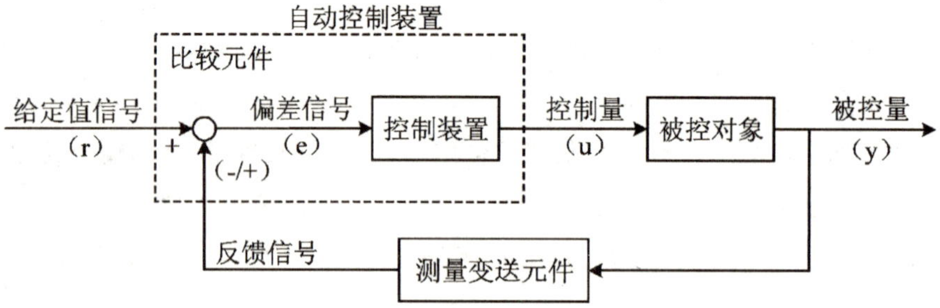

图 2-1 反馈控制框图

反馈控制是闭环控制的基础，反馈控制的目的是将检测出来的输出量送回到系统的输入端，并与给定值信号比较的过程。反馈分为负反馈（反馈信号与输入信号相减）和正反馈（反馈信号与输入信号相加）。反馈控制是这样的一种控制过程，它能够在被控对象存在扰动的情况下，减小系统的输出量（被控量）与参考输入量之间的偏差。

2. 工业自动控制类别

工业自动控制按照生产特性主要分为两种类别，一种是运动控制，另一种是过程控制。

运动控制指的是电力拖动及电机运转的控制。例如：磷肥厂成品包装的控制，包括打开出料口、称重、关闭出料口、等待手动装料信号、传送等一系列的控制。这些场合的控制，往往是一些预定顺序的动作控制。

过程控制指的是对连续生产过程或按一定程序周期进行的生产过程中某些物理参

数的控制。

过程控制在连续生产过程指常年不停地进行的生产过程，控制装备也需要常年不停地工作，过程控制中的执行机构（控制器）发出的控制信号是连续的。按一定程序周期进行的生产过程指某些生产过程按确定的周期进行，如啤酒发酵过程、机械工件热处理过程等，这些过程的被控变量按预定程序周期变化。

2.1.2 常见工业控制器及系统

目前行业内的常见工业控制系统包括可编程逻辑控制系统（PLC）、分布式控制系统（DCS）、数据采集与监视控制（SCADA）系统这三种，它们之间存在较大差异，如表2-1所示。工业控制系统中的其他控制系统包括：火气控制系统（FGS）、紧急停车系统（ESD）、安全仪表系统（SIS）、透平压缩机综合控制系统（ITCC）等。

表2-1 PLC系统的区别、DCS系统、SCADA系统

	PLC系统	DCS系统	SCADA系统
主要特点	逻辑控制功能强，用于数字量、开关量的控制	利用局域网对控制回路进行集中监视和分散控制，用于连续变量、多回路的复杂控制	利用远程通信技术将地理位置分散的远程测控站点进行集中监控
地理范围	地理位置集中	地理位置集中（如工厂或以工厂为中心的区域）	地理位置高度分散
应用领域	工业自动化（如生产线等）	过程控制行业（如发电、炼油、食品和化工等）	远程监控行业（如石油和天然气管道、电力电网、轨道交通运输系统等）

2.1.2.1 PLC控制器

可编程逻辑控制器（Programmable Logic Controller，PLC），一种具有微处理器的数字电子设备，是用于自动化控制的数字逻辑控制器，可以将控制指令随时载入内存内储存与执行。PLC可接收（输入）及发送（输出）多种型态的电气或电子信号，并使用它们来控制或监督几乎所有种类的机械与电气系统。PLC专门针对工业环境应用进行了设计，自带直观、简单并易于掌握的编程语言环境的工业现场控制装置。

在工业控制领域中，PLC控制技术的应用已成为工业界不可或缺的一员。国际电工委员会（IEC）在其标准中将PLC定义为："可编程逻辑控制器是一种数字运算操作的电子系统，专为在工业环境应用而设计的。它采用一类可编程的存储器，用于其内部存储程序，执行逻辑运算、顺序控制、定时、计数与算术操作等面向用户的指令，并通过数字或模拟式输入/输出控制各种类型的机械或生产过程。"可编程序控制器及其有关外部设备，都按易于与工业控制系统联成一个整体，易于扩充其功能的原则设计[19]。

1. PLC的发展历程

工业控制系统的初级阶段，还没有可编程逻辑控制器，自动化制造企业生产产品时，一般需要使用成百上千的继电器以及计数器才能组成具有特定功能的自动化系统。而随着可编程逻辑控制器的出现，工程师只需要在可编程逻辑控制器上经过简单的编程工作，可编程逻辑控制器的基本控制模块就能实现和以前大型装置相同的逻辑功能。可编程逻辑控制器的系统程序一般在出厂前已经初始化完毕，用户可以根据自己的需要自行编辑相应的用户程序来满足不同的自动化生产要求。

最初的可编程逻辑控制器只有电路逻辑控制的功能，所以也被命名为可编程逻辑控制器，后来随着不断的发展，这些当初功能简单的计算机模块已经有了包括逻辑控制、时序控制、模拟控制、多机通信等许多的功能。现在工业上使用可编程逻辑控制器已经相当于一台轻巧型电脑，甚至已经出现整合个人电脑（采用嵌入式操作系统）与PLC结合架构的可编程自动化控制器（Programmable Automation Controller，PAC)，能透过数字或模拟输入/输出模组控制机器设备、制造处理流程及其他控制模组的电子系统。

2. PLC的基本结构

PLC基本组成包括中央处理器（CPU)、存储器、输入/输出接口（缩写为I/O，包括输入接口、输出接口、外部设备接口、扩展接口等)、外部设备编程器及电源模块，如图2-2所示。PLC内部各组成单元之间通过电源总线、控制总线、地址总线和数据总线连接，外部则根据实际控制对象配置相应设备与控制装置构成完整的PLC系统。

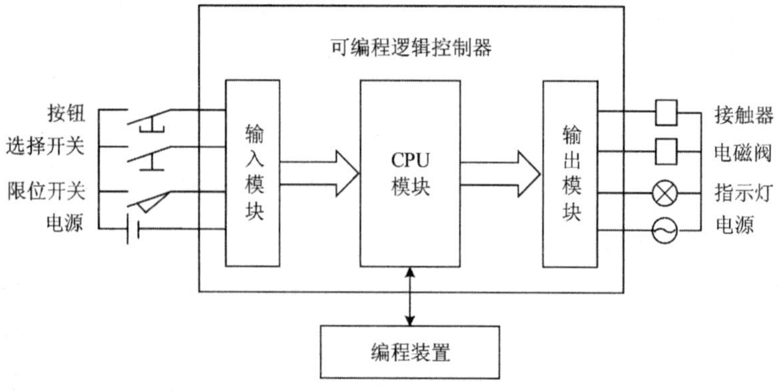

图2-2 PLC的基本结构图

1）中央处理器

中央处理器（CPU）由控制器、运算器和寄存器组成并集成在一个芯片内。CPU

通过数据总线、地址总线、控制总线和电源总线与存储器、输入输出接口、编程器和电源相连接。CPU 按照 PLC 程序赋予的功能指挥 PLC 控制系统完成各项工作任务。

2）存储器

PLC 内的存储器主要用于存放系统程序、用户程序和数据等。其中存储器被分为系统程序存储器、用户程序存储器和数据存储器。

系统程序存储器：PLC 系统程序决定了 PLC 的基本功能，该部分程序由 PLC 制造厂家编写并固化在系统程序存储器中，主要有系统管理程序、用户指令解释程序和功能程序与系统程序调用等部分。

用户程序存储器：用户程序存储器用于存放用户载入的 PLC 应用程序，载入初期的用户程序因需修改与调试，所以称为用户调试程序，存放在可以随机读写操作的随机存取存储器 RAM 内以方便用户修改与调试。

数据存储器：PLC 运行过程中需生成或调用中间结果数据（如输入/输出元件的状态数据、定时器、计数器的预设值和当前值等）和组态数据（如输入输出组态、设置输入滤波、脉冲捕捉、输出表配置、定义存储区保持范围、模拟电位器设置、高速计数器配置、高速脉冲输出配置、通信组态等），这类数据存放在工作数据存储器中，由于工作数据与组态数据不断变化，且不需要长期保存，所以采用随机存取存储器 RAM。

3）接口

输入/输出接口是 PLC 与工业现场控制或检测元件和执行元件连接的接口电路。PLC 的输入接口有直流输入、交流输入、交直流输入等类型。输出接口有晶体管输出、晶闸管输出和继电器输出等类型。晶体管和晶闸管输出为无触点输出型电路，晶体管输出型用于低频小功率负载，晶闸管输出型用于高频大功率负载。继电器输出为有触点输出型电路，用于低频负载。

输入接口：输入接口用于接收和采集两种类型的输入信号，一类是由按钮、转换开关、行程开关、继电器触头等开关量输入信号；另一类是由电位器、测速发电机和各种变换器提供的连续变化的模拟量输入信号。

输出接口：输出接口电路向被控对象的各种执行元件输出控制信号。常用执行元件有接触器、电磁阀、调节阀（模拟量）、调速装置（模拟量）、指示灯、数字显示装置和报警装置等。输出接口电路一般由微电脑输出接口电路和功率放大电路组成，与输入接口电路类似，内部电路与输出接口电路之间采用光电耦合器进行抗干扰电隔离。

其他接口：若主机单元的 I/O 数量不够用，可通过 I/O 扩展接口电缆与 I/O 扩展单元（不带 CPU）相接进行扩充。PLC 还常配置连接各种外围设备的接口，可通过电缆实现串行通信、EPROM 写入等功能。

4）编程器

编程器作用是将用户编写的程序下载至 PLC 的用户程序存储器，并利用编程器检查、修改和调试用户程序，监视用户程序的执行过程，显示 PLC 状态、内部器件及系统的参数等。

5）电源

PLC 的电源将外部供给的交流电转换成供 CPU、存储器等所需的直流电，是整个 PLC 的能源供给中心。PLC 大都采用高质量的工作稳定性好、抗干扰能力强的开关稳压电源，许多 PLC 电源还可向外部提供直流 24V 稳压电源，用于向输入接口上的接入电气元件供电，从而简化外围配置。

6）通信方式

PLC 具有通信联网的功能，它使 PLC 与 PLC 之间、PLC 与上位计算机以及其他智能设备之间能够交换信息，形成一个统一的整体，实现分散集中控制。多数 PLC 具有 RS−232 接口，还有一些内置有支持各自通信协议的接口。PLC 的通信现在主要采用通过多点接口（MPI）的数据通信、PROFIBUS 或工业以太网进行联网。

3. PLC 的工作过程

PLC 是按集中输入、集中输出、周期性循环扫描的方式进行工作的，每一次循环扫描所用的时间称为一个扫描周期，如图 2−3 所示。对每个程序，CPU 从第一条指令开始执行，按顺序逐条地执行指令做周期性的程序循环扫描，如果无跳转指令，则从第一条指令开始逐条顺序执行用户程序，直至结束又返回第一条指令，如此周而复始不断循环。

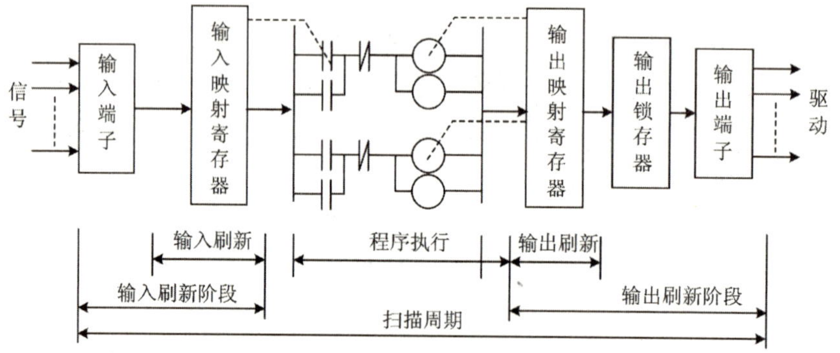

图 2−3 PLC 工作流程图

PLC 运行正常时，扫描周期的长短与用户应用程序的长短、CPU 的运算速度、I/O 点的情况等有关。通常用 PLC 执行 1KB 指令所需时间来说明其扫描速度，一般 1−10ms/KB。值得注意的是，不同指令执行时间是不同的，故选用不同指令所用的扫描时间将会不同。若用于高速系统要缩短扫描周期时，可从软硬件上同时考虑。PLC 周期性循环扫描工作方式的显著特点是可靠性高、抗干扰能力强，但响应滞后、速度慢。

4. PLC 的外部设备

PLC 外部设备是 PLC 系统不可分割的一部分，主要有四大类。

编程设备：有简易编程器和智慧图形编程器，用于编程、对系统作一些设定、监控 PLC 及 PLC 所控制的系统的工作状况。编程器是 PLC 开发应用、监测运行、检查维护不可缺少的器件，但它不直接参与现场控制运行。

监控设备：资料监视器和图形监视器。直接监视资料或通过画面监视资料。

存储设备：有存储卡、存储磁带、软碟或只读存储器，只读存储器用于永久性地存储用户资料，使用户程序不丢失，如 EPROM、EEPROM 写入器等。

输入输出设备：用于接收信号或输出信号，一般有条码读入器、输入模拟量的电位器、打印机等。

5. PLC 的程序设计

PLC 的编程语言与一般电脑编程语言相比，具有明显的特点，它既不同于高阶语言，也不同于一般的组合语言，它既要满足易于编写，又要满足易于调试的要求。目前，还没有一种对各厂家产品都能相容的编程语言。IEC61131－3 是一个国际标准，它规范了 PLC 相关的软件硬件的标准，其最终的目的是可以让 PLC 的使用者在不更改软件设计的状况下可以轻易更换 PLC 硬件。IEC61131－3 主要是规范了五种编程语言：

1）指令表（Instruction List，IL 或 Statement List，SL）：类似组合语言的描述文字。由指令语句系列构成，如 MitsubishiFX2 的控制指令 LD、LDI、AND、ANI、OR、ORI、ANB、ORB、MMP、MMS 与 OUT 等，一般配合书写器写入程序，而书写器只能输入简单的指令，与计算机程序中的阶梯图比较起来简单许多。书写器不太直观，可读性差，特别是遇到较复杂的程序更难读，但其优点就是不需要电脑就可以更改或查看 PLC 内部程序。

2）结构式文件编程语言（Structured Text，ST）：类似 PASCAL 与 C 语言的语法，适合撰写较复杂的算法，更改上也比阶梯图要容易。ST 语言类似于编程语言的特性，因此可利用与微电脑及个人电脑相同的程序设计技术进行阶梯式语言所难以执行的复杂计算，完成程序的建立。

3）阶梯图（Ladder Programming，LAD）：类似于以继电器控制接触器的阶梯图，梯形图是通过连线把 PLC 指令的梯形图符号连接在一起的连通图，用以表达所使用的 PLC 指令及其前后顺序，它与电气原理图很相似。

它的连线有两种：一为母线，一为内部横竖线。内部横竖线把一个个梯形图符号指令连成一个指令组，指令组一般总是从装载（LD）指令开始，必要时再添加若干个输入指令（含 LD 指令），以建立逻辑条件。最后为输出类指令，实现输出控制，或是资料控制、流程控制、通信处理、监控工作等指令，以进行相应的工作。

4）顺序功能流程图（Sequential Function Chart，SFC）：类似于流程设计（Flow Design），流程图中的步骤组合后完成，主要是规划动作顺序的流程图，故谓之顺序功能流程图。所谓步序式控制，即是一步一步控制，而这一步与上一步是有关连性，有顺序性的。必须有上一个动作（STL），才会启动（SET）下一个动作（STL）。

5）功能区块图（Function Chart Programming，FBD）：以画电路图的方式来写PLC程序。常用的程序及回路可透过FB（功能区块）的建立轻易地重复利用。

其他一些高档的PLC还具有与电脑相容的C语言、BASIC语言、专用的高阶语言（如西门子公司的GRAPH5、三菱公司的MELSAP、富士电机的Micrex－SX系列），还有用布尔逻辑语言、通用电脑相容的组合语言等。

2.1.2.2 DCS系统

分布式控制系统（Distributed Control System，DCS）在国内自动化控制行业又称之为集散控制系统。它是相对于集中式控制系统而言的一种新型计算机控制系统，在集中式控制系统的基础上发展演变而来。它是一个由过程控制级和过程监控级组成的以通信网络为纽带的多级计算机系统，综合了计算机、通信、显示和控制等技术，其基本思想是分散控制、集中操作、分级管理、配置灵活以及组态方便。DCS系统主要由现场控制站（I/O站）、数据通信系统、人机接口单元（操作员站OPS、工程师站ENS）、机柜、电源等组成，是一种完成过程控制、过程管理的现代化系统。

1. DCS系统的组成结构

DCS是以微处理器和网络为基础的集中分散型控制系统。它包括操作员站、工程师站、监控计算机、现场控制站、数据采集站、通信系统等。分布式控制系统的基本构成如图2－4所示。

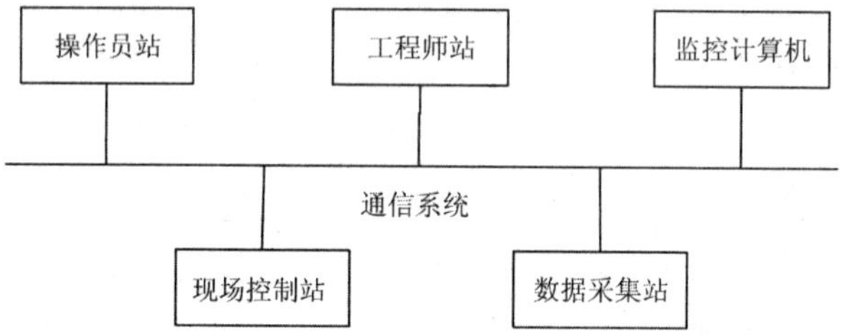

图2－4 DCS系统的基本构成

1）操作员站

操作员站是操作人员对生产过程进行显示、监视、操作控制和管理的主要设备。操作员站提供了良好的人机交互界面，用以实现集中监视、操作和信息管理等功能。在一些小DCS中，操作员站兼有工程师站的功能，在操作站上也可以进行系统组态和维护的部分或全部工作。

2）工程师站

工程师站用于对DCS进行离线的组态工作和在线的系统监督、控制与维护。工程师能够借助于组态软件对系统进行离线组态，并在DCS在线运行时，可以实时地监视通信网络上各工作站的运行情况。

3）监控计算机

监控计算机通过网络收集系统中各单元的数据信息，根据数学模型和优化控制指标进行后台计算、优化控制等，它还用于全系统信息的综合管理。

4）现场控制站

现场控制站通过现场仪表直接与生产过程相连接，采集过程变量信息，并进行转换和运算等处理，产生控制信号来驱动现场的执行机构，最终实现了对生产过程的控制。现场控制站可控制多个回路，具有极强的运算和控制功能，能够自主地完成回路控制任务，实现反馈控制、逻辑控制、顺序控制和批量控制等功能。

5）数据采集站

数据采集站与生产过程相连接，对过程非控制变量进行数据采集和预处理，并对实时数据进一步加工。为操作员站提供数据，实现对过程的监视和信息存储，为控制回路的运算提供辅助数据和信息。

6）通信系统

通信系统连接DCS的各操作站、工程师站、监控计算机、控制站、数据采集站等部分，传递各工作站之间的数据、指令及其他信息，使整个系统协调一致地工作，从而实现数据和信息资源的共享。

2. DCS系统特点

分布式控制系统是由多台计算机分别控制生产过程中多个控制回路，同时又可集中获取数据、集中管理和集中控制的自动控制系统。分布式控制系统采用微处理机分别控制各个回路，而用中小型工业控制计算机或高性能的微处理机实施上一级的控制。各回路之间和上下级之间通过高速数据通道交换信息。分布式控制系统具有数据获取、直接数字控制、人机交互以及监控和管理等功能。分布式控制系统是在计算机监督控制系统、直接数字控制系统和计算机多级控制系统的基础上发展起来的，是生产过程的一种比较完善的控制与管理系统。在分布式控制系统中，按地区把微处理机安装在测量装置与控制执行机构附近，将控制功能尽可能分散，管理功能相对集中。这种分散化的控制方式能改善控制的可靠性，不会由于计算机的故障而使整个系统失去控制[20]。

1）高可靠性

由于DCS将系统控制功能分散在各台计算机上实现，系统结构采用容错设计，因此某一台计算机出现的故障不会导致系统其他功能的丧失。此外，由于系统中各台计算机所承担的任务比较单一，可以针对需要实现的功能采用具有特定结构和软件的专用计算机，从而使系统中每台计算机的可靠性也得到提高。

2）开放性

DCS采用开放式、标准化、模块化和系列化设计，系统中各台计算机采用局域网方式通信，实现信息传输，当需要改变或扩充系统功能时，可将新增计算机方便地连入系统通信网络或从网络中卸下，几乎不影响系统其他计算机的工作。

3）灵活性

通过组态软件根据不同的流程应用对象进行软硬件组态，即确定测量与控制信号及相互间连接关系，从控制算法文库中选择适用的控制规律以及从图形库调用基本图形组成所需的各种监控和报警画面，从而方便地构成所需的控制系统。

4）易于维护

功能单一的小型或微型专用计算机，具有维护简单、方便的特点，当某一局部或某个计算机出现故障时，可以在不影响整个系统运行的情况下在线更换，迅速排除故障。

5）协调性

各工作站之间通过通信网络传送各种数据，整个系统信息共享，协调工作，以完成控制系统的总体功能和优化处理。

6）控制功能齐全

控制算法丰富，集连续控制、顺序控制和批处理控制于一体，可实现串级、前馈、解耦、自适应和预测控制等先进控制，并可方便地加入所需的特殊控制算法。

3. DCS与PLC的不同之处

从发展的角度来说，DCS从传统的仪表盘监控系统发展而来，而PLC从传统的继电器回路发展而来。因此，DCS从先天性来说较为侧重仪表的控制，比如我们使用的DCS甚至没有PID数量的限制，最初的PLC甚至没有模拟量的处理能力。因此，PLC从开始就强调的是逻辑运算能力。

从系统的可扩展性和兼容性来说，市场上控制类产品繁多，无论DCS还是PLC，均有很多厂商在生产和销售。对于PLC来说，一般没有或很少有扩展的需求，因为PLC主要针对于设备来使用。一般来讲，PLC也很少有兼容性的要求。而且PLC采用专用的网络结构，比如西门子的MPI总线性网络，甚至增加一台操作员站都不容易。DCS在发展的过程中也是各厂家自成体系，但大部分的DCS系统，比如横河、霍尼维尔、ABB等，虽然系统内部（过程级）的通信协议不尽相同，但是操作级的网络平台不约而同地选择了以太网络，采用标准或变形的TCP/IP协议。这样就提供了很方便的可扩展能力。在这种网络中，控制器、计算机均作为一个节点存在，只要网络到达的地方，就可以随意增减节点数量和布置节点位置。另外，基于Windows系统的OPC、DDE等开放协议，各系统也可很方便地通信，以实现资源共享。

从数据库来说，DCS一般都提供统一的数据库。在DCS系统中一旦一个数据储存在数据库中，那么这个数据就可在任何情况下被引用，比如在组态软件中、在监控软件中、在趋势图中、在报表中等。而PLC系统的数据库通常却不是统一的，组态软件和监控软件甚至归档软件都有自己的数据库。

从时间调度上来说，PLC 的程序一般不能按事先设定的循环周期运行。PLC 程序是从头到尾执行一次后又从头开始执行。现在一些新型 PLC 有所改进，不过对任务周期的数量还是有限制，而 DCS 可以设定任务周期，比如快速任务等。同样是传感器的采样，压力传感器的变化时间很短，我们可以用 200ms 的任务周期采样，而温度传感器的滞后时间很大，我们可以用 2s 的任务周期采样。这样，DCS 可以合理地调度控制器的资源。

从网络结构来说，典型的 DCS 通常使用两层网络结构，一层为过程级网络，大部分 DCS 使用自己的总线协议，比如横河的 Modbus、西门子和 ABB 的 Profibus、ABB 的 CANbus 等，这些协议均建立在标准串口传输协议 RS232 或 RS485 协议的基础上。现场 IO 模块，特别是模拟量的采样数据（机器代码，213/扫描周期）十分庞大，同时现场干扰因素较多，因此应该采用数据吞吐量大、抗干扰能力强的网络标准。基于 RS485 串口异步通信方式的总线结构，符合现场通信的要求。IO 的采样数据经 CPU 转换后变为整形数据或实形数据，在操作级网络（第二层网络）上传输。因此操作级网络可以采用数据吞吐量适中、传输速度快、连接方便的网络标准，同时因操作级网络一般布置在控制室内，对抗干扰的要求相对较低。因此采用标准以太网是最佳选择。TCP/IP 协议是一种标准以太网协议，一般我们采用 100Mbit/s 的通信速度。PLC 系统的工作任务相对简单，因此需要传输的数据量一般不会太大，所以常见的 PLC 系统为一层网络结构。过程级网络和操作级网络要么合并在一起，要么过程级网络简化成模件之间的内部连接。早期的 PLC 不会或很少使用以太网。

从应用对象的规模上来说，PLC 一般应用在小型自控场所，比如设备的控制或少量的模拟量的控制及联锁，而大型的应用一般都是 DCS。当然，这个概念不太准确，但很直观，习惯上我们把大于 600 点的系统称为 DCS，小于这个规模叫作 PLC。我们的热泵及 QCS、横向产品配套的控制系统一般就是称为 PLC。

4. DCS 与 PLC 的相同之处

从功能来说，PLC 已经具备了模拟量的控制功能，有的 PLC 系统模拟量处理能力甚至还相当强大，比如横河 FA-MA3、西门子的 S7400、ABB 的 ControlLogix 和施耐德的 Quantum。而 DCS 也具备相当强劲的逻辑处理能力，比如可以在 CS3000 上实现一切我们可能使用的工艺联锁和设备的联动启停。

从系统结构来说，PLC 与 DCS 的基本结构是一样的。PLC 发展到今天，已经全面移植到计算机系统控制上了，传统的编程器早就被淘汰。小型应用的 PLC 一般使用触摸屏，大规模应用的 PLC 全面使用计算机系统。和 DCS 一样，控制器与 IO 站使用现场总线（一般都是基于 RS485 或 RS232 异步串口通信协议的总线方式），控制器与计算机之间如果没有扩展的要求，也就是说只使用一台计算机的情况下，也会使用这个总线通信。但如果有不止一台的计算机使用，系统结构就会和 DCS 一样，上位机平台（直接发出操作指令的计算机）使用以太网结构。这是 PLC 大型化后和 DCS 概念模糊的原因之一。

从发展方向说，小型化的 PLC 将向更专业化的使用角度发展，比如功能更加有针对性、对应用的环境更有针对性等等。

2.1.2.3 SCADA 系统

数据采集与监视控制（Supervisory Control And Data Acquisition，SCADA）系统一般是有监控程序及数据收集能力的电脑控制系统。工业上，SCADA 系统广泛应用于远程通信、供水与污水处理、化工、能源、电力、冶金、油气输送等领域。

SCADA 在电力行业常被直接称为远动，远动就是应用远程通信技术对远方运行设备进行监视和控制，以实现远程信号、远程测量、远程控制和远程调节等各项功能。远动技术是随着生产过程自动化程度的日益提高而发展起来的，是自动化技术与远程通信技术在电力生产上的有机结合。

SCADA 系统的设计用来收集现场信息，将这些信息传输到中央计算机系统，并且用图像或文本的形式显示这些信息。因此操作员可以从中央计算机系统实时地监视和控制整个系统，根据每个系统的复杂性和相关设置，控制任何一个单独的系统，自动执行相关操作或任务，这也可以由操作员命令来自动执行。

1. SCADA 系统的基本结构

SCADA 系统中典型的硬件结构包括控制中心的主终端装置（MTU），通信设备（如无线电、电话线、电缆或卫星），还包括一个或多个分布在现场的控制器如远程测控终端（RTU）或可编程逻辑控制器（PLC），以控制执行器或监视传感器，MTU 存储和处理来自 RTU 的输入和输出，与此同时 RTU 或 PLC 控制现场过程，负责通信的硬件允许数据和信息在 MTU 和 RTU 或 PLC 间传输。软件结构负责通知系统监视内容、监视时间、哪些参数范围是可以接受的，并且当参数超出可承受值的范围时如何启动响应。智能电子设备（IED），例如保护继电器，可以直接和 SCADA 服务器通信，或者本地 RTU 可以询问 IED 收集数据，并且把数据传输到 SCADA 服务器。IED 提供直接接口到控制/监视设备和传感器。IED 也可以由 SCADA 服务器直接询问和控制，并且在大部分情况下可以本地编程以允许 IED 执行操作，而不用 SCADA 控制中心直接发指令。另外，SCADA 系统通常在系统体系结构中有故障容忍系统以进行冗余[21]。

控制中心包括 SCADA 服务器（MTU）和通信路由器，还包括 HMI、工程师站和数据记录服务器，这些设备通过 LAN 连接进行通信。控制中心收集和记录来自现场的信息，并且通过 HMI 显示这些信息，基于检测到的事件发起相关动作。控制中心也负责集中报警、趋势分析和报告。现场控制本地执行器和监视传感器。现场位置中一般会配置远程访问能力以允许现场操作人员通过调制解调器或 WAN 连接以执行远程诊断和维修。标准的或专用的通信协议使用串口通信方式在控制中心和现场间传输信息，一般使用的媒介为电话线、电缆和光纤以及广播、微波或卫星无线发射装置。典型的 SCADA 系统架构如图 2-5 所示。

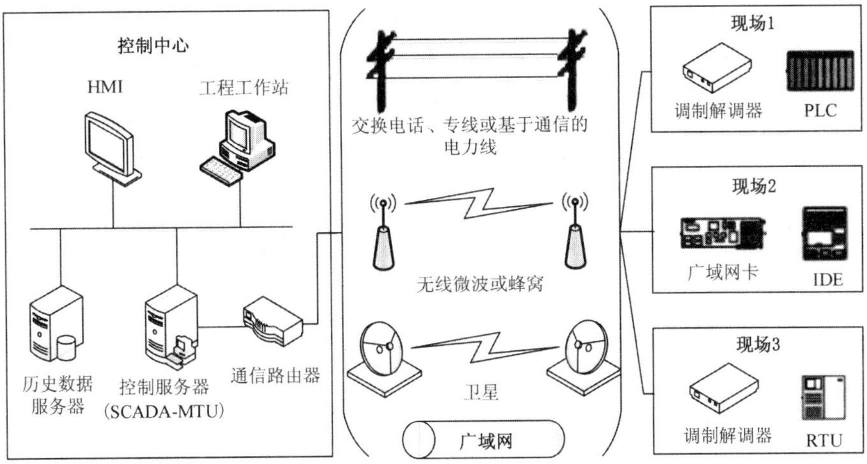

图 2-5　典型的 SCADA 系统架构

SCADA 系统常使用分布式控制系统（简称 DCS）中的组件。越来越多的系统使用智能的远程测控终端（RTU）或可编程逻辑控制器（PLC），可以自行处理一些简单的逻辑程序，不需主系统的介入。

传统的 SCADA 系统会使用广播、串列或是调制解调器（modem）来达到通信的机能，有些大型的 SCADA 系统（例如发电厂或铁路）也常会使用架构在同步光网络（SONET）或同步数字体系（SDH）上的以太网或网络协议。SCADA 系统中的远程管理或监视机能常称为遥测。

在 SCADA 系统中数据采集通常由 RTU 或 PLC 完成，包括读取感测器数据，依据 SCADA 需求通信发送设备的状态报告。数据有特定的格式，控制室中的操作员可以用 HMI 了解系统状态，并决定是否要调整 RTU（或 PLC）的控制，或是暂停正常的控制，进行特殊的处理。数据也会发送到历史记录器，一般会是架构在商用的数据库管理系统上，以便追踪趋势并进行分析。SCADA 系统会配合分布式数据库使用，一般称为标签数据库，其中的数据元素称为标签（tag）或点（point）。一个点表示一个单一的输入或输出值，可能是由系统所监视或是控制。点可以是硬件或是软件。一个硬件的点表示系统中实际的输入或是输出，而软件的点则是根据其他点进行数学运算或逻辑运算后的结果（有些系统会把所有的点都视为软件的点，无视其实际上是硬件或软件）。一个点通常都是会以数据、时间戳记对的方式存储，其中有数据以及数据计算或记录时的时间戳记。一个点的历史记录即可以用一连串的数据-时间戳记表示。常常也会在存储时加上其他的信息，例如现场设备或 PLC 暂存器的路径、设计的注解及警告信息。

实现 SCADA 系统时，警告处理是很重要的一个部分。系统会监控指定的警告条件是否成立，以确定是否有警告事件发生。当有警告事件时，系统会采取对应的行动，例如引导一个或多个警告指示，或发出电子邮件或短信给系统管理者或 SCADA 操作员，告知已有警告事件。SCADA 操作员需确认警告事件，有些警告事件在确认后其警告指示就会关闭，也有一些警告指示要在警告条件清除后才会关闭。在设计 SCADA 系统时，需特别注意当短时间出现一连串警告事件时的处理方式，否则警告的根本原因（不一定是最早发生的事件）可能会被遗漏，不被记录。在 SCADA 系统中，警告一词可能用来指称许多事物，可能是警告点、警告指示或是警告事件本身。

2. SCADA 系统的功能优越性及应用

SCADA 后台系统的主要功能有数据处理和控制调节、历史数据存储、与其他子系统的计算机通信和人机界面交互等。

数据处理和控制调节是 SCADA 应用的基本功能，主要实现与前置系统的通信，并完成 SCADA 系统最基本的遥信、遥测、遥控和遥调功能。历史数据存储软件采集并存储了历史数据，用以作为制作调度计划的数据基础和制作运行报表的根据。SCADA 后台系统计算机与其他系统计算机之间的计算机通信能便利而安全地实现信息交换和数据共享。人机界面交互软件使操作者通过人机界面与应用程序进行交互，得以实现各种应用所需的功能。

在石油石化行业中，输油管线由于管线长、沿线站点分散，距离相对较远、地理位置相对偏僻等特点，常采用 SCADA 系统对其进行数据采集和集中监控。在国外，使用 SCADA 系统的管线，基本上可以实现输油泵站无人值守，这不仅大大提高输油管线自动化水平，提高管线运行安全性，还大大降低运行成本，提高管线运营的经济效益。

在某市的有轨电车 SCADA 系统由控制中心调度系统、变电所综合自动化系统及通信通道构成，其中通信通道由有轨电车通信系统提供。电力监控系统实施对全线上述变电所主要供电设备及接触网电动隔离开关的监控，完成调度所对全线供电系统的运行及维修调度管理。

3. SCADA 系统中的子结构

按照工业系统应用划分，SCADA 系统可分为 5 个子结构：人机界面（Human Machine Interface，HMI）、监控系统终端、远程测控终端（RTU）、可编程逻辑控制器（PLC）、通信网络。

1）人机界面（HMI）是一个可以显示程序状态的设备，操作员可以依此设备监控及控制程序。HMI 会链接到 SCADA 系统的数据库及软件，读取相关信息，以显示趋势、诊断数据及相关管理用的信息，如定期维护程序、物流信息、特定感测器或机器的细部线路图，或是可以协助故障排除的专家系统。

HMI 系统常会用图像的方式显示系统的信息，而且会用图像模拟实际的系统。操作员可以看到待控制系统的示意图。例如一个连接到管路的泵浦图标，可以显示泵浦正在运转及管路中液体的流量，操作员可以使泵浦停机，HMI 软件会显示管路中液体流量随时间下降。模拟界面会用包括线路图及示意图来表示制造过程中的元素，也可能用制造过程设备的图片再加上动画说明制造过程情形。参考例图如下图 2−6 所示。

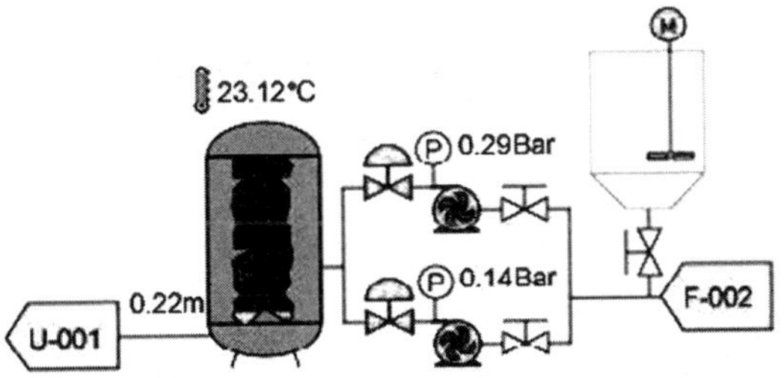

图 2−6　HMI **模拟示意图**

SCADA 系统的 HMI 软件一般会包括绘图软件，可以让系统维护者修改系统在 HMI 中的呈现方式。呈现方式可以简单到只有屏幕上的灯号，用灯号表示现场实际的状态情形，也可以复杂到是用多台投影机显示摩天大楼中所有的电梯位置或是铁路中所有列车的位置。

2）远程测控终端（Remote Terminal Unit，RTU）负责对现场信号、工业设备的监测和控制。RTU 是构成企业综合自动化系统的核心装置，通常由信号输入/输出模块、微处理器、有线/无线通信设备、电源及外壳等组成，由微处理器控制，并支持网络系统。它通过自身的软件（或智能软件）系统，可以理想地实现企业中央监控与调度系统对生产现场一次仪表的遥测、遥控、遥信和遥调等功能。

RTU 是 SCADA 系统的基本组成单元。RTU 是安装在远程现场的电子设备，用来监视、测量和采集安装在远程现场的传感器和设备，负责对现场信号、工业设备的监测和控制。RTU 将测得的状态或信号转换成可在通信媒体上发送的数据格式，它还将从中央计算机发送来的数据转换成命令，实现对设备的功能控制。

RTU 的主要应用于各发电厂、变电站内，具体任务包括以下四点。

a）数据采集

模拟量：采集电网中的 P、Q、U、I 等运行参数，一般称为遥测量。

开关量：如断路器和隔离开关的开合、自动装置或继电保护装置的工作状态，称为遥信量。

脉冲量：脉冲电能表的输出脉冲等，称为遥脉量，有时也归入遥测量中。

b）数据通信

按照预定通信规约的规定，自动循环（或相应调度要求）地向调度端发送所采集的本厂站数据，并接收调度端下达的各种命令。

c）执行命令

根据接收到的调度命令，完成对指定对象的遥控、遥调操作。

d）其他辅助功能

人机交互、自检、告警、站内事件顺序记录功能。

2.1.3 常见工业控制协议

工业协议浩如烟海，限于篇幅，本章将主要介绍以下八种常见的工业控制协议：Modbus 协议、S7 协议、Profinet/Profibus 协议、OPC 协议、Ethernet/IP 协议、DNP 协议、IEC101/104 协议和 CAN 协议。

2.1.3.1 MODBUS 协议

Modbus 协议是 Modicon 在 1979 年开发，供工业自动化系统以及 Modicon 可编程控制器使用。它自此成为离散、模拟 I/O 信息转换与工业控制和监测装置之间注册数据的工业化标准思想。Modbus 是全球第一个真正用于工业现场的总线协议。该工业通信系统，由带智能终端的可编程逻辑控制器和计算机通过公用线路或局部专用线路连接而成。其系统结构既包括硬件，亦包括软件。它可应用于各种数据采集和过程监控。

Modbus 网络只有一个主机，所有通信都由它发出。网络可支持 247 个之多的远程从属控制器，实际所支持的从机数要由所用通信设备决定。采用这个系统，各 PC 可以和中心主机交换信息而不影响各 PC 执行本身的控制任务。Modbus 是 OSI 模型第 7 层上的应用层报文传输协议，它在连接至不同类型总线或网络的设备之间提供客户机服务器通信。互联网用户可以使用 TCP/IP 协议栈保留端口 502 进行访问 Modbus 服务。由于 Modbus 是第 7 层协议，因而可独立于底层网络协议运行，很容易移植到串行或路由网络架构之上。

1. 工作机理

Modbus 是请求/响应协议，只用三种不同协议数据单元（Protocol Data Unit，PDU）：Modbus 请求、Modbus 应答以及 Modbus 异常应答，如下图 2-7 所示。

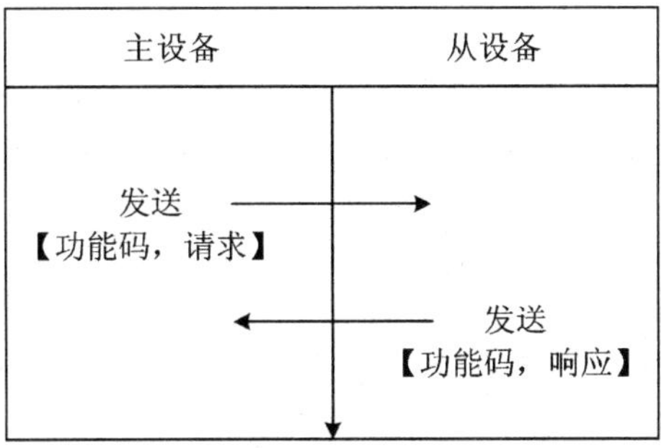

图 2－7　Modbus 协议工作原理

每个使用 Modbus 通信的设备都必须指定唯一的地址。每个命令都指定了目的地址，虽然其他设备也可能接受到命令消息，但只有地址匹配的设备才会成功。

主设备发送包含初始功能代码和数据请求 PDU，启动一个回话。在接收方式上则有两种，一种是接收设备回复一个包含功能代码与数据应答的应答 PDU。另一种是如果发生错误，设备则会回复一个包含异常功能代码与异常代码的 Modbus 异常响应。

功能代码与数据请求可用于执行多种命令，一些 Modbus 命令如下：控制 I/O 接口、读取 I/O 接口数据、读寄存器值、写寄存器值。

2. 衍生协议

在 Modbus 普及应用过程中，发展出几个适应特定需求的衍生协议，包括 Modbus RTU 与 Modbus ASC II，分别支持在串行总线上的二进制与 Modbus ASC II 传输；Modbus TCP，用于现代 IP 网络上的 Modbus 衍生协议；Modbus Plus，一种通过使用互联总线来扩展 Modbus 通信范围的衍生协议。

1）Modbus RTU 与 Modbus ASC Ⅱ

这两种类似的 Modbus 衍生变种，是最简单的 Modbus 变体，适用于串行通信。Modbus RTU 使用二进制数据（图 2－8），而 Modbus ASC Ⅱ 使用 ASC Ⅱ 字符数据（图 2－9）。两种变体 PDU 内部均采用了一个简单的消息格式，包括地址、功能代码、数据载荷以及保证消息正确性的校验数据。

起始	地址码	功能码	数据	CRC	结束
传输间隔 T1～T4	8 位	8 位	n×8 位连续数据流	16 位	传输间隔 T1～T4

图 2－8　Modbus RTU 帧结构

起始	地址码	功能码	数据	CRC	结束
1 字符	1 字符	2 字符	n 字节连续数据流	2 字符	2 字符 CR/LF

图 2－9　Modbus ASC Ⅱ 帧结构

2）Modbus TCP

Modbus TCP 使用 TCP/IP 协议在现代路由网络上传输 Modbus 命令与消息。早期的 Modbus TCP 实现时抛弃了 Modbus 内置校验机制而依赖底层 TCP/IP 协议的校验，不过当前绝大部分的 Modbus TCP 实现时在 TCP/IP 载荷内部包含了 Modbus 原有的校验数据，如图 2－10 所示。

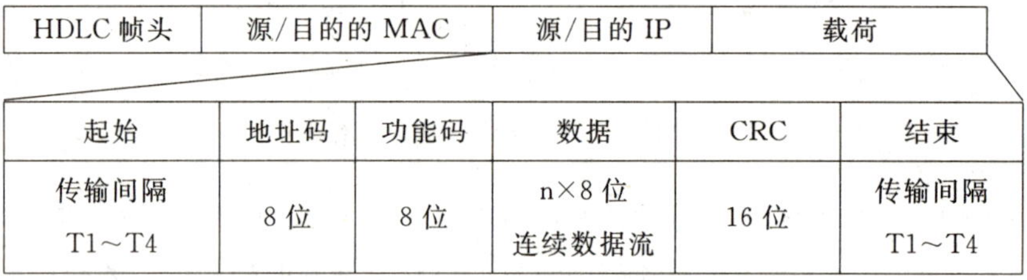

图 2－10　Modbus TCP **帧结构**

3）Modbus Plus（或称 Modbus+）

Modbus Plus 是 Modicon 公司的专用变种版本，它在 RS－485 通信链路上发送嵌入式的 Modbus 消息。Modbus Plus 支持一些有趣的特性，包括允许多个总线互联的 Modbus 桥接，可无限扩大所能支持节点的数目。

2.1.3.2　S7 协议

S7 协议是西门子专有协议，广泛用于各种通信服务，例如：PG 通信、OP 通信、S7 基本通信、S7 通信、路由等。S7 协议独立于西门子各种通信总线，可以在 MPI，Profibus，Ethernet，Profinet 上运行。S7 协议是由多种应用层协议组成的，或者说 S7 协议是一个由多种协议的集合协议。S7 协议在以太网上的底层协议根据应用不同使用 OSI，OSI on TCP。

所有 SIMATIC S7 和 C7 控制器都集成了用户程序可以读写数据的 S7 通信服务。S7－400 控制器使用 SFB，S7－300 和 C7 控制器使用 FB。不管使用哪种总线系统都可以应用这些功能块。即以太网、Profibus 和 MPI 网络中都可使用 S7 通信。

S7 协议在 OSI 参考模型的位置如图 2－11 所示。

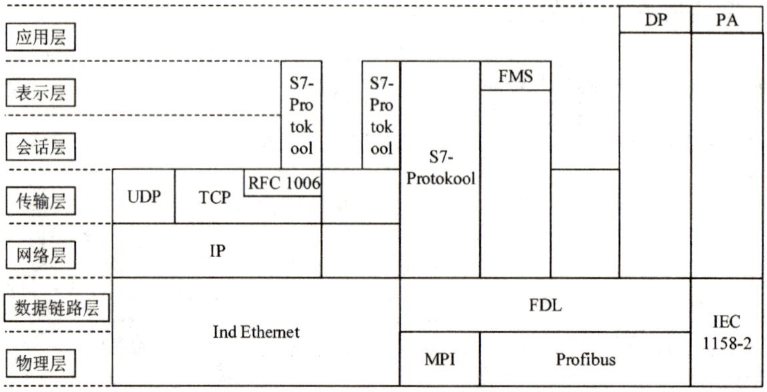

图 2－11　OSI **参考模型中的位置**

S7 协议的基本服务描述参考表 2-2 所示。

表 2-2　S7 协议的基本服务

服务	描述
PUT/GET	对于向一个站点传送少量数据的一种单向读/写服务
USEND/URCV	对于两个站点之间中等数据量的一种双向不带确认的服务
BSEND/BRCV	对于两个站点之间大数据量的一种双向的面向数据段的服务

S7 协议允许 1 到 64KB 数据的传递。数据量的大小取决于所使用的服务和硬件。S7 协议的服务属性参考表 2-3 所示。

表 2-3　S7 协议的服务属性

服务/属性	BSEND/BRCV	USEND/URCV	PUT/GET
最大数据长度 S7-300/S7-400	2KB/64KB	160 字节/440 字节	160 字节/400 字节
可能的地址范围 S7-300/S7-400	M，D/M，TC，I，Q，D	M，D/M，T，C，I，Q，D	M，D/M，T，C，I，Q，D
数据一致性 S7-300/S7-400	每个任务全长	每个任务全长	8-32 字节/32 字节全长
通信概念	客户端/客户端	客户端/客户端	客户端/客户端
最大连接数量	查看 CPU 规范	查看 CPU 规范	查看 CPU 规范
程序块 S7-300/S7-400	FB/SFB 12 “BSEND” FB/SFB 13 “BRCV”	FB/SFB 8 “USEND” FB/SFB 9 “URCV”	FB/SFB 15 “PUT” FB/SFB 14 “GET”

S7 协议的优势主要包括：

1）独立的总线介质（PROFIBUS，工业以太网 MPI）。

2）可用于所有 S7 数据区。

3）一个任务最多传送达 64KB 数据。

4）第 7 层协议可确保数据记录的自动确认。

5）大数据量传送时处理器和总线的低负荷。

S7 协议可被所有可提供的 S7 控制器和通信处理器支持。此外，带有适当的硬件和软件的 PC 系统也可支持通过 S7 协议的通信。

2.1.3.3　Profinet/Profibus 协议

Profinet 是一个开放式的工业以太网通信协定，是由 PROFIBUS & PROFINET 国际协会所提出。Profinet 应用 TCP/IP 及资讯科技的相关标准，是实时的工业以太网。自2003年起，Profinet是IEC 61158及IEC 61784标准中的一部分，Profinet为自动化通信领域提供了一个完整的网络解决方案，包括了诸如实时以太网、运动控制、分布式自动化、故障安全以及网络安全等当前自动化领域的热点，并且作为跨供应商的技术，可以完全兼容工业以太网和现有的现场总线，如Profibus技术，节约成本，实现方式灵活。Profinet有模组化的结构，使用者可以依其需求选择层叠的机能。各机能的差异在于为了满足高速通信的需求，而对应资料交换种类的不同。

Profinet可分为Profinet CBA及Profinet IO两种，Profinet CBA适合经由TCP/IP，以元件为基础的通信，Profinet IO则使用在需要实时通信的系统。Profinet CBA和Profinet IO可以在一个网络中同时出现。Profinet IO是为分散式周边的实时（RT）及等时实时（IRT）通信所设计。其名称RT及IRT只是在说明配合Profinet IO通信时的实时特性。为了达到上述的通信机能，定义了以下三种的通信协定等级。

1）TCP/IP是针对Profinet CBA及工厂调试用，其反应时间约为100ms。

2）RT（实时）通信协定是针对Profinet CBA及Profinet IO的应用，其反应时间小于10ms。

3）IRT（等时实时）通信协定是针对驱动系统的Profinet IO通信，其反应时间小于1ms。

Profibus是一种20世纪80年代末由德国电气工业中心协会开发的现场总线协议。它包括几种变体，如Profibus－DP（Decentralized Periphery，分散型外围）与Profibus－PA（Process Automation，过程自动化）。其中标准化变体Profibus－DP本身又有Profibus DP－V0、DP－V1及DP－V2三种常见的变体，三种变体间的主要区别是协议功能的小幅度升级。而Profibus通信也有异步、同步及以太网（以太类型0x8892）三种类型，以太网上的Profibus也称为Profinet[22]。

Profibus是一种可通过共享令牌支持多个主节点的主/从协议：当一个主设备控制了令牌时，即可以与它的从设备（从设备配置为只响应唯一的主设备）通信。在Profibus DP－V2中，从设备在特定情况下可以发起到主设备或其他从设备的通信。通常而言，主Profibus节点是PLC或RTU，从设备是传感器、电动机或者其他控制系统设备。

2.1.3.4 OPC协议

OPC（OLE for Process Control，用于过程控制的OLE）是一个工业标准，由标准国际组织OPC基金会进行管理。会员遍布全球包括自动化控制系统、仪器仪表及过程控制系统等公司。OPC协议是基于微软OLE、COM和DCOM三大组件构成，其中包括一整套接口、属性和方法标准，用于过程控制和制造业自动化系统。

OPC服务器通常支持两种类型的访问接口，它们分别为不同的编程语言环境提供访问机制。这两种接口是自动化接口和自定义接口。自动化接口通常是为基于脚本编程语言而定义的标准接口，可以使用 VB、Delphi、Power builder 等编程语言开发 OPC 服务器的客户应用。而自定义接口是专门为 C++等高级编程语言而制定的标准接口，OPC 至今已成为业界系统互联互通的标准方案。

OPC 技术建立了一组符合工业控制要求的接口规范，将现场信号按照统一的标准与 SCADA、HMI 等软件无缝连接起来，同时将硬件和应用软件有效地分离开。只要硬件开发商提供带有 OPC 接口的服务器，任何支持 OPC 接口的客户程序均可采用统一的方式对不同硬件厂商的设备进行存取，无须重复开发驱动程序，这样大大提高了控制系统的互操作性和适应性。

2.1.3.5 Ethernet/IP 协议

Ethernet/IP 使用标准以太网帧（以太类型 OXSOE1）与通用工业协议（Common Industrial Protocol CIP）的套件组合与节点进行通信。它是一种是面向对象的协议，能够保证网络上隐式的实时 I/O 信息和显式信息（包括用于组态参数设置、诊断等）的有效传输。

典型通信为客户端/服务器模式也支持用于处理实时需求的“隐式”模式。隐式模式使用 UDP 和多播等无连接传输方式以减少延迟与抖动[23]。

Ethernet/IP 在物理层和数据链路层采用以太网通信，在网络层和传输层采用标准的 TCP/IP 技术。对于面向控制的实时 I/O 数据，采用 UDP/IP 协议来传送，而对于显式信息（如组态、参数设置和诊断等）采用 TCP/IP 来传送，其优先级较低。而将来采用工业以太网 Ethernet/IP 协议的现场设备层，流通的数据基本是实时 I/O 数据，采用 UDP/IP 协议来传送，其优先级较高。

注意：Ethernet/IP 中的“IP”是指“工业协议（Industrial Protocol），而不是“因特网协议（Internet Protocol）”，同样，缩写“CIP”此处意为“通用工业协议”，而不应该与 NERC CIP 组织的“关键设施保护（Critical Infrastructure Protection）”相混淆。

2.1.3.6 其他工业控制协议

工业控制系统网络中，应用的协议有很多，CAN 协议、IEC101/104 协议、DNP3 协议等也是比较重要的协议。

1. CAN 协议

CAN（Controller Area Network）是控制器局域网的简称，是德国 Bosch 公司在 1985 年为解决现代汽车中众多测量控制部件之间的数据交换问题而开发的一种串行数据通信总线，已经被列入 ISO 国标标准，称为 ISO11898。今天，CAN 已成为行业工业数据通信通用协议之一。CAN 作为数字式串行通信协议，与其他同类技术相比在可靠性、实时性和灵活性方面具有独特的技术优势。

CAN 作为串行通信协议，能有效地支持具有很高安全等级的分布实时控制。CAN 的应用范围很广，从高速的网络到低价位的多路接线都可以使用 CAN。在汽车电子行业里，使用 CAN 连接发动机控制单元、传感器、防刹车系统等等，其传输速度可达 1Mbit/s。同时，可以将 CAN 安装在卡车本体的电子控制系统里，诸如车灯组、电气车窗等等，用以代替接线配线装置。

技术规范的目的是在任何两个 CAN 仪器之间建立兼容性。可是，兼容性有不同的方面，比如电气特性和数据转换的解释。为了达到设计透明度以及实现灵活性，根据 ISO/OSI 参考模型，CAN 2.0 规范细分为以下不同的层次：数据链路层和物理层，参考例图如图 2-12 所示。

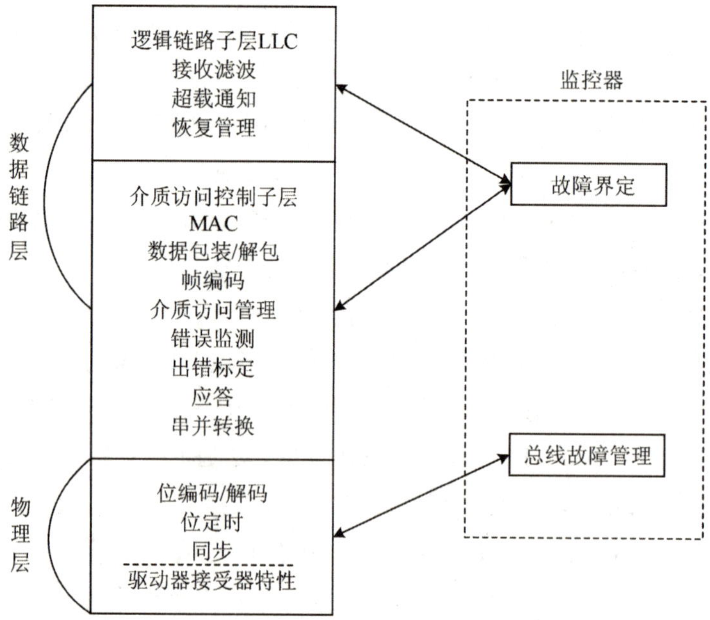

图 2-12 CAN 协议分层结构和功能

在以前版本的 CAN 规范中，数据链路层的 LLC 子层和 MAC 子层的服务及功能分别被解释为“对象层”和“传输层”。逻辑链路控制子层（LLC）的作用范围如下：为远程数据请求以及数据传输提供服务；确定由实际要使用的 LLC 子层接收哪一个报文；为恢复管理和过载通知提供手段。MAC 子层的作用主要是传送规则，也就是控制帧结构、执行仲裁、错误检测、出错标定、故障界定。位定时的一些普通功能也可以看作是 MAC 子层的一部分。物理层的作用是在不同节点之间根据所有的电气属性进行位的实际传输。

根据 CAN 协议规范，CAN 具有以下的属性：报文的优先权；保证延迟时间；设置灵活；时间同步的多点接收；系统内数据的连贯性；多主机；错误检测和错误标定；只要总线处于空闲状态时，就自动将破坏的报文重新传输；将节点的暂时性错误和永久性错误区分开来，并且可以自动关闭由 OSI 参考模型分层 CAN 结构的错误的节点。

2. IEC 101/104 协议

IEC 101 是国际标准对应电力行业行标准 DL/T634，远动设备及系统传输规约第 101 篇基本远动任务问答方式，上行信息：遥测、通信、遥脉、终端设备状态，下行信息：遥控、设点、对时。特点是信息量大，传输机制成熟。将 IEC 101 的链路报文和应用报文用 TCP/IP 方式传输就认为是 IEC 104。IEC 101 的信息报文的头是 68LL68，尾是 16；IEC 104 的信息报文的头是 68L，没有固定的尾。

IEC 104 规约标准定义了开放的 TCP/IP 接口的使用，包含一个由传输 IEC 101 ASDU 的远动设备构成的局域网的例子。包含不同广域网类型，例如，帧中继、综合范围数据网络 ISDN（Integrated Service Data Network）等的路由器可通过公共的 TCP/IP——局域网接口互联，其体系结构如图 2-13 所示。

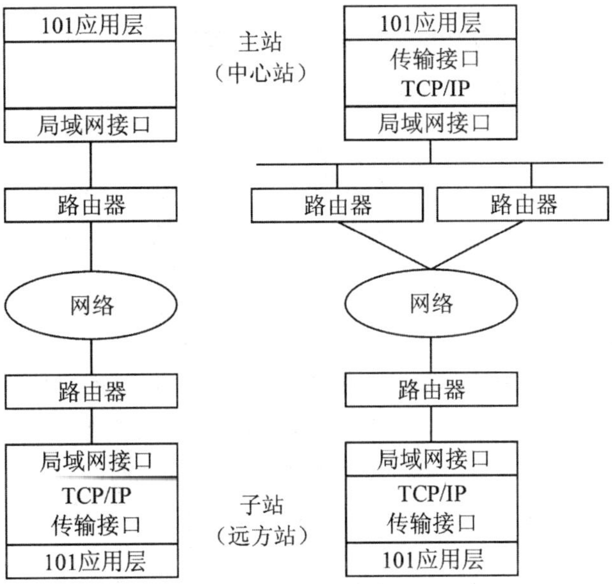

图 2-13　IEC 101 体系结构示意图

IEC 104 规约使用的参考模型源于开放式系统互联的 ISO-OSI 参考模型，只采用其中的 5 层，它处于应用层协议的位置。基于 TCP/IP 的应用层协议很多，每一种应用层协议都对应着一个网络端口号。IEC 104 规约在传输层采用 TCP 协议，其对应的网络端口号为 2404，其规约结构如图 2-14 所示。

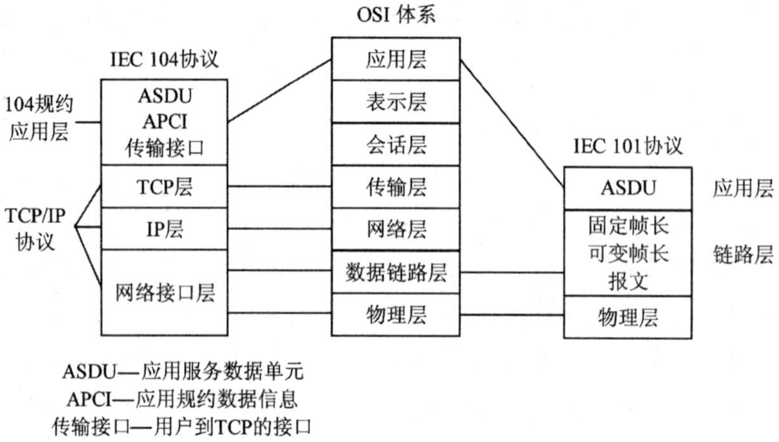

图 2-14　101 104 规约体系结构

由图 2-14 可见，IEC 104 实际上是将 IEC 101 与 TCP/IP 提供的网络传输功能相结合，使得 IEC 101 在 TCP/IP 内各种网络类型均可使用，包括 Xo25、FR（帧中继）、ATM（异步传输模式）和 ISDN（综合业务数据网）。

3. DNP 协议

分布式网络协议（Distributed Network Protocol，DNP）是一种应用于自动化组件之间的通信协议，常见于电力、水处理等行业。SCADA 可以使用 DNP 协议与主站、RTU 及 IED 进行通信。

DNP 协议标准由 IEEE 提出，参考了 IEC870-5 以及其他一些 IEC 协议。主要为了解决 SCADA 行业中，协议混杂、没有公认标准的问题。该协议在可靠性方面有一定的保证，可以用来对抗恶劣环境中产生的电磁干扰、元件老化等信号失真现象，但恶意人为攻击或破坏控制系统除外。在完整性保护方面 DNP 协议对数据的分片、重组、数据校验、链路控制、优先级等服务中大量使用了 CRC 校验来保证数据的准确性。

DNP 作为一种分布式网络协议，适用于要求高度安全、中等速率和中等吞吐量的数据通信领域。DNP 规约支持点对点、一点多址、多点多址和对等的通信方式，支持问答式和自动上报数据传输方式。为了保证数据传输的可靠性，DNP 采用了通信冲突碰撞避免/检测方式。

DNP3 最初是用一种用于主控站和从设备“子站”之间以及控制站内的 RTU 与 IED之间的串行协议，与其他控制系统协议一样，DNP3 被封装成 TCP 或 UDP 数据包，扩展到了 IP 协议上，以便更容易地使用网络与远程 RTU 通信。

DNP3 与 Modbus 和 ICCP 不同，DNP3 是双向的（支持主一从/从一主双向通信）且支持基于异常报告。于是，DNP3 子站可能在非常正常轮询周期时发送自发响应，将时间（如报警）通知给主节点。

DNP 协议的特点（如今已发展至 DNP3）：DNP3 规约是一种分布式网络协议，适用于要求高度安全、中等速率和中等吞吐量的数据通信领域；DNP3 规约以工 EC870—5 标准为基础，该规约非常灵活，满足目前和未来发展的要求，且与硬件结构无关；DNP3 规约采用网络通信方式；DNP3 规约支持点对点、一点多址、多点多址和对等的通信方式；DNP3 规约支持问答式和自动上报数据传输方式；DNP3 规约支持通信冲突碰撞避免/检测方式，能保持数据传输的可靠性；DNP3 规约支持传送带时标的量，尤其有利于配电自动化系统采集分时电度值和分析事故原因。

2.2 工业控制系统架构

本教材参考标准 IEC62264 的层次结构模型划分，同时将 SCADA 系统、DCS 系统和 PLC 系统的模型的共性进行抽象，对通用工业企业采用层次模型进行说明。层次模型的内容包括：功能层次模型、功能单元映射模型、资产组件映射模型。

工业企业功能层次模型从上到下共分为 5 个层级，依次为企业资源层、生产管理层、过程监控层、现场控制层和现场设备层，不同层级工作在不同的实时性上。

其中各个层次功能单元有：

1）企业资源层：主要包括一些企业管理系统功能单元，用于为企业决策层员工提供决策运行手段；

2）生产管理层：主要包括 MES、SIS 等系统功能单元，用于对生产过程进行管理，如制造数据管理、生产调度管理等；

3）过程监控层：主要包括监控服务器与 HMI 系统功能单元，用于对生产过程数据进行采集与监控，并利用 HMI 系统实现人机交互；

4）现场控制层：主要包括各类控制器单元，如 PLC、DCS 控制单元等，用于对各执行设备进行控制；

5）现场设备层：主要包括各种过程传感设备与执行设备单元，用于对生产过程进行感知与操作。

工业系统架构中五层结构分布图如图 2-15 所示。

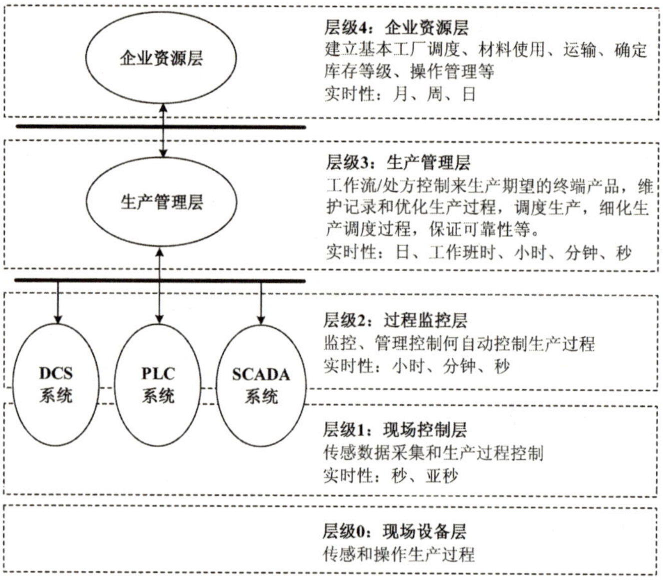

图 2－15　工业控制系统架构图

2.2.1　现场设备层

现场设备层主要完成现场信号的测量和预处理，以及控制动作的执行，如温度传感器、流量计、气动二段切断阀、静电溢出报警控制器等，与控制层的连接信号可为4～20mA、脉冲信号、开关量信号以及RS485通信方式。如现场总线式结构，系统通过现场总线进行数据信息传输对现场的各个控制参数进行自动化控制、检测和报警，从而大大地提高工作效率。

2.2.1.1　传感器

传感器（Sensor）是感受指定被测参量变化并按照一定规律转换成一个相应的便于传递的输出信号的器件。其组成如图 2－16 所示。敏感元件完成预变换的功能，直接感受被测量，并输出与被测量成对应关系的某一物理量；转换元件能将感觉到的被测非电量参数转换为电参量；转换电路将传感元件输出的电参量再转换成易于处理的电压、电流或频率量等信号；辅助电源用于提供传感器正常工作能源。

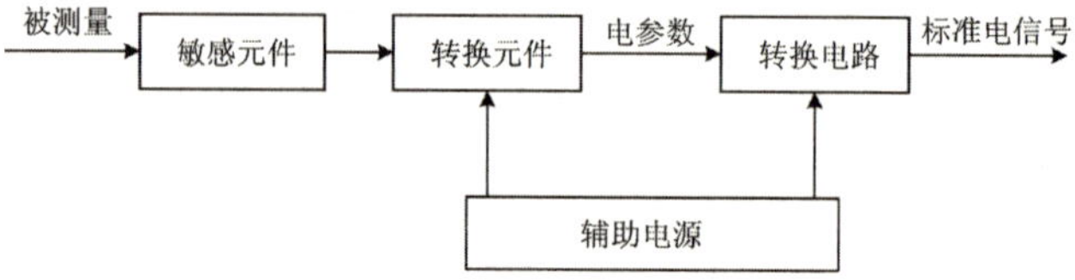

图 2－16　传感器的基本结构

1. 传感器的基本认识

传感器的分类多种多样，其中常见的传感器的分类如表 2－4 所示。

表 2-4 传感器的分类

分类标准	参考类型
工作机理	物理型、化学型、生物型
构成原理	结构型、物性型
能量转换	能量控制型、能量转换型
物理原理	电参量、磁电、压电式
使用用途	位移、压力、振动、温度
转换过程	单向、双向
输出信号	模拟信号、数字信号
电源与否	有源、无源

2. 部分传感器的详细介绍

结构型传感器是利用物理学中的场定律构成的，包括运动定律、电磁场的电磁定律等。传感器的工作原理是以传感器中元件相对位置变化引起场的变化为基础，而不是以材料特性变化为基础。一般是以方程式给出的，对于传感器，这些方程式就是许多传感器在工作时的数学模型。

物性型传感器是利用物质定律构成的，如虎克定律、欧姆定律等。物质定律是表示物质某种客观性质的法则。这种法则，大多数是以物质本身的常数形式给出。常数的大小决定了传感器的主要性能。物性型传感器的性能会随着材料的不同而异。如光电管，它利用了物质法则中的外光电效应。显然，其特性与涂覆在电极上的材料有着密切的关系。又如半导体传感器，以及利用各种环境变化而引起的金属、半导体、陶瓷、合金等性能变化的传感器，都属于物性型传感器。

能量控制型传感器，在信息变化过程中，传感器将从被测对象获取的信息能量用于调制或控制外部激励源，使外部激励源的部分能量载运信息而形成输出信号，这类传感器必须由外部提供激励源，如电阻、电感、电容等电路参量传感器都属于这一类传感器。基于应变电阻效应、磁阻效应、热阻效应、光电效应、霍尔效应等的传感器也属于此类传感器。

能量转换型传感器，又称有源型或发生器型，传感器将从被测对象获取的信息能量直接转换成输出信号能量，主要由能量变换元件构成，它不需要外电源。如基于压电效应、热电效应、光电动势效应等的传感器都属于此类传感器。

有些传感器的工作原理具有两种以上原理的复合形式，如不少半导体式传感器，也可看成电参量式传感器。

2.2.1.2 执行器

执行器（Final Controlling Element）是自动控制系统中的执行机构和控制阀集成

单元。在自动控制系统中接受来自调节器发出的信号，根据在工艺管路的位置和特性对工艺介质的流量进行调节，从而将被控数据精确地控制在生产过程所要求范围。

1. 执行器的构成

执行器由执行机构和调节机构组成。其中执行机构是用于产生推力或位移的装置，调节结构是用于直接改变物料输送量的装置。

2. 执行器的分类

常见的执行器有气动执行器和电动执行器。气动执行器的优点是结构简单、动作可靠稳定、输出力大、安装方便、防火防爆等；不足是滞后大，不适于远传，主要应用场合在石油、化工、冶金、电力等。而电动执行器的优点是动作快、适于远传，便于和电子计算机配合使用。

3. 执行机构

执行机构通常由伺服电机、减速器和位置发送器组成。执行机构用于接受伺服放大器的输出信号，控制电机的正反转，经减速器后变成输出力矩去推动执行器动作，同时经过位置发送器反馈到输入端去平衡输入电流信号。其中伺服电机用于将伺服放大器输出的电功率转换为机械转矩，且当伺服放大器没有输出时能够制动。减速器用于将伺服电机的高转速、小力矩的输出功率转换为执行机构输出轴的低转速、大力矩的输出功率，以便带动调节机构动作。位置发送器用于将执行机构输出轴的转角（0～90°）线性地转换为4～20mA直流信号，多用于阀位指示及位置反馈信号。

执行机构可分为电动执行机构与气动执行机构。电动执行机构又可分为直行程电动执行机构与角行程电动执行机构。

电动执行机构中，直行程电动执行机构是将输入直流信号线性地转换为直线位移，角行程电动执行机构是将输入直流信号线性地转换为转角位移，两者均是两相交流电机的位置伺服电机，只是减速器不同。

气动执行机构是接受来自气动调节器或电气转换器输出的气压信号，并将其转换为推杆直线位移（或转轴的角位移）。其中薄膜式气动执行机构的优点是结构简单、价廉，缺点是输出行程小，只能直接带动阀杆活塞式气动执行机构，并且行程长，价格昂贵。

4. 调节结构

调节结构是在执行机构推力的作用下，阀芯产生一定的位移或转角，从而直接调节流体的流量。以直通单座调节阀为例，调节阀的结构由上阀盖、下阀盖、阀体、阀座、阀芯、阀杆、填料和压板等组成。

2.2.2 现场控制层

现场控制层的核心设备是现场控制器，如现场解码驱动器、门口机、区域报警控制器等，它们通过传输层与控制层进行数据通信，接收控制的指令，对前端设备及联动装置进行各种功能遥控。

现场控制层大多数由集散式批量控制器与总线组成，主要完成来自现场设备的信号的收集、处理，实现信息的就地存储、显示、运算、自动控制，业务授权验证以及数据上传等功能。实现自动定量控制、自动连锁报警等。与监控综合管理层之间的采用 RS485 现场总线进行数据交换传输。

控制器（Controller）是指按照预定顺序改变主电路或控制电路的接线并改变电路中电阻值来控制电动机的启动、调速、制动及反向的主令装置。它由程序计数器、指令寄存器、指令译码器、时序产生器和操作控制器组成，是发布命令的“决策机构”，即完成协调和指挥整个计算机系统的操作。

控制器作为直接控制设备、获取设备状况的控制系统，控制器随着嵌入式计算技术的卓越性能和软逻辑控制器在工业控制领域的成熟应用。典型的控制器如 PLC（可编程逻辑控制器）、PAC（可编程自动化控制器）以及 RTU（远程测控终端）等，早期的生产过程自动化领域里，PLC 的应用较为广泛，利用远程 I/O 卡件与控制室实现通过单根电缆的通信信息交换。20 世纪 80 年代初期，一些相对生产规模小一些的厂家利用它们在数据采集转换及通信方面的优势，以 RTU 等组件结合 PLC 构建了当前的 SCADA 系统。

控制器可分为组合逻辑控制器和微程序控制器，两种控制器各有其优缺点。组合逻辑控制器设计麻烦，结构复杂，一次成型，后续无法进行修改或扩充，速度快。微程序控制器设计方便，结构简单，便于修改或扩充，只需重编所对应的微程序。

在控制论中，控制器是一依据传感器信号，来调整发送至致动器的输出信号，用以改变受控体（plant）状况的装置。举例来说，屋内的空调系统可用温度控制器，依据温度计测量的气温，以调整冷气机强度，以达到一个舒适的环境温度。

2.2.3 过程监控层

过程监控层主要承担自动装置系统的集中监控、业务管理和系统的配置组态。通过计算机技术、网络技术、数据库管理系统和软件技术，完成网络的管理、数据的实时监控、数据库的管理、信息的共享、系统的配置组态等。将装置的日常工作，如收、发、转等作业程序化、规范化、制度化，使每步操作有法可依，有据可查，杜绝管理漏洞。每天数据的上报、审核和汇总，使管理者能及时准确地掌握相关信息，为决策服务，每个监控管理主机可按级别授权，查询相关信息。

该层网络负责接收来自现场控制层的数据，现场控制网络通过 PLC 控制器处理数据，由远程测控终端 RTU 和 SCADA 服务器 MTU 组成远程传输链路，将数据传输至过程控制与监控网络中的监控设备。系统操作员便可通过操作 HMI 人机界面了解控制系统的运行状态，实时监测 PLC、RTU 以及一些现场设备的运行，并据此进行调整或控制工艺参数，这些监控到的数据信息会传送到历史数据服务器，供以后分析使用，为上层的任务决策提供数据支持。

过程监控层中主要部署 SCADA 服务器、历史数据库、实时数据库以及人机界面等关键工业控制系统组件。在这个网络中，系统操作人员可以通过 HMI 界面、SCADA 系统及其他远程控制设备，对现场控制系统网络中的远程测控终端（RTU）、现场总线的控制和采集设备（PLC 或者 RTU）的运行状态进行监控、评估、分析，并依据运行状况对 PLC 或 RTU 进行调整或控制。

在石化行业的企业，过程监控层中主要涉及的软件有：分布式控制系统（DCS）、先进控制系统（APC）、实时数据库管理系统、实验室信息管理系统（LIMS），以及罐区、公司工程数据自动采集等。主要的软件服务品牌有：Honeywell、Foxboro、AspenTech、Thermo 以及石化盈科等。

2.2.4 生产管理层

MES 系统即制造企业生产过程执行系统，是一套面向制造企业车间执行层的生产信息化管理系统。MES 可以为企业提供包括制造数据管理、计划过程管理、生产调度管理、库存管理、质量管理、人力资源管理、工作中心/设备管理、工具工装管理、采购管理、成本管理、项目看板管理、生产过程控制、底层数据集成分析、上层数据集成分解等管理模块，为企业打造一个扎实、可靠、全面、可行的制造协同管理平台。

在石化行业的企业，生产管理层中主要涉及的软件有：计划优先（PIMS）、油品调和、质量管理、能源管理、生产执行系统（MES）、设备运行监控、流程模拟等。主要的软件服务品牌有：清华大学 GIOCIMS、Honeywell、AspenTech、石化盈科等。

2.2.5 企业资源层

当下制造行业的企业都已经使用上了一些管理系统，如 ERP、CRM 和 OA 等与企业运营息息相关的系统，专为生产制造业打造的企业管理系统，针对制造业的办公、销售、采购、生产、工程、品质、仓库、财务、业务管理等层面提供的一套功能强大、性能完备的综合管理系统。根据风险敏感程度和企业应用场景的不同，工业企业可能存在于外部的互联网通信边界，而一旦存在互联网通信，通常也具有较完备的典型安全边界防护措施，如防火墙等。

该层网络根据公司所需功能配置相应的管理软件，每个软件有不同的通信协议，对应不同的物理接口。该层网络通过开放式通信协议从控制网络采集生产数据，通过管理软件自身的功能模块从人力资源、机具配置、材料仓储等角度对控制网络采集到的生产数据进行分类处理，最终形成工厂管理方法和决策数据。

在石化行业的企业，企业资源层中主要涉及的软件有：ERP、电子商务、客户关系管理（CRM）、数据仓库以及供应链优化管理等。主要的软件服务品牌有：SAP、Oracle、IBM、石化盈科。这个层面 ERP 是核心。石化企业 ERP 系统建设采用 SPA R/3 软件，实现了财务、物资、销售、计划等功能模块的集成，优化了企业业务流程，实现了物流、资金流、信息流的动态结合，减少了管理层次的流程烦琐，增强了企业经营决策能力。

2.3 工业控制网络结构

起初，在整个工业控制系统中，工业控制系统架构比较简单，只有现场总线的概念，现场总线将传感器、各种操作终端和控制器间的通信及控制器之间的通信进行特化的网络化连接。而工业以太网是随着 IT 技术的飞速发展，以太网在工业自动化控制中的应用而生，由于一开始一直存在数据通信实时性、可靠性以及网络阻塞等问题，因此，主要是应用在现场控制层的上层网络监控，不过随着技术的进步，工业以太网在解决上述问题已取得了巨大的进步，已经逐步取代了现场总线的地位。

在商业环境、工厂和过程自动化甚至到设备几乎都使用到了以太网，对于工业网络，它最大的好处是能够连接一切，从工厂车间到公司董事会议室，在一个网络中，可以访问来自世界各地企业的数据。

2.3.1 现场总线

现场总线（Fieldbus）是迅速发展起来的一种工业数据总线，它主要解决工业现场的智能化仪器仪表、控制器、执行机构等现场设备间的数字通信以及这些现场控制设备和高级控制系统之间的信息传递问题，现场总线是将自动化系统最底层的现场控制器和现场智能仪表设备互连的实时控制通信网络。由于现场总线具有简单、可靠、经济实用等一系列突出的优点，因而受到了许多标准团体和计算机厂商的高度重视及广泛应用。

现场总线按其传输数据的大小可分为 3 类：传感器总线（Sensor bus）属于位传输；设备总线（Device bus）属于字节传输；现场总线（Fieldbus）属于数据流传输。

1. 总线技术

现场总线技术主要包括以下几种类型：基金会现场总线、Profibus 现场总线、Control Net 现场总线、CAN 总线、Device Net 总线、Lon Works 总线、HART 总线、Modbus 总线、CC-Link 总线等。

现场总线概念的不同的表述：

1）现场总线一般是指一种用于连接现场设备，如传感器（Sensors）、执行器以及像PLC、调节器（Regulators）、驱动控制器等现场控制器的网络。

2）现场总线是应用在生产现场、在微机化测量控制设备之间实现双向串行多节点数字通信的系统，也被称为开放式、数字化、多点通信的底层控制网络。

3）现场总线是一种串行的数字数据通信链路，它实现了生产过程领域的基本控制设备（现场设备）之间以及更高层次自动控制领域的自动化控制设备（车间级设备）之间的联系。

4）在自动化领域，“现场总线”一词是指安装在现场的计算机、控制器以及生产设备等连接构成的网络。

5）现场总线是应用在生产现场、在测量控制设备之间实现工业数据通信，形成开放型测控网络的新技术，是自动化领域的计算机局域网，是网络集成的测控系统。

6）现场总线一般应被看作是一个系统、一个网络或一个网络系统，它应用于现场测量和/或控制，通常被称为：现场总线、现场总线控制系统FCS（Fieldbus Control System，PCS）、现场总线系统、现场总线网络、现场总线网络系统、现场总线网络控制系统、网络控制系统NCS（Network Control System）。

2. 总线组成

总体来说现场控制总线系统是由硬件和软件组成。

1）总线系统中的硬件

总线电缆，又称为通信线、通信介质（媒体/媒介/介体）。连接在通信线上的设备称为总线设备，亦称为总线装置、节点（主节点、从节点）、站点（主站、从站）。

2）总线系统中的软件

系统平台软件：为系统构建、运行以及为系统应用软件编程而提供环境、条件或工具的基础软件。包括组态工具软件、组态通信软件、监控组态软件和设备编程软件。

系统应用软件：为实现系统以及设备的各种功能而编写的软件，包括系统用户程序软件、设备接口通信软件和设备功能软件。

组态工具软件：为用计算机进行设备配置、网络组态提供平台并按现场总线协议/规范（Protocol/Specification）与组态通信软件交换信息的工具软件，如RS NetWorx for Device Net、Control Net、Ethernet/IP。

组态通信软件：为计算机与总线设备进行通信，读取总线设备参数或将总线设备配置、网络组态信息传送至总线设备而使用的软件，如RSlinx。

监控组态软件：运行于监控计算机（通常也称为上位机）上的软件，具有实时显示现场设备运行状态参数、故障报警信息，并进行数据记录、趋势图分析及报表打印等功能。监控组态软件可使用户通过简单形象的组态工作即可实现系统的监控功能。监控组态软件亦称上位机监控组态软件，如RSView32。

设备编程软件：为系统应用软件提供编程环境的平台软件。当设备为控制器/PLC

时，设备编程软件即为控制器编程软件，如RS Logix500（用于SLC500系列和ML系列控制器的32位基于Windows的梯形图逻辑编程软件）、RS Logix5000（用于Logix平台所包括的各种控制器［如Control Logix TM］的编程软件）。

系统用户程序软件：根据系统工艺流程或功能及其他要求而编写的系统级的用户应用程序。该程序一般运行于作为主站的控制器中或计算机中。

设备接口通信软件：根据现场总线协议/规范而编写的用于总线设备之间通过总线电缆进行通信的软件。

设备功能软件：使总线设备实现自身功能（不包括现场总线通信部分）的软件。

2.3.2 工业以太网

随着社会的不断进步，工业自动化系统开始向分布式、智能化的实时控制方面发展，用户要求企业从现场控制层到管理层能实现全面的无缝信息集成，并提供一个开放的基础构架，这些都要求控制网络使用开放性的、透明的通信协议，但是以前的系统往往无法满足这些要求，近年来国际工业控制领域的共同趋势是使用基于IEEE802.3和TCP/IP的网络技术，形成新型的基于以太网的网络控制技术，即工业以太网。

2.3.2.1 工业以太网的基本认识

工业以太网源于以太网而又不同于以太网，互联网及计算机网络采用的以太网技术原本并不适应控制网络和工业环境的应用需要。

所谓的工业以太网，一般来讲是指技术上与商用以太网（IEEE802.3标准）兼容，又针对工业应用采用了改进措施使其更加适用于工业场合。

从实际应用状况分析，工业以太网的应用场合各不相同。它们有的作为工业应用环境下的信息网络，有的作为现场总线的高速（或上层）网段，有的是基于普通以太网技术的控制网络，而有的则是基于实时以太网技术的控制网络。不同网络层次、不同应用场合需要解决的问题，需要的特色技术内容各不相同。

以太网能实现大数据量数据的交互，而快速以太网与交换式以太网技术的发展，给解决工业以太网的非确定性问题带来了新的契机，以太网的通信速率从10M、100M增大到如今的1000M、10G等，实现了高速的传输。在数据吞吐量相同的情况下，通信速率的提高意味着网络负荷的减轻和网络传输延时的减小，网络的碰撞概率大大下降，保证了大数据量的稳定传输。其次，交换机的迅速发展，可对网络上传输的数据进行实时过滤，保证每个网段内节点间数据的传输只限在本地网段内进行，不占用其他网段的带宽，并且，在全双工通信也避免了冲突的发生。因此共有人以太网通信的实时性和稳定性大大提高。

在工业控制系统里，很多控制设备都集成有Web的功能，这些功能使用户可以通过以太网技术访问设备。这样，只要借助互联网的标准技术就可以访问工业以太网设备，获得设备相关信息或者对有些信息进行配置修改。

2.3.2.2 主流工业以太网介绍

随着现场总线应用领域的扩展和建立企业信息系统的需求，工业以太网在现场总线中迅速崛起并不断发展。目前主流工业以太网主要有：现场总线基金会的高速以太网 HSE（High Speed Ethernet）、控制网国际组织（Control Net International，CI）和 ODVA 工业以太网 Ethernet/IP（Ethernet/industrial protocol）、Profibus 用户组织（Profibus Nutzer Organization，PNO）profinet、Modbus－IDA、Modbus/TCP。

2.3.2.3 网络拓扑结构

网络拓扑是对网络的分支和节点的系统性安排，体现了网络中节点间连通性关系。网络拓扑结构主要有总线拓扑、星形拓扑、树形拓扑、环形拓扑、不规则拓扑等结构。

1. 总线拓扑

总线拓扑是指所有节点都挂到一条总线上，由一条主干电缆作为传输介质，各网络节点通过分支与总线相连，各节点地位平等，无中心节点控制。由于所有节点共享一条传输链路，某一时刻只允许一个节点发送信息，因此需要由某种介质存取访问控制方式来确认总线的下一个占有者，也就是下一个可以向总线发送报文的节点。经过地址识别，把报文送到目的节点。公用总线上的信息多以基带形式串行传递，其传递方向总是从发送信息的节点开始向两端扩散，各节点在接受信息时都进行地址检查，看是否与自己的工作地址相符，相符则接收总线上的信息。总线上一个节点发送数据，所有其他节点都能接收。总线拓扑上可以发送广播报文，使多个节点能同时接收，报文也可以在总线上分组发送。图 2－17 所示为总线拓扑的连接示意图。

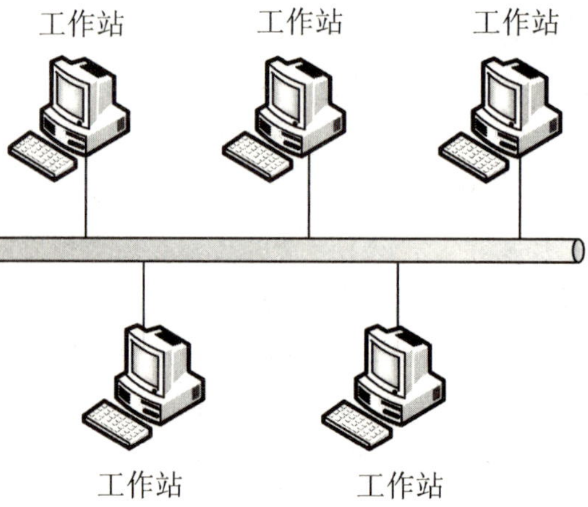

图 2－17 总线拓扑的连接示意图

总线拓扑是工业数据通信中应用最为广泛的一种网络拓扑形式，其主要优、缺点是：

1）布线简单。布线时只需简单地从一处延伸到另一处即可，布线非常容易。

2）电缆长度短、安装成本低。因为所有节点都接到公共总线上，因此，只需很短的电缆长度，安装费用也较少。

3）由于采用分布式控制，故障检测需在各节点进行，不易管理，因此故障诊断和隔离比较困难。

4）加人或减少一台计算机时，会使网络暂时中断，这在重视网络管理与质量的今天是不被允许的。

5）随着信号在网段上传输距离的增加，信号会逐渐变弱。将一个设备连接到总线时的分支也会引起信号反射，从而降低信号的传输质量，因此使用总线拓扑时在给定长度的电缆上，对可连接的设备数量、空间分布（如总线长度、分支个数、分支、长度）等都要进行限制。

2. 星形拓扑

星形拓扑是指网络中各节点以星形方式连接成网。网络有一个中心节点，其他节点都与中心节点构成点到点的连接。任何两节点之间通信都通过中央节点进行。一个节点要传送数据时，首先向中央节点发出请求，要求与目的站建立连接。连接建立后，该节点才向目的节点发送数据。这种拓扑采用集中式通信控制策略，所有通信均由中央节点控制，中央节点必须建立和维持许多并行数据通路，因此中央节点的结构显得非常复杂，而每个节点的通信处理负担很小，只需满足点对点的链路连接要求，结构简单。星形拓扑便于实现数据通信量的综合处理，每个终端节点只承担较小的通信处理，常用于终端密集的地方。图 2-18 所示为星形拓扑的连接示意图。将几台计算机通过集线器相互连接，其方式就是典型的星形拓扑结构。在星形拓扑连接中，一条线路受损，不会影响其他线路的正常工作。

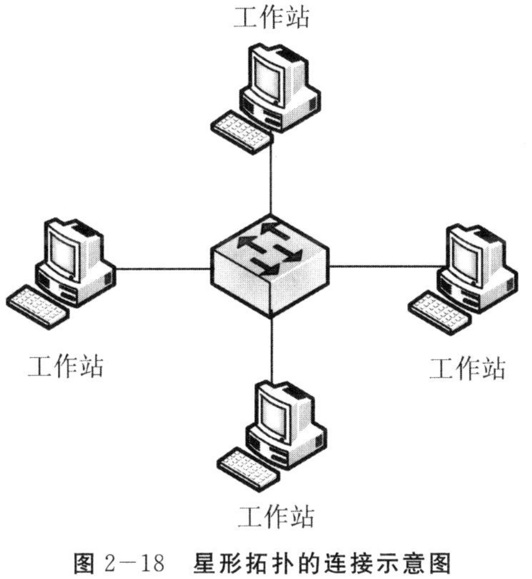

图 2-18 星形拓扑的连接示意图

星形拓扑的主要优、缺点是：

1）维护管理容易。由于星形拓扑的所有数据通信都要经过中心节点，通信状况在中心节点被收集，所以维护管理比较容易。

2）重新配置灵活。通过集线器连成的星形结构，若移去、增加或改变一个设备配置，仅涉及被改变的那台设备与集线器某个端口的连接，不会造成网络中断，因此改变起来比较容易，适应性强。

3）故障检测容易。由于各分节点都直接连向集线器，通常从集线器的灯号便能检测到故障。

4）网络延迟时间较小，传输误差较低。

5）安装工作量大，连线长，费用高。

6）依赖于中心节点，如果处于连接中心的集线器出现故障，则全网瘫痪，故要求集线器的可靠性和冗余度都很高。由于集线器、交换机的性价比越来越高，目前星形网络已成为小型局域网的首选。

3. 树型拓扑

树形拓扑是指网络中有一个根节点，根节点可以带分支，每个分支还能带子分支的结构。树形拓扑的传输介质是不封闭的分支电缆。可以认为它是星形拓扑的扩展形式，图 2－19 给出了树形拓扑的连接示意图。也有人认为它是总线拓扑的扩展形式，可以在一条总线的终端通过接线盒扩展成树形拓扑。树形拓扑和总线拓扑一样，一个站发送数据，其他站都能接收。因此树形拓扑也可完成多点广播式通信。

树形拓扑是适应性很强的一种拓扑，适用范围很宽，如对网络设备的数量、传输速率和数据类型等没有太多限制，可达到很高的带宽。如果把多个总线或星形网连在一起，连接到一个大型机或环形网上，就形成了树形拓扑结构。树形拓扑结构非常适合于分主次、分等级的层次型管理系统。

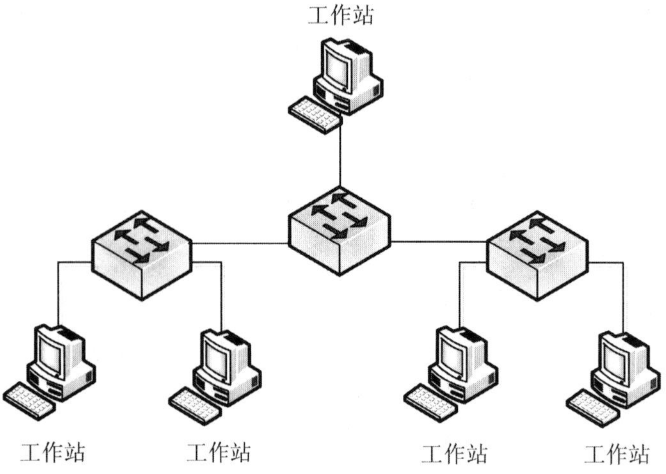

图 2－19　树形拓扑的连接

树形拓扑的主要优、缺点是：

1）易于扩展。树形拓扑结构可以延伸出很多分支和子分支，因此，方便新分支或新节点容易加入网内。

2）故障隔离容易。如果某一线路或某一分节点出现故障只影响局部区域，而且，比较容易地将故障部位与整个系统隔离开来。

3）其主要缺点与星形拓扑类似，如果根节点出现故障，那么全网都不能正常工作，对根节点依赖性较大。

4. 环形拓扑

环形拓扑是指由网络中的所有节点连接成一个闭合的环，节点之间为点到点连接。这种结构使公共传输电缆组成环形连接，数据在环路中沿着一个方向在各个节点间传输，信息从一个节点传到另一个节点。每个设备只与逻辑或空间上跟它相连的设备链接。每个设备中都有一个中继器。中继器接收前一个节点发来的数据，然后按原来的速度一位一位地从另一条链路发送出去。图 2-20 所示为环形拓扑的连接示意图。

环形拓扑的网络连接设备只是简单的中继器，而节点需提供拆包和访问控制逻辑。环形网络的中继器之间可使用高速链路（如光纤），因此环形拓扑网络与其他拓扑网络相比，可提供更大的吞吐量，适用于工业环境。

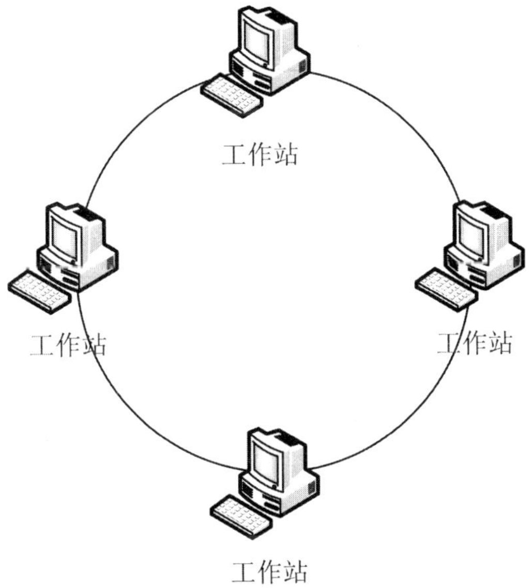

图 2-20 环形拓扑的连接示意图

环形拓扑主要优、缺点是：

1）初始安装比较容易。由于按照环形结构连接，故传输线路较短，只是比总线结构略长一些，但远远短于其他拓扑结构。

2）无信号冲突。在其他网络中当两台（或多台）计算机同时传送数据时，会发生信号冲突，导致整个网络暂时无法工作，而在环形网络中由于令牌只有一个，所以不会发生冲突。

3）应用成本高。目前在市场上环状网络的普及率很低，其软硬件成本较高。

4）节点故障影响整个网络。除非所有的节点处都有旁路，否则环状网络中任意一个线路或节点故障，则整个网络便会瘫痪。

5）重新配置困难、节点较多时响应时间增长。由于环路封闭，扩充比较困难，灵活性差，当节点较多时，消息要穿越的节点增加，会影响传输效率。

实际应用中，经常会把几个不同拓扑结构的子网结合在一起，形成混合型拓扑的更大网络。

2.4 本章小结

通过本章的学习，我们了解了工业控制系统（ICS）中的各种自动化控制组件以及对实时数据进行采集、监测的过程控制组件，这些组件是确保工业基础设施自动化运行、过程控制与监控的业务流程管控系统的关键。通过学习基本的正/负反馈内容，能够理解简单的自动控制装置是如何按照生产工艺的要求进行工作，进一步介绍了一些常见的工业控制器及控制系统，常见工业控制的网络协议，工业控制系统架构以及工业控制网络结构。能够针对不同的层级设备，进行合理的划分，了解现场总线与工业以太网的各自特点。学习本章是为了对工业控制系统安全工作的深入理解打下良好的基础。

2.5 本章习题

1. 列举几种典型的工业控制系统。

2. 比较 PLC、DCS 和 SCADA 之间的异同。

3. 简述 Modbus 最早是由谁提出的，并且主要有哪几种衍生协议。

4. 列举典型的工业控制系统结构有哪几个逻辑分层，以及每一层所实现的主要功能。

5. 简述现场总线与工业以太网的区别是什么？

6. 常见的网络拓扑结构都有哪些？

第 3 章

工业控制系统风险评估

随着“中国制造 2025”、“两化融合”的推进，各生产企业及关键基础设施的管理方对工业控制系统及信息系统依赖程度的日益增强，信息安全问题在工业控制领域也开始受到了普遍关注。运用风险评估去识别工业控制系统的安全风险，解决工业控制系统的信息安全问题逐步得到了认识和应用。

工业控制系统信息安全风险评估就是从风险管理角度，运用科学的方法和手段，系统地分析工业控制系统所面临的威胁及其存在的脆弱性以及其生产工艺，评估安全事件一旦发生可能造成的危害程度，从而提出有针对性的抵御威胁的防护对策和整改措施，为防范和化解工业控制系统信息安全风险，将风险控制在可接受的水平，最大限度地为保障信息安全提供科学依据。工业控制系统信息安全风险评估作为工业控制系统信息安全保障工作的基础性工作和重要环节，要贯穿于工业控制系统的规划、设计、实施、运行维护以及废弃各个阶段，是工业控制系统全生命周期信息安全管理的重要科学方法之一[24]。

本章全面介绍了工业控制系统信息安全风险评估的相关标准、方法、流程以及处置策略等，为读者执行风险评估提供了详实的指导方法。

3.1 工业控制系统风险评估概述

工业控制管理组织使用的所有工业控制系统的业务活动都可能涉及风险。组织应通过识别、分析和评定是否运用风险处理修正风险以满足它们的风险准则，来管理风险，保证工业控制组织的业务安全、稳定、可靠地运行。为有效地进行工业控制系统风险评估，我们必须了解风险评估相关的概念、基本原理、常见评估方法及评估周期、工业控制系统生命周期各阶段的风险评估要点等内容。

3.1.1 工业控制系统风险评估概念

风险的定义在不同的标准中细节表述有所不同，但基本思想一致，ISO /IEC 31000 对风险定义是："对目标的不确定影响"。显然，不确定性有正面的和负面的，但风险分析的主要目标是评估负面风险，即评估风险事件带来的损失和影响。

风险评估已经在传统信息安全系统被广泛运用，2007 年我国制定并颁布风险评估标准《GB/T 20984－2007 信息安全技术 信息安全风险评估规范》[24]，该标准将信息安全风险（Information Security Risk）定义为：人为或自然的威胁利用信息系统及其管理体系中存在的脆弱性导致安全事件的发生及其对组织造成的影响。同时该标准明确了信息安全风险的要素，并给出风险评估中各要素之间的关系，以及风险分析方法和风险计算方法。

由于篇幅限制，读者可以参考 GB/T 20984 标准及其他信息系统风险评估相关标准和政策，本课程将继承这些信息系统风险评估方法和概念，以及工业控制系统已经发布和即将发布的风险评估标准，结合工业控制系统的特点，帮助读者学习工业控制系统风险评估，旨在通过工业控制系统风险评估，认知和评价工业控制系统在相应生命周期阶段的安全现状、安全态势及量化风险，并进行风险处置建议，为采取适度的安全防护措施将风险降低到可接受水平提供科学的支撑，为后续的安全防护体系设计提供依据。

3.1.1.1 工业控制系统风险评估相关标准

我国工业控制系统风险评估相关标准体系处于正在建设阶段，以下列出目前已经发布和即将发布的工业控制系统风险评估相关的主要国家标准，这些标准是我们进行工业控制风险评估的依据：

1）GB/T 26333－2010 工业控制网络安全风险评估规范；[25]

2）GB/T 30976.1－2014 工业控制系统信息安全－第 1 部分：评估规范；[26]

3）GB/T 30976.1－2014 工业控制系统信息安全－第 2 部分：验收规范；[27]

4）GB/T 33009.3－2016 工业自动化和控制系统网络安全　集散控制系统（工业控制系统）第 3 部分：评估指南；[28]

5）信息安全技术信息系统安全等级保护基本要求第 5 部分：工业控制安全扩展要求（制定中）。

3.1.1.2 工业控制系统安全要素及其关系

依据《GBT33009.3－2016 工业自动化和控制系统网络安全集散控制系统（工业控制系统）》第 3 部分：评估指南[28]，工业控制系统风险要素关系如下图 3－1 所示：

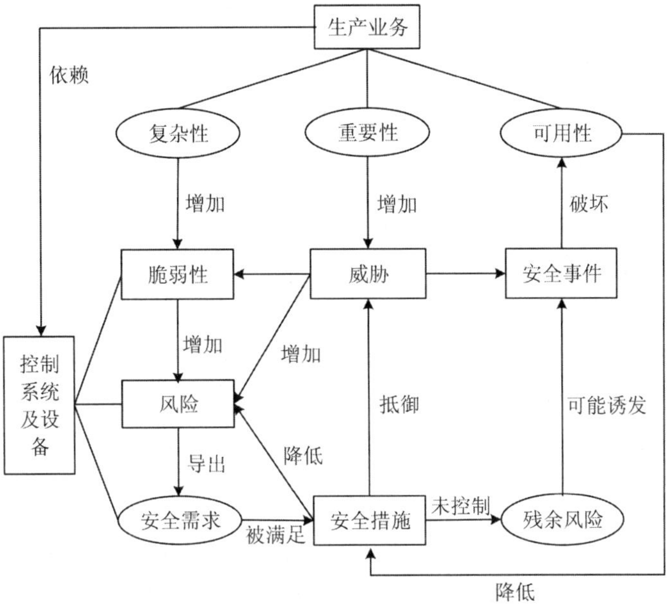

图 3－1　工业控制系统风险要素的关系

上图中矩形框部分是安全风险评估的基本要素，椭圆部分是基本要素相关的属性。工业控制系统安全风险评估主要围绕生产业务、控制系统及设备、脆弱性、威胁、风险、安全措施等基本要素进行，但评估过程中需要充分考虑业务的复杂性、重要性、可用性、安全事件、残余风险、安全需求等与基本要素相关的属性。图中基本要素及属性之间主要存在以下关系：

1）生产业务最终靠工业控制系统及设备实现，依赖程度越高，要求控制系统风险越小；

2）生产业务的复杂性会影响控制系统的脆弱性，工艺控制环节越复杂，工业控制系统存在的脆弱性越多，脆弱性之间潜在的关联性越强；

3）生产业务的重要性会影响控制系统的所受到的威胁，负责的工艺流程越重要，其受到的威胁最大；

4）控制系统自身的脆弱性直接影响控制系统所存在的风险，脆弱性越多，其面临的风险越多；

5）威胁利用脆弱性，演变为安全事件，损坏控制系统或设备，破坏生产业务的可用性要求；

6）通过控制系统所面临的风险可以获得系统的安全需求，以满足安全需求为目标，可以确定系统采用的安全措施，采用安全措施可以降低风险，而未能被安全措施控制的残余风险，仍然有可能诱发安全事件，破坏系统正常运行；

7）控制系统遭受的威胁越多，其可能面临的风险也越大；

8）生产业务的可用性要求越高，控制系统可采用的安全措施越少。

根据风险要素，我们进行风险评估的主要目标就是量化识别风险，通过合理、适度的风险处置措施，将风险降低到可接受水平[28]。

3.1.1.3 工业控制系统安全分析的原理

工业控制系统风险分析涉及其资产（软/硬件等）、工艺特征、工业控制系统的脆弱性与工业控制系统的威胁四大要素，如图 3－2 所示。风险分析的主要内容包括：

1）对工业控制系统资产进行识别，确认与识别工业控制系统的系统范围、系统结构、网络结构、采用的通信协议、关键部位的安全防护系统，列举构成工业控制系统的设备清单，并对设备进行分组，分析设备间的关联关系、通信协议、设备开放的端口和服务等，以确定工业控制系统评估的对象和范围，并整理通信设备的运行和安全特征；

2）对工业控制系统所处生产环境的工艺流程的特征进行识别，分析确定生产工艺流程各产品生产环节中的重要性和复杂度，该工业过程中可能发生的危险事件（爆炸、漏液、释放有毒气体等），及其可能造成的影响以及影响范围；

3）对工业控制系统的脆弱性进行识别，综合考虑工业控制系统在控制方案、防护措施等技术与管理上的脆弱性进行脆弱性梳理，并对其被利用的可能性和严重性、存在的原因进行深入分析；

4）对工业控制系统威胁进行识别，列举系统面临的潜在威胁和威胁的来源，以及发生过的历史安全事件，在此基础上对各种潜在威胁发生的可能性、影响及其后果进行定性或定量评价；

5）根据威胁及利用脆弱性的难易程度判断安全事件发生的可能性；

6）根据脆弱性的严重程度及安全事件所作用的工业控制系统部位来计算安全事件造成的影响和损失；

7）根据安全事件发生的可能性以及安全事件出现后的损失，评估安全事件对企业的风险等级；

8）参照风险等级定义、国家的法律法规及相关标准和公司安全需求，确定工业控制系统应具备的管理等级和系统安全能力等级，然后依据工业控制系统安全实施流程对系统进行评估，并确定评估结果。

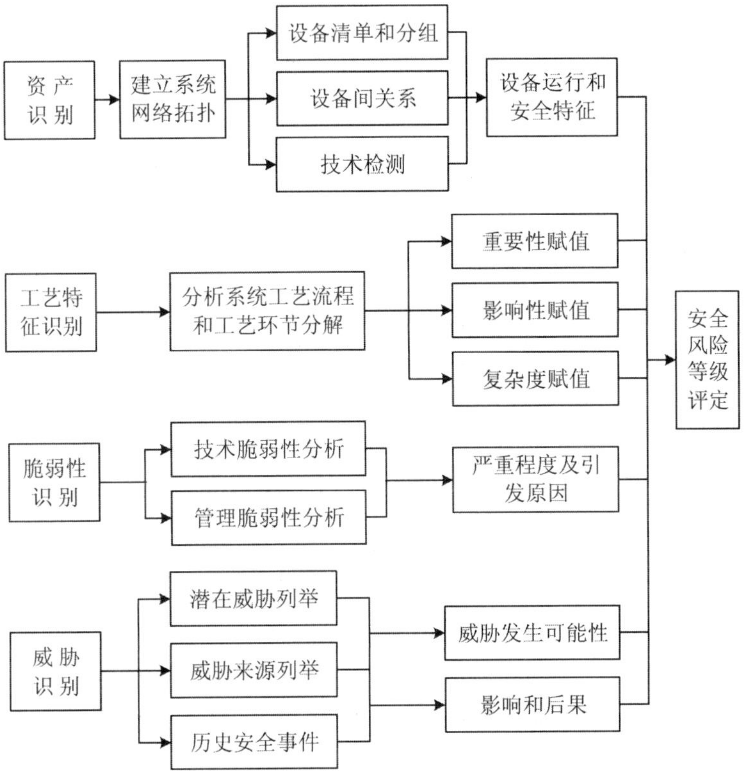

图 3－2 工业控制系统风险分析原理示意图

3.1.2 工业控制系统风险评估方法

在工业控制领域，针对工业控制系统的具体风险评估方法可以分为面向信息资产风险评估、面向业务流程风险评估、面向合规风险评估几种，在具体操作中，我们需要根据评估目标、工业控制系统规模和主要安全需求，合理选择。

1）面向信息资产风险评估：该方法采用标准的风险评估要素，从工业控制系统信息资产入手，评估资产价值及安全属性（保密性、完整性、可用性）遭受破坏时的影响，进行资产赋值，结合资产的脆弱性及威胁，计算风险，进行风险分级，实现量化评估，展现工业控制系统各具体资产面临的风险。

2）面向业务流程风险评估：业务系统包含资产，但是这些资产不是孤立的，而是根据业务生产流程存在信息交互和关联，面向业务流程风险评估的主体是业务（包括业务包含的资产、业务流程、数据流等），通过对工业控制系统各业务系统及子系统的人员、资产、生产流程、数据流进行安全风险分析，发现在组织、管理、技术方面可能存在的风险，进行业务生命周期的风险评估。

3）面向合规风险评估：根据国家政策标准、行业标准（例如等级保护制度）、监管要求和最佳实践，结合风险评估的方法评估工业控制系统风险及与相关规定标准的差距，重点发现企业可能存在的合规风险。

工业控制系统安全风险评估的执行主要有四种工作形式：自评估、检查评估、上线安全评估和型式安全评估。各种形式评估均可参考相关工业控制安全风险评估标准及行业标准（例如电力系统参照《关于印发电力监控系统安全防护总体方案等安全防护方案和评估规范的通知》[国能安全〔2015〕36 号]）、国家政策标准（例如：等级保护相关要求）等规范性文件，在不影响工业控制系统生产业务的基础上实施。

3.1.3 工业控制系统风险评估周期

工业控制系统需要周期性风险评估，最新发布的《中华人民共和国网络安全法》第三十八条提到，“关键信息基础设施的运营者应当自行或者委托网络安全服务机构对其网络的安全性和可能存在的风险每年至少进行一次检测评估，并将检测评估情况和改进措施报送相关负责关键信息基础设施安全保护工作的部门”。在制定风险评估计划时，风险评估时间点确定可以根据工业控制系统实际情况衡量，建议在以下时间节点进行风险评估：

1）周期性风险评估，建议对工业控制系统每年进行一次风险评估；

2）工业控制系统发生变化，如升级改造等，应该进行风险评估；

3）根据合规要求进行专项风险评估。

信息安全等级保护政策，还对等级保护合规评估（评测）规定了周期。按照等级保护标准进行工业控制评估的工业控制系统，部署了安全保护等级为 4 级和 3 级业务系统的安全区（这里的 3、4 级是指根据等级保护相关标准要求被定为 3、4 级的工业控制业务系统），应当由运行单位结合等级保护工作委托具有评估资质的评估机构定期开展安全评估工作，评估周期最长不超过三年。在此期间，运行单位应当定期组织开展自评估工作，以确保不因系统调整而造成系统安全性降低的情况发生，评估周期原则上不超过一年。

仅部署安全保护等级为 2 级业务系统的安全区，应当由运行单位定期组织开展自评估工作，评估周期最长不超过两年，也可以根据情况委托评估机构开展自评估工作。

安全保护等级为 4 级和 3 级的工业控制系统在设计、开发完成后，应当委托评估机构进行型式安全评估，安全保护等级为 2 级的应当自行组织开展型式安全评估。各单位安全保护等级为 4 级和 3 级的工业控制监控系统投运前或发生重大变更时，应当委托评估机构进行上线安全评估；安全保护等级为 2 级应当自行组织开展上线安全评估。

3.1.4 生命周期各阶段的风险评估

工业控制系统生命周期风险评估根据工业控制系统的生命周期，包含五个基本阶段：规划阶段、设计阶段、实施阶段、运行维护阶段和废弃阶段。安全评估工作贯穿于工业控制系统整个生命周期，其中规划阶段、设计阶段结合规划审查及设计审查进行安全评审，实施阶段、运行维护阶段和废弃阶段进行安全评估。

3.1.4.1 规划阶段的风险评估

规划阶段评估工作应当根据工业控制系统的业务使命、功能，确定系统建设应达到的安全目标。

本阶段评估主要是对根据未来系统的应用对象、应用环境、业务状况、操作要求等方面进行威胁分析；重点分析系统应该达到的安全目标。规划阶段的评估结果应包含在工业控制系统整体规划中[26]。

3.1.4.2 设计阶段的风险评估

设计阶段的风险评估需要根据规划阶段所明确的系统安全目标，对系统设计方案的安全功能设计进行判断，以确保设计方案满足系统安全目标，并作为采购过程风险控制的依据。设计阶段的评估结果最终应体现在系统设计方案中。

3.1.4.3 实施阶段的风险评估

实施阶段安全评估的目的是根据系统安全需求和运行环境对系统开发实施过程进行安全风险识别，并对系统建成后的安全功能进行验证。根据设计阶段分析的威胁和建立的安全控制措施，在实施及验收时进行质量控制。

基于设计阶段的资产列表、安全措施以及评估开发过程中对上述要求的保障，实施阶段应对规划阶段的安全威胁进行进一步细分，同时评估安全措施的实现程度，从而确定上述安全措施能否抵御现有威胁、脆弱性的影响，并对源代码进行安全测评，提高代码安全性。在系统投运前，运行单位应自行组织或委托评估机构对系统进行上线安全评估。实施阶段安全评估主要对系统的开发与技术或产品获取、系统交付实施两个过程进行评估。实施阶段的安全评估和相应的整改工作应在系统投运前完成，并提交上级主管部门评审、审查。

3.1.4.4 运行维护阶段的风险评估

运行维护阶段安全评估的目的是掌握和控制工业控制系统运行过程中的安全风险，包括在线运行工业控制系统资产、威胁、脆弱性等各方面评估，是一种较为全面的安全评估。运行维护阶段的安全评估应常态化开展。工业控制系统业务流程、系统状况发生重大变更时，也需要进行安全评估。重大变更包括：

1）增加新的应用或应用发生较大变更；

2）网络结构和连接状况发生较大变更，例如，系统升级改造、新机房投入使用或局域网、广域网结构发生较大变化时；

3）技术平台大规模的更新；

4）系统扩容或改造；

5）发生重大安全事件后，或存在发生重大安全事件的隐患；

6）系统运行维护管理机构或人员发生较大规模调整。

3.1.4.5 废弃阶段的风险评估

工业控制系统的废弃阶段可以分为部分废弃和全部废弃，废弃阶段安全评估包括：

1）系统软、硬件等资产及残留信息的废弃处置；

2）废弃部分与其他系统（或部分）的物理或逻辑连接情况；

3）在系统变更时发生废弃，还应当对变更的部分进行评估。

工业控制系统的废弃阶段重点分析废弃资产对组织的影响，对由于系统废弃可能带来的新的威胁进行分析。

3.2 风险评估的基本过程

工业控制系统安全风险评估实施的具体流程如图 3－3 所示。首先对工业控制系统的设备、工艺特征、脆弱性和面临的威胁进行识别并形成评估过程文档，然后识别系统当前安全措施，并结合上述已识别的系统特征对当前安全措施进行有效性验证，形成评估过程文档，然后对系统的风险进行计算和验证，如果评估得到的风险无法被评估系统接受，需增加安全措施，然后重新评估安全措施的有效性，直至系统风险可以被系统接受为止[29]。

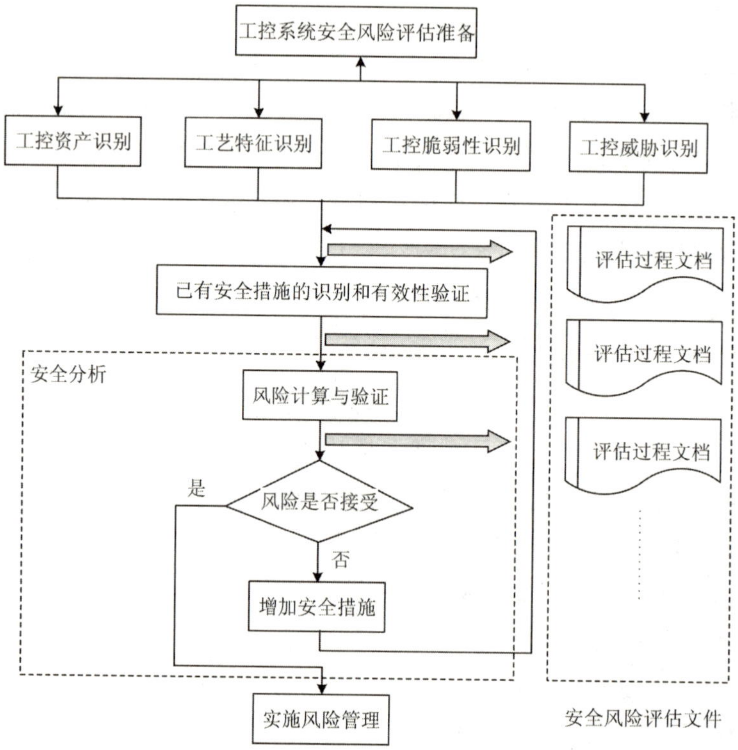

图 3－3 风险评估实施流程

3.2.1 确定评估范围

评估范围需要根据本次工业控制安全风险评估的目标进行确定，最基本的评估对象可以是单个资产，也可以是某个业务信息系统或生产工艺流程。无论以哪种方式作进行风险评估，其评估对象都具有唯一确定的安全责任部门或责任人。资产/流程/业务之间的关联关系可能会导致风险的传递，因此，识别其关联关系同等重要。

3.2.2 风险信息收集

在实施工业控制系统安全风险评估前，各评估实施机构或自评估企业应通过一系列的活动对工业控制信息系统的管理情况进行深入调研，获取支撑风险评估的基础信息。具体的信息收集方法有人员访谈、制度调阅、现场检查、技术检测等。

3.2.2.1 人员访谈

人员访谈是工业控制网络安全风险评估过程中的重要环节之一。通过对工业控制系统信息安全管理各层级人员的访谈，可以了解到企业各工业控制业务系统的实际运行流程、具体的安全控制措施和安全管理特点。通过了解企业实际的网络安全环境，深入挖掘风险评估的一些关键领域和关键点。

在制定访谈计划时，被访谈对象应包含工业控制系统管理的决策层、管理层、监督层和执行层。访谈工作完成后，访谈执行人应将各被访谈人员对网络安全管理工作的理解情况、提出的意见和建议进行了归纳和总结，形成正式的访谈纪要。这些意见和建议不仅可以初步了解企业的工业控制信息安全管理现状，还将成为后续风险评估的重要输入来源。

3.2.2.2 制度调阅

企业工业控制系统日常管理中所使用的政策、制度、工作流程、操作手册及执行记录等都是风险评估需要关注的重点。评估人员应组织对相关管理文件进行收集和调阅，并与相关标准或行业监管要求做合规性逐条对比分析，分析的结果将作为风险赋值的核心依据。

3.2.2.3 现场评估

现场评估作为风险信息收集的调研手段之一，其目的在于通过对企业工业控制系统相关的物理环境等进行实地走访、查看、验证工业控制系统的实际管理执行现状，与制度调阅、技术检查和人员访谈的结果一起，为风险评估过程提供支撑依据。

3.2.2.4 技术检测

针对工业控制系统实施技术检测是风险信息收集中极其重要的一环，该项措施主要通过技术检测工具对工业控制系统或者仿真测试实验环境的协议、漏洞、配置等情况进行分析，发现可能存在的技术风险。在实施技术检测的过程前应对技术检测工具进行安全评估，选择无损评估手段，保证其自身安全，且应做好相应的应急准备工作，建议尽量选择非生产时间进行，或者通过知识库（如设备指纹库、漏洞库）间接反推，技术检测工作应在工业控制系统管理人员的全程陪同下执行。

3.2.3 风险评估的实施

工业控制安全风险评估实施的主要步骤是对评估对象进行资产识别和赋值，威胁识别和赋值，脆弱性识别和赋值，以及对生产工艺识别和赋值的过程，根据各项资产其在生产过程中的重要性，量化工业控制系统风险，并进行风险处置建议。

3.2.3.1 资产评估

资产评估是对工业控制系统信息资产进行识别，然后根据资产的机密性、可用性、完整性进行赋值、计算的过程。

1. 资产识别

资产识别是对工业控制系统设备、数据和人员等系统构成元素进行分类、标记的过程，在确定评估范围后，对其中资产价值进行分析。资产识别是为了明确资产用途、使命和作用，进而确定资产价值的准备工作。

根据资产的形式和内容各不相同，将资产分为数据、软件、硬件、服务、人员、其他六类，下表 3-1 是一种资产的分类的常用方法表，供参考学习。

表 3-1 资产分析表

数据	保存在信息媒介上的各种数据资料，包括源代码、实时数据库数据、历史数据库数据、系统文档、系统日志、运行管理规程、计划、报告、用户手册、各类文档等
软件	系统软件：操作系统、数据库管理系统、语句包、开发系统等 应用软件：远程拨号软件、OPC、办公软件、数据库软件、远程控制软件、工业控制系统组态软件、工业控制系统相关开发软件、各类工业控制系统工具软件等 源程序：各种共享源代码、自行或合作开发的各种代码、工业控制系统定制开发流程代码、现场设备固件等 工业控制系统专有协议：CAN、MODBUS、PROFIBUS、MPI、PPI、PROFINET、OPC、DNP3.0、Foundation Fieldbus、LonWorks、HART 和工业以太网等 通用协议：FTP、TFTP、HTTP、DNS、SNMP、Telnet 等

续表

硬件	现场控制层设备：IED、DCS、PLC、RTU等 网络设备：工业控制系统协议转换器、路由器、网关、交换机、调制解调器等 计算机设备：服务器、工作站、台式计算机、便携计算机、HMI等 存储设备：磁带机、磁盘阵列、磁带、光盘、软盘、移动硬盘等 传输线路：光纤、双绞线、无线、CAN总线、MODBUS、PROFIBUS专用工业控制系统总线等 保障设备：UPS、变电设备、空调、保险柜、文件柜、门禁、消防设施等 安全设备：工业防火墙、入侵检测系统、网闸、VPN等
服务	业务服务：对外依赖该系统开展的各类服务 网络服务：各种网络设备、设施提供的网络连接服务
人员	掌握重要信息和核心业务的人员，如工业控制系统设计人员、集成人员、供应商、操作人员、维护人员、网络维护人员及项目经理等
其他	企业形象、客户关系等

2. 资产赋值

资产赋值可以采取分级的思路对资产的机密性、可用性、完整性进行赋值，以下分级方式供读者参考[24]：

表3-2 资产可用性赋值表

赋值	标识	定义
5	很高	可用性价值非常高，保证系统正常运行的关键信息或部件，一旦受损将导致系统停工
4	高	可用性价值较高，保证系统正常运行的重要信息或部件，一旦受损将导致系统中断
3	中等	可用性价值中等，显著影响系统正常运行的重要信息或部件，一旦受损将导致系统延迟
2	低	可用性价值较低，轻微影响系统正常运行的信息或部件，一旦受损可能干扰系统运行
1	很低	可用性价值可以忽略，对系统的影响可以忽略

表3-3 资产完整性赋值表

赋值	标识	定义
5	很高	完整性价值非常高，未经授权的修改或破坏会对组织造成重大的或无法接受的影响，对业务冲击重大，并可能造成业务中断，造成人员伤亡，难以弥补
4	高	完整性价值较高，未经授权的修改或破坏会对组织造成重大影响，对业务冲击严重，较难弥补

续表

赋值	标识	定义
3	中等	完整性价值中等，未经授权的修改或破坏会对组织造成影响，对业务冲击明显，但可以弥补
2	低	完整性价值较低，未经授权的修改或破坏会对组织造成轻微影响，对业务冲击轻微，容易弥补
1	很低	完整性价值非常低，未经授权的修改或破坏对组织造成的影响可以忽略，对业务冲击可以忽略

表 3-4　资产保密性赋值表

赋值	标识	定义
5	很高	包含组织最重要的秘密，关系未来发展的前途命运，对组织根本利益有着决定性的影响，如果泄露会造成灾难性的损害
4	高	包含组织的重要秘密，其泄露会使组织的安全和利益遭受严重损害
3	中等	组织的一般性秘密，其泄露会使组织的安全和利益受到损害
2	低	仅能在组织内部或在组织某一部门内部公开的信息，向外扩散有可能对组织的利益造成轻微损害
1	很低	可对社会公开的信息，公用的信息处理设备和系统资源等

我们根据上表得出资产在机密性、完整性、可用性赋值后，可以根据公式计算工业控制系统资产的最终赋值 V，这里给出一个参考公式：

$$V = f(a, i, c)$$

其中，V 表示资产价值，a 表示资产的可用性价值，i 表示资产的完整性价值，c 表示资产的保密性价值。

3.2.3.2　威胁评估

根据 GB/T20984，威胁定义为：可能导致对系统或组织危害的不希望事故潜在的起因，例如 APT 攻击、病毒等，威胁可能来自内部和来自外部。威胁评估可以结合历史事件统计分析、经验，也可以来自威胁情报、安防动态等渠道。威胁评估主要包括两个方面，一是根据工业控制系统的运行环境确定面临的威胁来源，二是确定威胁的严重程度和发生的频率。

资产所处的环境不同，面临的威胁也不尽相同。应根据资产分类结果，对工业控制系统进行独立或整体的威胁评估。

1. *威胁识别*

威胁识别在风险评估过程中应重点关注以下几方面的内容：

1）威胁是指可能对信息资产造成潜在损害并进而给组织带来损失的一组客观因素，威胁是客观存在的。

2）威胁从表现类型上又大致可分为工业控制系统威胁、人员活动威胁、物理环境威胁和自然威胁等几类，每一类中都包括许多常见的威胁形式。对于每项信息资产，尤其是重要的信息资产，均应考虑其可能遭受的外部威胁。

3）识别威胁源之后，应考虑到已有的控制措施对该威胁的实际控制效果，最终确定威胁发生的可能性等级。

2. 威胁类别

在威胁识别过程中，应根据各类资产的属性建立相应的威胁评价指标，为后续风险分析时，各类资产可能面临的威胁或威胁发生的概率提供了全面的选择基础，根据《GB/T 20984—2007 信息安全技术　信息安全风险评估规范》并结合工业控制系统的特点，工业控制系统威胁来源及分类如下表3—5所示：

表3—5　工业控制系统可能面临的威胁来源

威胁源	威胁动机及造成后果描述
环境因素	断电、静电、灰尘、潮湿、温度、鼠蚁虫害、电磁干扰、洪水、火灾、地震、意外事故等环境危害或自然灾害
内部人员	内部人员威胁包括组织内部人员、外聘运维人员、外购产品的供应商。缺乏责任心、不关心或者不关注、没有遵循规章制度和操作流程、缺乏培训、专业技能不足、不具备岗位技能要求而导致信息系统故障或被攻击
	心存不满的内部员工是计算机犯罪的主要来源。内部攻击者了解目标系统，并具有一定的权限，往往被允许不受限制的访问系统，而且比外部的攻击者有更多的攻击机会，因此不需要掌握太多关于计算机入侵的知识，就可以破坏系统或窃取系统数据。攻击的成功率高
黑客	黑客入侵网络是为了获得挑战的刺激或者在黑客世界里炫耀自己的能力。这类攻击者大多数不具备专业技术能力，却可以从互联网上下载易于使用且破坏力强的攻击脚本和协议，向目标发起攻击。并且他们的数量庞大，分布在全球，即使是独立或短暂的攻击破坏，也会导致严重的后果
恶意软件的作者	居心不良的个人或组织通过制造并传播恶意软件对用户实施攻击。一些破坏性的恶意软件会损害系统文件或硬件驱动器、控制关键过程、开启执行程序以及控制系统所控制的设备等
恐怖分子	恐怖分子试图破坏、致瘫或利用关键基础设施来威胁国家安全，引起大规模人员伤亡，削弱国家经济，破坏民众的士气与信心。恐怖分子可能利用钓鱼网站和恶意软件来获取资金或搜集敏感信息，也可能会佯攻一个目标以转移对其他目标的关注程度和保护力度
工业间谍	工业间谍通过暗中活动的方式企图获取有情报价值的资产和技术秘密
境外国家力量	组织严密，具有充足资金、人力和技术资源，而且可能在必要时实施高隐蔽性和高破坏性的分发攻击，窃取组织核心机密或使工业控制系统全面瘫痪

针对上述威胁来源，可以根据威胁的表现形式将威胁进行分类，下表 3－6 提供了一种基于表现形式的威胁分类方法。

表 3－6　威胁分类表

威胁名称	描述
非法信息披露	无权限者进行攻击（嗅探，社会活动），以获得储存在工业控制系统组件中的敏感信息
非法分析	无权限者进行攻击（嗅探，社会活动），用于分析受保护的敏感信息
非法修改	无权限者进行攻击（修改，旁路，嗅探），以修改存储于工业控制系统组件中的敏感信息
非法破坏	无权限者进行攻击（破坏，旁路），以破坏存储于工业控制系统组件中的敏感信息
篡改控制组件	通过以下攻击（修改，旁路，物理攻击），工业控制系统组件被恶意的人员篡改
错误操作	合法操作员意外地发布错误指令或进行错误配置，导致受控工业控制系统过程和组件被破坏
冒充合法用户	无权限者进行攻击（嗅探，欺骗，社会活动），以获得存储于工业控制系统组件中的用户凭证，冒充合法用户
抵赖	合法用户否认在工业控制系统交互式系统中已执行的错误操作
拒绝服务	无权限者进行攻击（破坏，DOS），使工业控制系统组件暂时无法使用，达到系统拒绝为合法用户提供服务的目的
提升权限	无权限者进行攻击（错误操作，嗅探，欺骗，社会活动），以获得存储于工业控制系统服务器组件中的用户凭证，提升工业控制系统组件访问的权限，达成恶意目的
故障检测缺失	操作员错误操作和安全违规的系统故障，在工业控制系统交互式系统中，执行的日常任务没有被检测和审计，以作进一步的分析和修正
灾难	自然灾难使工业控制系统的一个或多个组件停止运行，例如地震、火灾、洪水或其他未预期的事故
停电	自然灾难，恶意或无恶意的个人引起的停电事故，影响工业控制系统一个或多个组件的运行
病毒感染	个人恶意或无意地将病毒传入工业控制系统网络，恶意代码造成不必要的系统停机和数据腐败
非法物理存取	无权限者进行一次物理攻击，以实现对受保护工业控制系统组件的物理存取。

3．威胁赋值

威胁评估将根据威胁出现的频率判断得出威胁赋值。评估中，将根据威胁发生的可能性进行分析、赋值。赋值越高，说明资产面临的威胁越大。

威胁赋值的过程是一个交流、观察与调查的过程。在实际的评估中，威胁频率的判断依据应在评估准备阶段根据历史统计或行业判断予以确定，并得到被评估方的认可。威胁赋值表如下表3—7所示。

表3—7 威胁赋值表

赋值	标识	定义
1	低	威胁几乎不可能发生，仅可能在非常罕见和例外的情况下发生
2	中	出现的频率中等（或> 1次/半年）；或在某种情况下可能会发生；或被证实曾经发生过
3	高	出现的频率较高（或≥1次/月）；或在大多数情况下很有可能会发生；或可以证实多次发生过
4	很高	出现的频率很高（或≥1次/周）；或在大多数情况下几乎不可避免；或可以证实经常发生过

3.2.3.3 脆弱性评估

根据GB/T 30976.1—2014，定义3.1.1，脆弱性的定义为：系统设计、实现或操作和管理中存在的缺陷或弱点，可被利用来危害系统的完整性或安保策略，是指信息资产及其防护措施在安全方面的不足，通常也称为弱点。脆弱性可以从物理环境、网络、平台和安全管理四个方面进行识别，并根据脆弱性对资产的影响程度进行赋值。

脆弱性赋值包含严重程度和对系统安全属性的影响两部分内容，即确定脆弱性对工业控制系统资产的暴露程度和脆弱性对安全属性的哪方面产生了破坏。脆弱性赋值表如下表3—8所示：

表3—8 脆弱性赋值表

标识	赋值	定义
很高	5	如果脆弱性被威胁利用，将对资产造成完全损害
高	4	如果被威胁利用，将对资产造成重大损害
中	3	如果被威胁利用个，将对资产造成一般损害
低	2	如果被威胁利用，将对资产造成较小损害
很低	1	如果被威胁利用，将对资产造成的损害可以忽略

1. 管理脆弱性识别

1）组织管理脆弱性

根据GB/T 30976.1—2014，第1部分：评估规范[26]，工业控制系统信息安全组织管理机构评估的主要内容如下表3—9所示：

表 3−9 工业控制安全管理组织机构评估内容

<table>
<tr><td colspan="5">A.5 安全方针 Information security policies</td></tr>
<tr><td colspan="5">A.6 信息安全组织 Organization of information security</td></tr>
<tr><td rowspan="5">A.7 人力资源安
Human resource security</td><td colspan="4">A.8 资产管理 Asset management</td></tr>
<tr><td colspan="4">A.9 访问控制 Access control</td></tr>
<tr><td colspan="4">A.10 密码学 Cryptography</td></tr>
<tr><td>A.11 物理和环境安全
Physical and environmental security</td><td>A.12 操作安全
Operations security</td><td>A.13 通信安全
Communications security</td><td>A.14 信息系统的获取开发和维护
System acquisition, development and maintenance</td></tr>
<tr><td colspan="4">A.15 供应关系 Supplier relationships</td></tr>
<tr><td colspan="5">A.16 信息安全事件管理 Information security incident management</td></tr>
<tr><td colspan="5">A.17 业务连续性管理的信息安全的信息安全方面 Information security aspects of business continuity management</td></tr>
<tr><td colspan="5">A.18 符合性 Compliance</td></tr>
</table>

GB/T 30976.1—2014 第 1 部分：评估规范中详细描述了工业控制系统的组织管理机构需要评估的内容，在执行组织管理脆弱性分析时，可以此标准作为依据，并结合被评估系统所在组织的实际情况进行识别。

2）技术管理脆弱性[29][30]

在进行技术管理脆弱性识别时，应考虑哪些工业控制设备、工业控制网络可以接受外部网络访问，哪些设备需要建立外部网络访问，哪些设备不需要建立外部网络访问。一个大型工业控制网络中可能包含许多工业控制设备及工业控制子网，因此，IEC 62443 中定义了“区域”及“管道”以提高设备、技术和操作的管理。

a）安全区域

在工业控制系统中定义和设计区域、管道的目的是将具有相同的功能性和信息安全要求的设备分成组进行标识和分析，这也有利于设备和操作的管理。这样需要保护的就不是单个的设备而是整个区域。例如，各类设施最初按操作进行分区，那么接下来可以按照功能进行分层，例如，MES、监控系统（如 HMI）、主控系统（如工业控制系统控制器、RTU 和 PLC 等）和仪表安全系统（SIS）。

区域的定义可以通过区域参数或属性进行。对关键区域的实现要求，包括内容：

· 区域描述（名称、定义的功能）；

· 区域边界：典型的资产/库存；

· 风险评估（区域资产的信息安全能力、威胁/脆弱性、信息安全影响等）；
· 信息安全的目标和战略；
· 验收使用政策；
· 内部区域的连接（如访问要求），以及变更管理过程。

每个区域不仅要定义其边界、资产和风险分析，而且也要包括信息安全能力，区域内面临的信息安全风险，与控制风险需要具有的信息安全能力一起决定并且使用于管道的信息安全功能要求，从而利用管道进行区域间的连接。

区域也可以根据控制资产的继承性来定义信息安全能力。例如老款的 PLC 在鉴别方面的措施就非常差，那么可以将这些 PLC 放在已经提供额外防护的区域中。详细的区域划分原则与典型区域划分请参考 4.2.1 工业控制系统结构安全设计。

在进行技术管理风险的识别时，应根据所在组织工业控制系统的业务属性、安全区域的特点以及相应的监管要求等识别其存在的脆弱性。

b）安全管道

管道的定义方法有很多，常用的是通过分析区域间的数据流来发现路径比较科学。但这个过程通常非常复杂，因为不但要分析判断流通的数据，最好也要将数据的流程分析清楚。区域间经过的数据就是网络的“管道”，每个管道定时都要考虑它的连接区域，还要考虑所使用的技术 、传输协议，以及连接区域时所要满足的信息安全特性要求等。确定网络中区域间信息的传输通常使用数据流量或简单的协议分析器。同时，还要分析在网络信息传输中，有哪些是隐式的流量，如：通过 USB 驱动传输文件，使用电话调制解调器、WIFI 等连接到 RTU，这些流量也会严重影响到安全问题。

与区域一样，每个管道有自身的特点和安全要求，进行脆弱性识别时应注意以下几点：

资产库存；
访问控制；
威胁和漏洞；
违反安全的后果；
授权的技术；
变更管理过程；
连接的区域。

2. 技术脆弱性识别

1） 物理环境

物理环境脆弱性识别主要通过现场勘查、工程文档调研、调查问卷和访谈的方式进行，参考的脆弱性可以参照相关的国际国家标准，如场地相关标准、等级保护中的物理环境安全等。

2）接入网络

网络脆弱性主要分为网络结构及网络边界、网络设备（工业以太网交换机、路由器、网关等）脆弱性、通信协议（工业控制协议、以太网协议、无线协议等）脆弱性等，可以参照相关国家标准（如等级保护）进行识别。

3）平台脆弱性

平台脆弱性分为平台硬件脆弱性（PLC、服务器、存储等的物理接口、调试端口、USB 口等方面的脆弱性）、平台软件脆弱性（操作系统、软件、数据库、中间件等的漏洞等）、配置脆弱性（口令、安全策略等），可以结合现场勘查、调查问卷、访谈和技术手段对平台脆弱性进行识别，其中主要手段是技术手段，如漏洞扫面、配置核查、渗透性测试。由于工业控制系统的特殊性，在进行技术手段脆弱性识别操作时，一定要评估可能出现的意外情况（如渗透性测试导致 PLC 宕机或固件损坏）及应急措施，建议通过工业控制领域安全防护的专业厂商实施评估，也可以使用经验知识库、仿真实验环境测试等其他手段间接评估平台脆弱性。

4）工业控制系统协议[31]

a）Modbus 协议安全问题

• 缺乏认证。Modbus 会话只要求使用有效的 Modbus 地址与功能代码。前者可以很容易猜出来或遭受泛洪攻击，后者也是很容易获取的信息。

• 没有加密。命令与地址以明文形式传输，很容易捕获并假冒未加密的报文。

• 没有消息校验（只有 Modbus TCP 存在该问题）。在某些 ModbusTCP 实现中，校验和是在传输层而非应用层生成，从而使得假冒命令更加容易。

• 没有广播抑制（只有串行 Modbus 变体存在该问题）。串行连接的所有设备都会收到所有消息，意味着在串行连接设备链中，可以通过对不明地址进行广播，有效地实现拒绝服务（DoS）攻击。

• 可编程性。目前，Modbus 最危险的特点是它为编程控制器设计的，因此可以用来向 RTU 或 PLC 中注入恶意代码，该问题也存在于许多其他工业协议中。

b）TCCP/TASE 协议安全问题

和 Modbus 类似，ICCP 存在以下的安全弱点，导致它易受假冒、会话劫持以及其他利用这些弱点的攻击的损害：

• 缺少认证与加密。ICCP 不强制要求认证或加密，而往往将这些业务交给较低协议层次实现。尽管已有安全的 ICCP 实现，但应用并不普遍。

• 显式定义信任关系。双边表信息遭到利用将可直接破坏 ICCP 服务器和客户端的安全性。

• 可访问性。ICCP 是种广域协议，易受包括 DoS 在内的多种攻击的影响。

在 ICCP 的主站上，ICCP 安全机制配置极为有限，这意味着攻击者通过中间人

（Man in the Middle，MITM）攻击或者其他攻击成功地攻破主站后，即可对整个通信会话为所欲为。

c）DNP3 协议安全问题

DNP3 的主要关注点集中在数据帧完整性方面，而它并没有使用授权或加密机制（尽管在安全 DNP3 中有）。由于 DNP3 功能代码与数据类型都已经明确定义，因此篡改 DNP3 会话变得相当容易。不过，在 DNP3 协议中引入安全机制的同时带来复杂度的增加，也为协议增加了出现漏洞的可能。ICS－CERT 已报告了几个 DNP3 漏洞。由于存在已知漏洞，而且 DNP3 协议已得到广泛使用，因此建议对 DNP3 互联进行适当渗透测试和补丁修复操作。

一些针对 DNP3 进行攻击的实例包括使用 MITM 攻击来窃取地址，然后用于操纵系统。实例如下：

- 关闭自主报告以瘫痪告警。
- 向主控站发送虚假自发响应事件，并欺骗操作员采取不当行为。
- 通过注入广播数据，在 DNP3 系统内制造广播风暴，进行 DoS 攻击。
- 篡改时间同步数据，导致同步失锁与通信错误。
- 篡改或阻塞确认信息，导致持续重传。
- 发起未授权的停止、重启或其他可能扰乱工业控制系统运行的指令。

d）面向过程控制的对象链接与嵌入技术安全问题

由于使用 DCOM 与 RPC、OPC 与 OLE 受到同样漏洞的影响，从而导致 OPC 很容易受到攻击。此外，OPC 基于 Windows 操作系统，很容易受到针对 Windows 漏洞的攻击影响。

虽然 OPC 及相关控制系统漏洞只有 ICS－CERT 授权会员才能获得，但大量现存 OLE 与 RPC 漏洞早已广为人知。因为在工业网络中为产品系统打补丁存在困难，所以目前正在使用的工业控制系统依然存在许多这样的漏洞，哪怕微软公司已经提供了相应的补丁，但这种安全状态一直没有得到改变。

而且由于 OPC 基于 Windows，通常的主机安全问题也会影响 OPC 系统。大量 OPC 主机使用弱安全认证机制，即使启用了认证机制也常使用弱口令。许多系统启用了与 SCADA 系统无关的额外 Windows 服务，导致非必需的运行进程和开放端口。这些问题将 OPC 系统广泛暴露于攻击之下。令问题更严重的是，由于 Windows 2000/XP 审计设置默认不会记录 DCOM 连接请求，因此攻击发生时，日志记录往往不充分甚至缺失，无法提供足够的详细证据。

也就是说，与前述的简单且目的单一的协议不同，OPC 必须使用最新操作系统与网络安全手段，将其作为大型系统对待。由于 OPC 依赖于微软公司授权机制，因而弱口令是威胁 OPC 服务器安全的最严重脆弱性之。另一个主要问题是，由于 Windows

2000/XP 的审计设置默认不会记录 DCOM 的连接请求、SMB 登录以及访问系统对象的尝试，从而导致日志记录不充分。

e）其他 OPC 安全问题包括：

• 过时的授权服务。受限于维护窗口、解释性问题等诸多因素、工业网络系统升级困难，导致不安全的授权机制仍在使用。例如，在许多系统中，仍在使用默认的 Windows 2000 LanMan（LIVI）和 Windows NT LanMan（NTLM）机制，这些机制与其他过时的授权机制过于脆弱而易受攻击。

• RPC 漏洞。由于 OPC 使用 RPC，因而易受所有 RPC 相关漏洞的影响，包括几个在授权前就暴露的漏洞。攻击底层 RPC 漏洞可以导致非法执行代码或 DoS 攻击。

• 不必要的端口与服务。OPC 支持除 TCP/IP 外的其他网络协议，包括 NetBEUI、在 IPX 协议上面向连接的 NetBIOS 和 HTTP 互联网服务等。

• OPC 服务器完整性。攻击者可以创建个假冒 OPC 服务器，并使用这个服务器进行服务干扰、DoS 攻击、通过总线监听窃取信息或注入恶意代码。

5）工业控制系统漏洞

攻击者为了获取访问权和控制权会寻找可以利用的漏洞。许多漏洞都是众所周知的，因此漏洞管理与补丁管理是密切相关的。工业控制系统漏洞范围较广，包括不充足的安全策略导致的程序漏洞（如缺乏培训、安全意识和文档化的安全过程等）、平台配置漏洞（即未打补丁的系统、默认配置的使用、弱或默认密码的使用等）、软件漏洞（固有的弱点，如缓冲区溢出、脆弱的协议或服务的使用，如 DCOM、记录不足等）、缺乏足够的恶意软件防护、网络配置不当（弱的或失去网络安全控制、缺乏加密、缺乏访问控制、缺乏冗余等）、不充足的网络认证、不充足或者没有边界保护、缺乏通信完整检测等。

6）工业控制系统风险评估工具

科学的风险评估需要大量的实践和经验数据的支持，这些数据的积累是风险评估科学性的基础。风险评估过程中，可以利用一些辅助性的工具和方法来采集数据，帮助完成现状分析和趋势判断。

a）漏洞扫描工具

扫描工业网络可能对正常运行造成损害，因为许多工业网络协议对延迟、抖动及异常网络应用是非常敏感的，因此，需要扫描的时候必须了解如何进行非破坏性的扫描、什么时间扫描、扫描何处。

由于许多工业网络协议对延迟及延迟变化（抖动）是敏感的，故大量引入网络流量可能会导致协议失败。为了主动探测地址和端口，快速连续的主动扫描可能会导致工业网络崩溃。同样的，试图渗透多个网络中继的宽域扫描，可能会无意中破坏过程控制系统。正因如此，根据扫描网络的类型，漏洞扫描有不同的实现方式。在非生产测试环境中，硬件、软件扫描方法都可以使用；而在生产环境中，只有软件扫描方法可以使用。在测试环境中，利用主动的扫描技术对工业系统进行测试，验证这种扫描方式是否会破坏网络，并且确定它如何入侵。任何故障都应视为一个漏洞，然后根据已建立的漏洞管理程序定位之。显然，导致失败的扫描也将无法确定所有开放的漏洞，所以应该执行软件扫描：首先在测试环境中进行测试；然后在预定维护窗口期间再于生产环境中进行测试。

作为更具入侵性的技术，用软件扫描技术取代硬件扫描，需要的网络开销更少，但同样有效地达到了目标（找到开放的端口和服务、补丁级别等)，且对于敏感的网络来说被发现的风险更小。如果试图识别网络中的设备，使用如 Nmap 这样的工具而不是 ping 搜索，将可能给网络中引入海量的流量，以太网交换机或以太网路由器的可寻址存储器（CAM）表可以检查这些设备是否有合法的网络地址或者确定它们在网络中所处的位置。如果网络内的设备被破坏，它也可以用于嗅探实时网络流量，提取出所有网络上正在进行主动通信的节点的源和目的地址。

要识别开放的端口和服务再次利用软件扫描技术访问系统或设备，并查看本地网络统计数据。“由外而内”的搜索，采用查询一台又一台的设备来确定可用服务，为了替换该方法，“由内而外”的方法使用如 netstat 这样的工具列出单台主机的所有网络连接。netstat 能够显示协议、源地址、目的地址以及连接状态。通过查询连接信息，可以整理出正在使用的系统和服务：能检查到的主机连接表越多，列表就会更加完整。许多商业 VA 工具支持软件扫描方式，使用有效的用户证书以合法的验证系统，并从主机的操作系统收集网络和服务信息。

把发现的网络设备与开放的端口和服务的列表映射到已知漏洞也可以被动的进行。用 VA 工具取代手动扫描，通过执行设备、端口和服务的“软件”检测，被动的 VA 扫描能够嗅探出网络流量（或在一些工具中，可从先前捕获的流量中获取 PCAP 文件)，接着重建通信以便执行标记分析。

标记分析指的是应用程序服务中检查信息的过程，它能识别正在使用的服务的版本信息与其他说明。把这个信息映射到已知漏洞的数据库，比如由 MITRL 公司发布的通用漏洞库（CVE）列表。该映射作为被动 VA 扫描的一部分，可以自动执行也可以手动执行。

在对主动控制系统扫描时，应始终使用安全的扫描方法。如果系统允许手动控制，那么进行手动控制的人员必须参与安全测试。在理想情况下，测试系统将用于在非生产环境中的“硬件测试”。如果可能则建立一个测试系统，或者在计划维护和停机时，对生产系统进行硬件测试。这将能够识别和记录硬件扫描所带来的不利影响，并相应采取补偿措施。例如，可以阻止 ping 扫描，并能实现流量节省控制，或者提供额外的网络隔离措施，保护系统免受更复杂、更具侵略性的扫描。

b）其他评估工具

• 检查列表：检查列表是基于特定标准或基线建立的，对特定系统进行审查的项目条款。通过检查列表，操作者可以快速定位系统目前的安全状况与基线要求之间的差距。

• 入侵检测系统：入侵检测系统通过部署检测引擎，收集、处理整个网络中的通信信息，以获取可能对网络主机造成危害的入侵攻击事件；帮助检测各种攻击试探和误操作；同时也可以作为一个警报器，提醒管理员发生的安全状况。

• 安全审计工具：用于记录网络行为，分析系统或网络安全现状；其审计记录可以作为风险评估中的安全现状数据，并可用于判断被评估对象威胁信息的来源。

• 病毒和恶意代码检测工具：该工具如同一个主动的侦查代理者，对上述迹象的非正常的活动目录进行侦查。病毒和恶意代码检测工具能够监查并运行在有恶意代码活动的主机上，或是网络服务器的层面上，如同一个邮件服务器。未来方向包括启发式、统计以及神经网络技术的病毒和恶意代码检测系统。

• 资产信息收集系统：通过提供调查表形式，完成被评估信息系统数据、管理、人员等资产信息的收集功能，了解到组织机构的主要业务、重要资产、威胁、管理上的缺陷、采用的控制措施和安全策略的执行情况。此类系统主要采取电子调查表形式，需要被评估系统管理人员参与填写，并自动完成资产信息获取。

• 拓扑发现工具：通过接入点接入被评估网络，完成被评估网络中的资产发现功能，并提供网络资产的相关信息，包括操作系统版本、型号等。拓扑发现工具主要是自动完成网络硬件设备的识别、发现功能。

3.2.3.4 工艺特征识别

工业控制系统所面临的安全威胁与系统所在的工业生产工艺过程的特征相关联。对企业进行全局分析，处在生产工艺核心位置的工业控制系统要比其他生产工艺的系统面临的威胁更大；对于高温、高压和有毒原料和气体等高危工艺环节的重要性应远高于其他工艺环节；工艺过程越复杂，系统的复杂度越高，同时其面临的风险越大。因此脆弱性、威胁对系统实际影响程度主要由工业生产工艺的重要性、影响性和复杂度三个属性来决定。为确保系统安全风险评估的准确性，组织应建立一个工艺特征评价标准，以指导工艺特征的识别。工艺特征识别的过程也就是对系统负责工艺过程的重要性、影响性和复杂度进行分析，并在此基础上得出一个综合结果的过程。

1. 重要性赋值

工艺重要性应依据该工艺环节遭受破坏后，对整个工业生产或企业经营的影响程度进行综合评定得出。综合评定的方法可以根据组织自身的特点，以对生产和经营过程影响的严重等级作为工艺重要性的最终赋值结果。工艺重要性分为四级，级别越高表示工艺对生产过程和企业经营影响越严重，如下表 3－10 所示。组织也可以根据自身实际情况确定工艺重要性的赋值依据和取值。生产业务工艺重要性越高，受到的威胁频率会越高。

表 3－10　系统工艺重要性定义示例

赋值	标识	定义
1	很低	不重要，其遭受破坏对生产活动的影响很小，对组织造成很小的损失，甚至可以忽略不计
2	低	不太重要，其遭受破坏可能直接影响生产活动的长期稳定性，会给组织长期正常经营带来安全风险，对组织造成较低的损失
3	中	重要，其遭受破坏可能直接影响核心生产活动，可能导致组织正常经营中的核心业务中断，对组织造成比较严重的损失
4	高	非常重要，其遭受破坏可能导致整个生产活动停止，且没有可替代方案。可能导致组织正常经营中断，给组织造成非常严重的损失

2. 影响性赋值

工艺影响性应依据该工艺环节遭受破坏后，对人员、环境、地区公共财产和国家安全等可能造成的影响进行评定得出。评定的方法可以根据生产工艺过程中各环节的高温、高压、有毒原料生产等特点，以其实际遭受攻击后对外部造成后果的严重程度作为最终赋值结果。工艺影响性分为四级，级别越高表示工艺环节遭受破坏后，对外界的影响越严重，如表 3－11 所示。组织也可以根据自身实际情况确定工艺影响性的赋值依据和取值。生产业务工艺影响性越高，设备价值就越高。

表 3－11　系统工艺影响性定义示例

赋值	标识	定义
1	较小	工艺环节失控，可能对人员安全、环境、地区公共财产安全造成较小范围的破坏
2	小	工艺环节失控，可能对人员安全、环境、地区公共财产安全造成小范围的破坏
3	中	工艺环节失控，可能对人员安全、环境、地区公共财产安全造成局部性的破坏
4	大	工艺环节失控，可能对人员安全、环境、地区公共财产安全造成大面积的破坏，甚至对国家安全造成影响

3. 复杂度赋值

工艺复杂度由工业生产过程的复杂程度和控制系统的复杂程度来综合评定得出。评定的方法可以根据生产工艺过程中工艺环节复杂度、工序数、系统及子系统复合状态、系统的阶段和层次等属性建模进行综合描述。下表 3－12 对工艺复杂度给出一个示例，以工艺环节、工序数量、系统层次和系统节点数为衡量依据，将工艺复杂度分为四级，级别越高表示工艺过程及其实现系统越复杂，存在潜在脆弱性可能性越高。组织也可以根据自身所处工业行业的工艺特点，建模确定工艺复杂度的评估依据和取值。生产业务工艺的复杂性会影响控制系统的脆弱性，工艺控制环节越复杂，工业控制系统存在的脆弱性越多，脆弱性之间潜在的关联性越强。

表 3-12 系统工艺复杂度定义示例

赋值	标识	定义
1	简单	工艺过程中，工艺环节不大于 3 个，总工序不超过 20 个，系统层次最多为 2 级，I/O 点数不大于 200 点
2	一般	工艺过程中，工艺环节不大于 3 个，总工序不超过 20 个，系统层次最多为 3 级，I/O 点数不大于 1000 点
3	复杂	工艺过程中，工艺环节不大于 5 个，总工序不超过 50 个，系统层次最多为 3 级，I/O 点数不大于 5000 点
4	非常复杂	工艺过程中，工艺环节不少于 6 个，总工序超过 50 个，系统层次超过 3 级，I/O 点数大于 5000 点

3.2.3.5 安全防护措施确认

识别脆弱性的同时，评估人员应对现有安全措施的有效性进行确认。安全措施的确认应评估其有效性，即是否真正地降低了系统的脆弱性，抵御了威胁。对有效的安全措施，将继续保持，以避免不必要的工作和费用，防止安全措施的重复实施。对确认为不适当的安全措施应核实是否应被取消或对其进行修正，或用更合适的安全措施替代。

安全措施可以分为预防性安全措施和保护性安全措施两种。预防性安全措施可以降低威胁利用脆弱性导致安全事件发生的可能性，如入侵检测系统；保护性安全措施可以减少因安全事件发生后对组织或系统造成的影响，如业务持续性计划。

已有安全措施确认与脆弱性识别存在一定的联系，安全措施的使用将减少系统技术或管理上的脆弱性，但安全措施确认并不需要和脆弱性识别过程那样具体到每个资产、组件的弱点，而是一类具体措施的集合，安全措施只为风险处置计划的制定提供依据和参考[24]。

3.2.4 风险计算

工业控制系统安全风险由威胁利用控制系统的脆弱性导致安全事件发生的可能性与后果影响程度来共同决定。综合安全事件发生的可能性与安全事件的后果影响程度，判断安全事件对组织的影响。

风险计算原理以下面的形式加以说明：风险值= R（A，P，T，V）或风险值=W

（L（Ps ＊T，Pc ＊V）×Pi×F（Ia，Va）)，其中：

• R 和 W 表示安全风险计算函数；

• A 表示工业控制系统设备；

• P 表示工业控制系统工艺特征，其中 Pc 表示工艺特征的复杂性，Ps 表示工艺特征的重要性，Pi 表示工艺特征的影响性；

• T 表示威胁；

• V 表示脆弱性；

• Ia 表示安全事件所作用的工业控制系统设备价值；

• Va 表示脆弱性严重程度；

• L 表示威胁利用工业控制系统脆弱性导致安全事件发生的可能性；

• F 表示安全事件发生所产生的损失。

工业控制系统安全风险有以下三个关键计算环节：

1）计算安全事件发生的可能性

根据威胁出现频率及脆弱性情况，计算威胁利用脆弱性导致安全事件发生的可能性，即：安全事件发生的可能性＝L（威胁出现频率，脆弱性）＝L（Ps ＊T，Pc＊V)。

2）计算安全发生后的损失

根据发生安全事件的工业控制系统设备价值、脆弱性严重程度以及工艺特征影响性系数，计算安全事件发生后的损失，即：安全事件的损失＝Pi×F（工业控制系统设备价值，脆弱性严重程度）＝Pi×F（Ia，Va)。

3）计算风险值

根据计算出的安全事件发生的可能性以及安全事件的影响后果，计算风险值，即：风险值＝W（安全事件发生的可能性，安全事件造成的损失）＝W（L（Ps＊T，Pc＊V）×Pi×F（Ia，Va)）。评估者可根据自身情况选择相应的风险计算方法计算风险值，如矩阵法或相乘法。矩阵法通过构造一个二维矩阵，形成安全事件发生的可能性与安全事件的损失之间的二维关系；相乘法通过构造经验函数，将安全事件发生的可能性与安全事件的损失进行运算得到风险值[28]。

3.2.5 风险等级划分

为实现对风险的控制与管理，可以对风险评估的结果进行等级化处理。等级化处理的方法是按照风险值的高低进行等级划分，风险值越高，风险等级越高。风险等级一般可划分为五级。

根据风险值的分布状况，为每个等级设定风险值范围，并对所有风险计算结果进行等级处理。每个等级代表了相应风险的严重程度，下表 3-13 提供了一种风险等级划分方法。

表 3－13 风险等级划分表

等级	标识	描述
5	很高	一旦发生将产生非常严重的经济或社会影响，如组织信誉严重破坏、严重影响组织的正常经营，经济损失重大、社会影响恶劣
4	高	一旦发生将产生较大的经济或社会影响，在一定范围内给组织的经营和组织信誉造成损害
3	中等	一旦发生会造成一定的经济、社会或生产经营影响，但影响面和影响程度不大
2	低	一旦发生造成的影响程度较低，一般仅限于组织内部，通过一定手段很快能解决
1	很低	一旦发生造成的影响几乎不存在，通过简单的措施就能弥补

组织应当综合考虑风险控制成本与风险造成的影响，提出一个可接受的风险范围。对某些资产的风险，如果风险计算值在可接受的范围内，则该风险是可接受的风险，应保持已有的安全措施；如果风险评估值在可接受的范围外，即风险计算值高于可接受范围的上限值，是不可接受的风险，需要采取安全措施以降低、控制风险。另一种确定不可接受的风险的办法是根据等级化处理的结果，设定可接受风险值的基准，达到相应等级的风险都进行处理。

3.2.6 风险评估的持续改进

信息资产面临的风险是随着业务、技术的发展进步和环境的变化而不断变化的，为了确保风险评估及风险处置的有效性，应定期组织风险识别和评价，每年至少进行一次覆盖全部信息资产和体系自身的全范围风险评估。

对于重要信息系统，可不定期组织开展针对该信息资产的风险识别、评价和处置工作。

为了使全体员工了解并有效控制信息资产的风险，有效实施风险处置计划和方案，应组织相关培训，提升全员信息安全意识，了解风险评估概念和过程。

3.3 工业控制系统风险处置

经过前述风险评估过程，可以明确工业控制系统当前存在的风险及风险的严重程度，作为工业控制系统的运营管理方，应根据组织自身的特点制定适用的风险接受准则，并进行风险处置。同时，在按风险处置流程处置风险后应进行残余风险的评审，以确保经处置后风险降低到可接受水平，并且在此过程中未带来新的风险。

3.3.1 风险可接受程度

针对风险评估中已发现的各类风险，主要参照风险可接受准则对风险进行处理。

各行各业普遍采用的判断风险是否可接受的准则如下：

1）对于极高、高风险必须采取安全控制措施进行风险消减。

2）对于中风险，应尽可能采取控制措施进行风险消减；目前尚不具备对该种风险采取有效管控措施的条件，可选择接受该种风险，但该风险需纳入风险处置计划并保持持续跟踪。

3）对于低风险，由于发生的可能性较低，或发生后对业务的影响较低，可采用“接受风险”，不纳入风险处理计划。

3.3.2 风险处置策略

在信息安全领域，无论采取技术评估还是管理评估，针对已发现的风险普遍采用的风险处置策略包括风险消减、风险规避、风险转移、风险接受和不适用等五种，各处置策略的具体描述如下表3－14所示。

表3－14 风险处置准则

策略	描述
风险转移	通过购买保险、外包等方法把风险转移到外部机构
风险规避	决定不进行引起风险的活动，从而避免风险
风险接受	风险值不高或者处理的代价高于风险引起的损失，可以接受该风险/残余风险
风险消减	通过适当的控制措施降低风险发生的可能性
不适用	该项风险对于工业控制部门不适用

针对不同风险，具体的处置方法有如下三种。

1）制度修订

通过新增或修订现有制度或信息安全策略文件的方式，将信息安全管理要求落实在制度或信息安全策略文件内，并要求遵照执行。

2）管理优化

针对现有各类信息安全管理要求，加强安全意识教育和培训，加强对各类要求的落实情况进行监督检查。

3）技术改造

针对现有技术管控中存在的不足，对现有系统、工具进行改造，或引入外部成熟工具、设备，从技术上实现相应的管控要求。

3.3.3 风险处置流程

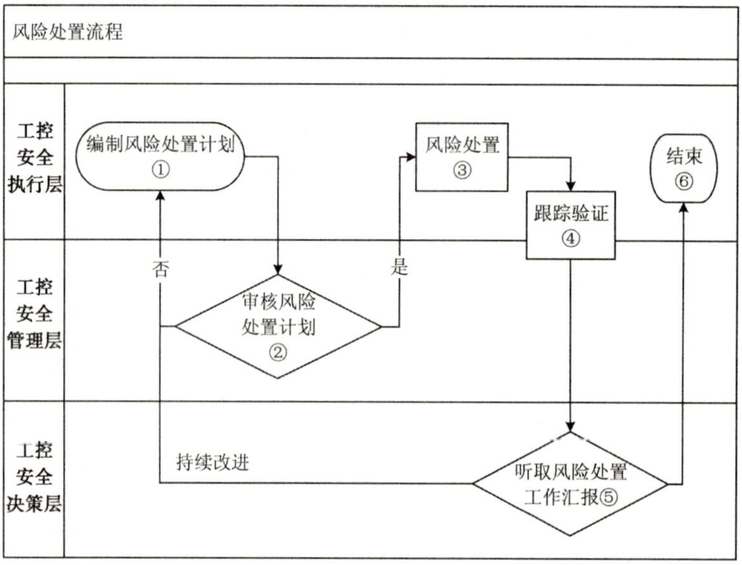

图 3－4 风险处置流程

如上图 3－4 所示，当风险评估结束后，应根据《风险评估报告》的结果采取相应的处置措施，具体过程如下表 3－5：

表 3－5 风险详细任务表

序号	流程节点	责任人	输入	流程描述	输出
①	编制风险处置计划	工业控制安全执行层	风险评估报告	工业控制安全执行层根据风险评估的结果，将需采取处置措施的所有风险进行汇总，并根据类别进行相应的归类处理； 与各工业控制系统管理人员进行充分讨论，设计每一个风险的处置建议； 应为对风险处置措施可能带来的处置风险进行评价； 形成包含具体处置建议、处置起始日期和截止日期、预期目标在内的具体风险处置计划	风险处置计划
②	审核风险处置计划	工业控制安全管理层	风险处置计划	工业控制安全执行将编制完成的风险处置计划提交工业控制安全管理层进行审批，并对各风险的处置建议进行解释； 工业控制安全管理层从整体上对各处置建议、处置可能发生的风险、处置周期、预期目标等进行考量，进行具体批示，形成已授权的风险处置计划	

续表

序号	流程节点	责任人	输入	流程描述	输出
③	风险处置	工业控制安全执行层、各工业控制系统管理员	已审批的风险处置计划	工业控制安全执行层根据已审批通过的风险处置计划要求，组织各工业控制系统管理人员实施处置工作； 对风险处置的过程进行监督，保障各项处置措施的贯彻执行	风险处置记录
④	跟踪验证	工业控制安全执行层、工业控制安全管理层	风险处置记录	根据各工业控制系统的风险处置反馈情况，工业控制安全执行层通过现场核查或技术验证对每项风险处置情况进行反复确认，直至满足目标需求； 工业控制安全执行层定期将风险处置进展及结果汇报给工业控制安全管理层，保障工业控制安全管理层能够持续关注各项处置的进展（管理层亦可通过抽查等方式验证风险处置的有效性）	风险处置跟踪记录（或报告）
⑤	听取风险处置工作汇报	工业控制安全决策层	风险处置记录、其他汇报材料	风险处置的各项工作完成后（个别处置周期较长或现有条件不具备处置能力除外），工业控制安全执行层和管理层应及时将风险处置的整体情况进行梳理，向高层领导汇报处置工作的目标达成情况，将遇到的困难或需继续投入的人力、物力、资金支持等情况进行说明，获取高层领导的支持。 工业控制安全决策层结合公司的安全战略和目标，对风险评估和处置工作进行评审和评价，对需进一步开展持续改进工作的内容提出指导意见	评审记录

3.3.4 评审残余风险

在风险处置计划的实施和跟踪监督过程中，应组织协调必要资源及时评价残余风险，确保风险处置达到预期目标。

通常情况下，风险处置过程中选择实施了风险控制措施之后，需要再次评价对应的风险等级，判断残余风险是否符合可接受的水平。仍不能接受，则应再次重复风险处置过程（重新制订风险处置计划—实施处置方案—评价残余风险），直至残余风险符合风险可接受标准。此外，在风险接受准则的具体执行方面，允许存在一些特殊情况。

依据《GBT 30976.1 2014 工业控制系统信息安全评估规范》标准，存在一些特殊情况，当残余风险仍高于可接受水平时，可选择接受风险。原因包括：采取控制措施的成本过高或伴随着风险可以带来显著收益，企业自身认为有必要接受残余风险。此类情况下，应对风险接受标准进行修订。如无法及时修订，则应逐一明确说明可能存在的风险，给出具体的描述和违反正常风险接受准则的适当理由，并向高层领导进行汇报。

对每一项已符合可接受标准的残余风险或符合《GBT 30976.1 2014 工业控制系统信息安全评估规范》的特殊情况应在风险处置计划中给出清晰、全面、具体的说明，便于对残余风险进行持续的闭环监控。

3.4 本章小结

工业控制系统信息安全风险评估是一个动态的过程，覆盖了系统生命周期各阶段。工业控制安全风险评估的过程，即是对评估对象进行资产、威胁、脆弱性、工艺特征进行识别和赋值，并按照既定的计算方法进行风险计算、定级的过程。本章详细讲述了工业控制系统信息安全风险评估的基本方法和过程以及常见的风险处置方法，是工业控制系统信息安全教学体系的重要组成部分，也是建立工业控制系统安全体系的基础和前提。

3.5 本章习题

1. 简述工业控制系统风险评估的常见方法有哪几种？

2. 工业控制系统生命周期一般有哪些阶段？各个阶段的评估内容是什么？如何确定工业控制系统的风险评估范围？

3. 请简述工业控制系统的风险评估流程。

4. 常见的风险处置策略包括哪些？

第 4 章

工业控制系统安全防御体系

在上一章中，我们详细展示了在工业控制系统中风险评估的过程。在整个工业控制系统安全建设中，风险评估不是最终目的，在找到系统的风险点后，就需要考虑如何解决这些问题。工业控制系统当下面临的安全威胁呈现组织化、集团化甚至上升到政治化的特点，一个系统的单点突破已不是难事。因此在这样的安全态势下，必须健全安全保障体系，从工业控制系统的安全设计、安全项目实施、安全运维管理、安全能力培训、安全评价等多个维度出发，进行全面设计。

4.1 工业控制系统安全保障体系

工业控制系统安全保障体系既需要明确针对工业控制系统所面临安全威胁所采用的典型处理流程，同时也需要明确在这些处理流程中，可以使用哪些典型的安全模块，以达到整体防御的安全目标。最重要的是要以工业控制网络本身层次框架进行保护。

4.1.1 工业控制系统安全框架

正如第二章所提到的，工业控制系统是多种类型控制系统的总称，主要包括数据采集与监视控制（SCADA）系统、分布式控制系统（DCS）、PLC 控制系统和其他控制系统。

特定的工业控制系统具有特定的安全要求，本章所提到的防御体系，就指通用工业控制系统。因此，本章将以通用工业控制系统作为叙述对象。当读者读取本章节内容时，需要根据特定的系统、安全和业务等需求对各级基本要求进行行业化转换。

在第二章我们学习到，参考标准 IEC62264 的层次结构模型划分，同时将 SCADA

系统、DCS系统和PLC系统的模型的共性进行抽象，对通用工业企业采用层次模型进行说明。层次模型的内容包括：功能层次模型、功能单元映射模型、资产组件映射模型。工业企业功能层次模型从上到下共分为5个层级，依次为企业资源层、生产管理层、过程监控层、现场控制层和现场设备层，不同层级工作在不同的实时性上。该层次结构的简要划分模型如图4－1所示：

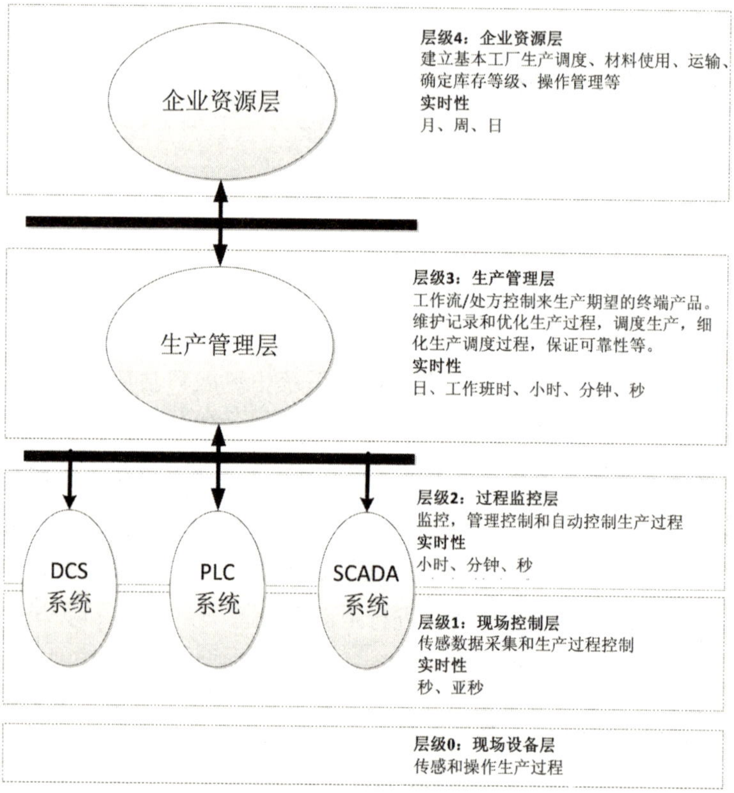

图4－1　工业控制系统层次模型

第二章我们已经讨论了这个层次架构，本章就不详细讨论。工业控制系统层次模型的引入在于本章方便讨论整个安全体系、模型的引入。

一般来说，企业资源层属于办公网安全考虑领域，在工业控制系统安全中，将不再单独讨论。因此，本章中涉及工业控制系统防御体系将指的是现场设备层、现场控制层、过程监控层、生产管理层这四层，各层次都有相应的主要保护对象。值得注意的是，和我们熟悉的其他信息安全类似，安全管理是贯穿整个安全生命周期的，也是传统信息安全管理体系得到的最佳实践，诸如ISO27000系列，在工业控制系统体系建设中必然是重要指导，但是本章主要讨论的是技术体系防御，以管理、运行、技术三要素为核心的安全模型将在下一小节中介绍。按照图4－2的层次模型，防护架构如下：

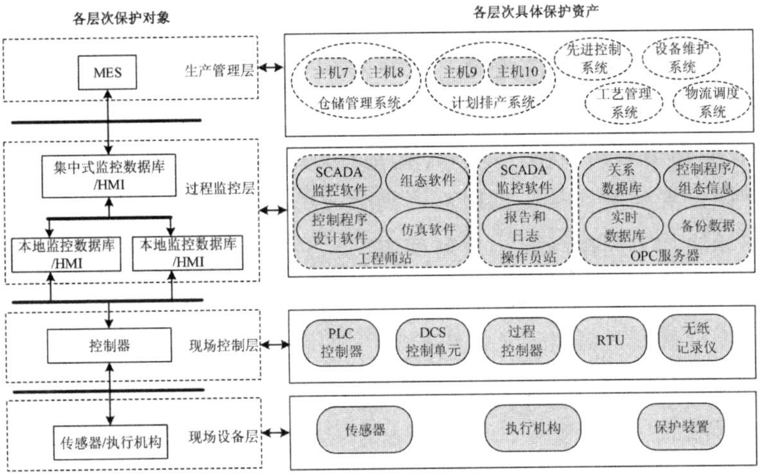

图 4－2　工业控制系统安全框架

各层次资产保护说明如下：

生产管理层：应保护与生产制造相关的仓储管理、先进控制、工艺管理等系统的软件和数据资产不被恶意窃取，硬件设施不遭到恶意破坏。

过程监控层：应保护各个操作员站、工程师站、OPC 服务器等物理资产不被恶意破坏，同时应保护运行在这些设备上的软件和数据资产，如组态信息、监控软件、控制程序/工艺配方等不被恶意篡改或窃取。

现场控制层：应保护各类控制器、控制单元、记录装置等不被恶意破坏或操控，同时应保护控制单元内的控制程序或组态信息不被恶意篡改。

现场设备层：保护各类变送器、执行机构、保护装置等不被恶意破坏。

4.1.2　工业控制系统安全模型

工业控制系统安全模型是为解决工业控制安全问题所需的典型防护模块，以及各个防护模块之间如何互动协调，达到整体安全防护的目标，如图 4－3 所示。

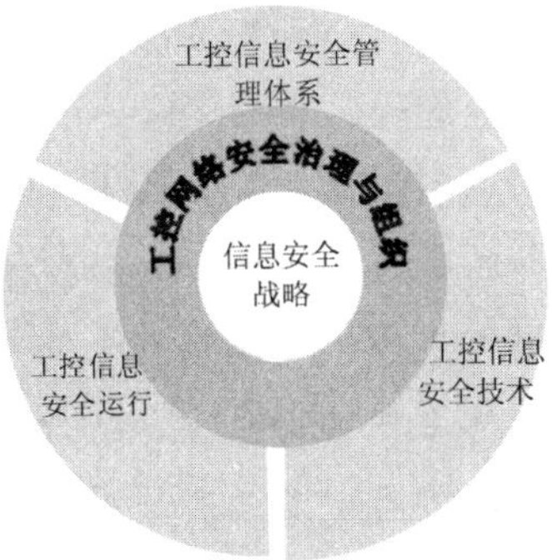

图 4－3　工业控制系统安全模型

1）工业控制网络安全战略：整个工业控制安全总体框架的正中，是安全总体框架的核心，为企业安全工作指明了方向，网络安全总体框架中其他相关模块都围绕安全战略展开，是安全战略在各安全领域的细化和体现。

2）工业控制网络安全治理与组织：处于工业控制安全战略的外围，是安全战略落实的基础和保障；安全治理从决策层面明确有效的结构、责任分配和流程，确保企业安全建设能够始终与工业控制安全战略确定的愿景、目标和原则相符合；在有效的治理机制保障下，安全管理体系的建立和执行、安全运行相关工作以及安全技术在企业内的运用则需要依赖安全组织定义的相关机构和角色去具体落实。

3）工业控制网络安全管理体系：工业控制安全策略、组织、运行、技术体系标准化、制度化后形成的一整套安全的管理规范，安全管理体系的内容是安全战略及其落实的文档化的体现，也是安全运行相关工作开展的基础和依据。

4）工业控制网络安全运营：企业安全决策在日常工作中的落实，安全运行的工作贯穿安全始终，是安全管理体系中相关制度规范内容在实际操作中的体现，也从工作层面确保了安全技术在行内的有效运用。

5）工业控制网络安全技术：企业工业控制网络安全建设过程中所需的技术手段，是企业工业控制网络安全工作开展的有力支撑。明确了安全运营所需的工业控制安全技术服务和基础设施，为安全运行提供了良好的技术支撑，先进完善的技术可以大大提高工业控制安全运行的有效性，从而达到安全控制的目的。

4.2 工业控制系统安全设计

工业控制系统安全防御体系设计目的为实现安全模型，在保护安全架构中的软硬件，实现工业控制系统正常运行。参考国内外相关标准，在总体上可由 4 部分组成，分别是工业控制安全技术体系、工业控制安全组织体系、工业控制安全建设与运营体系和工业控制网络安全管理体系。技术体系是安全防护体系设计的基础支撑，组织体系、运营体系和管理体系是基础和保障，保障安全技术体系能够发挥最大效用，持续地保护企业工业控制系统安全稳定运行。

考虑到目前工业控制安全行业发展的状况，技术手段仍然是当前大家最关心也是各种安全策略落地的基础，企业将充分利用各种安全技术、产品以及工具作为安全管理和运行的落实的重要手段，最终支撑工业控制安全体系的建设。工业控制安全防护体系设计将以工业控制网络安全体系框架为原型，结合工业控制系统环境的特点，以工业控制安全技术体系设计为核心内容，工业控制系统安全设计包括结构安全、设备安全、控制安全、应用与数据安全以及安全持续管理和改进五个方面的内容。

4.2.1 工业控制系统结构安全设计

结构安全即工业控制系统的系统结构，以及区域、层次的划分是否满足安全要求。工业企业可以通过优化网络结构，以及采用隔离、过滤、认证、加密等技术，实现合理的安全区域划分、安全层级划分。对于新上线系统，应实现结构安全同步建设；对于原有系统，应进行结构安全改造；对于因条件件限制无法进行改造的，应建立安全性补偿机制。

结构安全性是工业控制系统安全防护的重点，通过网络结构安全区域的划分、边界防护设备的部署来实现结构安全性，在工业控制系统中，区域的改变比传统信息系统更加重要，且分区分域与传统信息系统的思路、方法大相径庭，下面首先介绍工业控制系统区域模型。

4.2.1.1 区域模型

区域是一些具备公有属性的独立资产构成的组群，或一些子区域构成的组群，或一些独立资产与子区域中具备公有属性的资产构成的组群。

区域模型是符合区域定义要求，辅助分析工业控制系统安全性的框架。它用于定义保护区域内资产所需的不同安全等级，分析安全政策和安全要求，评估通用风险、脆弱性及相应对策等。如图 4-4 所示，根据生产过程的不同，工业控制企业在各自的工厂或站点可以构建不同的区域模型。

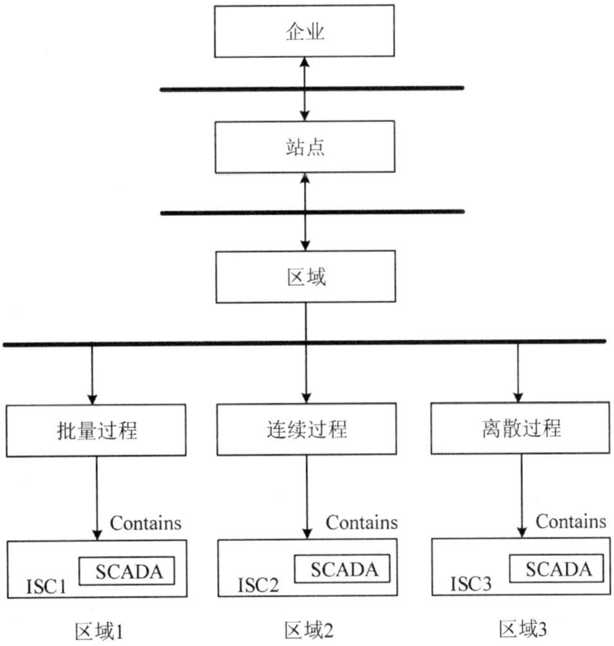

图 4-4 工业企业区域模型

注：批量过程包括制药工业、食品工业、啤酒工业、造纸工业、轧钢工业等；连续过程包括能源工业、石油化工、化工、冶金、电力、天然气、水处理等；离散过程包括机械制造工业、汽车工业、仪器仪表工业、家电工业、机床等。

在构建区域模型时，必须从资产价值、重要性及资产被破坏时所造成的损失、社会影响程度等因素进行考虑。

4.2.1.2 区域划分原则与典型区域划分

当前，国内对于区域划分的建议、标准都在整理中。因此，划分区域时，主要参考 IEC 62443-1-1《工业通信网络 网络和系统安全》第 1-1 部分：术语、概念和模型中区域的划分方式，综合考虑资产重要性、资产地理位置、系统功能、控制对象和生产厂商等因素，将控制系统进行区域划分。下面分别给出了 DCS 系统（图 4-5）和 SCADA 系统（图 4-6）区域划分的参考模型。

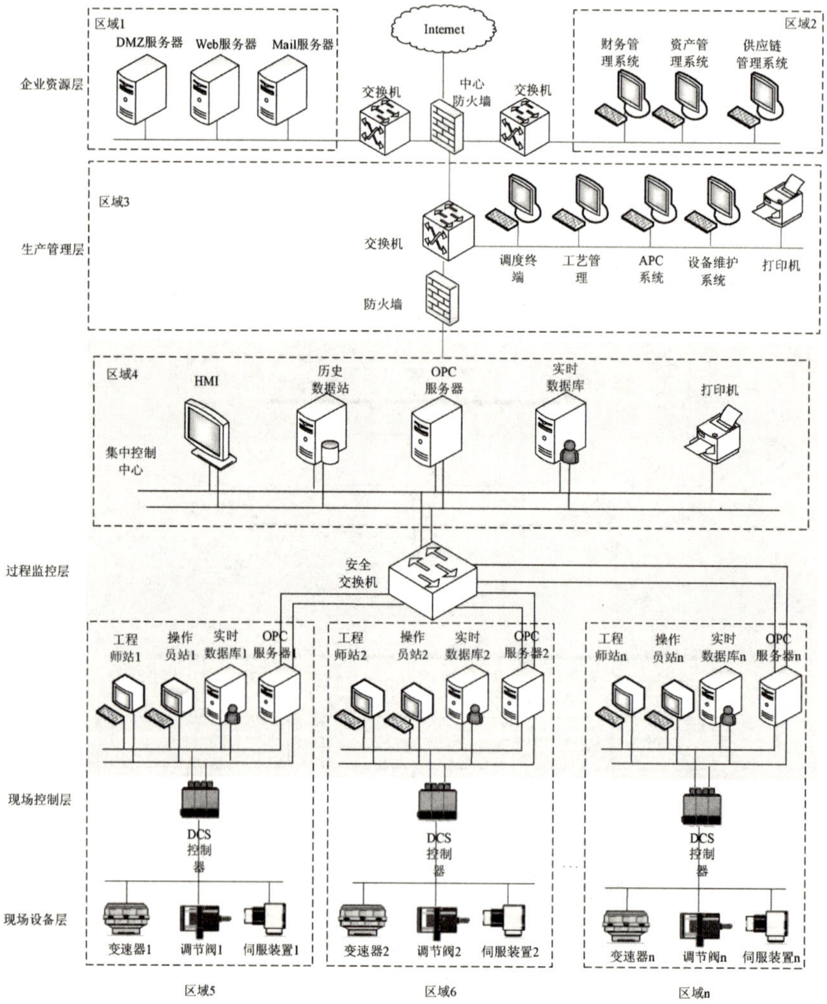

图 4-5 DCS 系统区域划分

1. DCS 区域划分

考虑系统功能及资产地理位置因素。企业资源层分为区域 1 和区域 2（实际划分的时候，根据情况调整），区域 1 为 DMZ 区域，由部分提供对外服务的服务器主机组成的一个特定子网，将企业内部网络与外部网络的隔离，实现对外部入侵的防护；区域 2 为企业运营资源区域，包括各类企业运营系统与设备。将生产管理层单独划分为区域 3，该区资产包括各类生产管理系统与设备；将过程监控层的集中过程监控部分划分为区域 4，该区资产包括各类过程监控系统与设备。

考虑生产厂商和控制对象因素，将包含不同被控装置的本地过程监控部分，现场控制层及现场设备层划分为不同的区域 5、区域 6……区域 n。以区域 4 为例，该区覆盖 3 个功能层，包含了过程监控层的资产、现场控制层的资产和现场设备层的资产。

在区域设计中，必须明确各区域边界，在本例中采用隔离技术对区域 1 和区域 2 进行隔离、对区域 2 和区域 3 进行隔离、对区域 3、区域 4、区域 5……区域 n 进行隔离。

2. SCADA 区域划分

SCADA 区域以典型的电力调度网络为例：

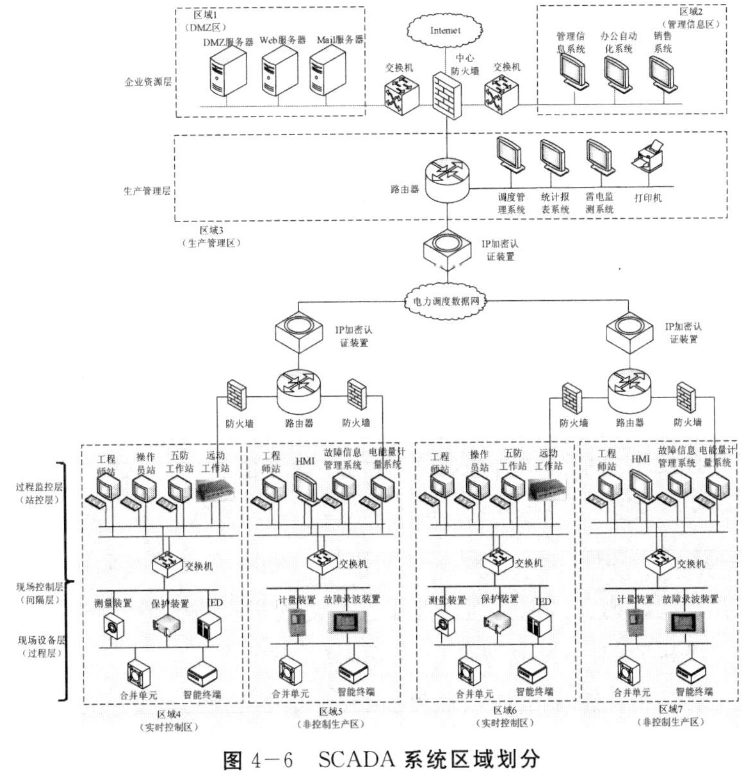

图 4－6　SCADA 系统区域划分

考虑系统功能因素，企业资源层分为区域1和区域2，区域1为DMZ区域，由部分提供对外服务的服务器主机组成的一个特定子网，将企业内部网络与外部网络的隔离，实现对外部入侵的防护；区域2为管理信息区域，包括各类企业运营系统与设备。将生产管理层单独划分为区域3，该区资产包括各类生产管理系统与设备。

考虑控制对象因素，以变电站1为例，可将实时控制区和非控制生产区分别划分为区域4、区域5。区域4覆盖了3个功能层，包含了过程监控层的资产、现场控制层的资产和现场设备层的资产。区域5覆盖了3个功能层，包含了过程监控层的资产、现场控制层的资产和现场设备层的资产。

在SCADA区域设计中，应明确各区域边界，在本例中采用隔离技术对各个区域进行隔离，采用IP加密认证装置对利用远程通信技术的双方双向身份认证和数据加密。

3. 综合区域划分

上面介绍了DCS、SCADA区域划分，实际上在一些工业控制网络中，同时拥有DCS与SCADA系统，区域划分也将更加复杂。但是只要掌握了区域模型、DCS与SCADA区域划分，综合区域划分也能得心应手，本书将不单独进行介绍，读者在遇到综合区域划分情况时，参考模型与典型区域划分示例，并结合现场实际情况进行合理的划分即可。

4.2.1.3 区域边界防护技术

合理的区域划分，使得结构安全实现了一半，划分好区域后，还需要对各区域边界严格保护。

在安全区域划分的基础上，针对不同安全区域直接的边界应该设置不同程度的边界隔离措施下文简单进行介绍，详细的边界防护技术参见第五章。

单向隔离边界防护：在电力、铁路等行业版块，可以在生产控制大区与管理信息大区之间部署单向隔离设备，阻断两个不同安全区域之间的TCP/IP连接，以数据摆渡的方式单向传输业务数据。仅允许生产控制数据（如测点数据）通过特定协议，按照约定的周期和报文格式单向向外发送，不允许管理信息网的任何流量和报文传输到生产控制网。

VLAN隔离边界防护：由于物理区域的限制，生产控制网网内不同业务系统的主机可能会部署在相同的物理区域，而这些工作站之间没有没有直接的网络数据的交互，所以可以通过交换机的VLAN划分进行二层隔离防护。

加密认证边界防护：由于生产控制网跨地域的广域网传输，虽然该广域网为生产专网，但仍存在传输数据被侦听的风险，为了保障传输数据的保密性，需要通过加密传输的边界防护措施，即采用认证、加密、访问控制等技术措施实现数据的远方安全传输，以保障调度数据和状态数据在传输过程中不被侦听和篡改。

逻辑隔离边界防护：在生产控制网内各安全区域之间，管理信息网各安全区域之间交互的协议内容较多，而且均为双向流量，所以需要通过基于流的逻辑隔离装置，根据业务情况仅允许两个不同安全域间特定的设备建立连接，并对连接的情况进行监视。访问控制的策略需要基于源目的 IP 地址、源目的端口号、网络协议类型、服务类型、工业控制通信协议类型、传输的内容等多维度进行精细化的访问控制。同时采用智能学习引擎技术、基于深度数据包解析的黑白名单结合技术、分布式部署和集中管理技术和适应苛刻工业应用场景的硬件设计技术等，以达到控制访问的目的。

适应苛刻工业应用场景的硬件设计技术：由于安全防护设备是串接在生产控制网内，所以需要避免在设备出现断电、死机时造成的通信中断，同时还要采用低功耗等技术来满足工业特殊的环境要求。

工业控制系统安全是一个大的系统工程，结构安全只是为这个大的系统工程打下了坚实的基础，下面将首先讨论设备安全设计。

4.2.2 工业控制系统设备安全设计

要做好结构安全，工业控制系统安全对所有相关设备安全提出了要求。设备安全即工业控制设备自身的安全加固，不仅包括工业控制主机、安全设备、网络设备、移动介质等（这些设备普遍存在漏洞、后门等安全隐患），还包括现场测控设备安全（这也是传统网络安全不曾考虑到的，工业控制系统现场测控设备位于工业控制系统的最底层，直接与生产过程设备连接，实现对现场的测量与控制）。现场测控设备具备的典型功能包括：通过现场总线与生产过程上的传感器、调节器、变送器、开关或 IO 单元（含采集输入与控制输出）进行通信；进行控制逻辑运算；通过本地或远程以太网上传数据给实时数据库服务器及操作员站，接受本地与中心操作员站的控制命令，完成控制参数调整与输出调整，接受工程师站的控制方案更改、调试等操作；系统启动、诊断、掉电数据保持等。下面先简要介绍现场测控设备典型软硬件结构。

1. 现场测控设备典型硬件结构

在硬件组成上，数字化的尤其是使用嵌入式软件的工业控制系统现场测控设备通常由微处理器、存储器、输入/输出模块、通信模块、电源、人机接口以及管理模块等部分组成。根据设备的用途和先进程度的不同，设备的硬件组成不完全相同，并不是所有现场设备都具备以上提到的所有模块。

微处理器进行设备内部逻辑控制与计算，具体功能包括采集输入接口的所有数据、执行用户程序、输出控制指令到输出接口并发送或接收通信数据至通信接口。作为系统核心的微处理器包括微控制器（MCU）、数字信号处理器（DSP）和嵌入式微处理器（MPU）。

存储器包括系统程序存储器、用户程序存储器和数据存储器。具体存储介质包括RAM、SDRAM、E2PROM、Flash和CF卡等。

电源模块实现设备自身的供电。

总线协议处理模块实现对现场总线协议的处理和接口，但它物理上一般并不是独立的硬件模块，而是和处理器在一个模块内。

通信模块实现设备的通信连接。随着总线技术以及网络技术在工业控制系统中的标准化和应用，目前很多嵌入式现场设备都通过以太网实现现场数据采集与控制。即采用不同的网络协议处理与接口模块取代原有的输入和输出模块。

输入模块接收电压、电流、温度、压力等现场测量量，可分为模拟输入模块和数字输入模块。

输出模块输入对开关、调节器等设备的控制信号。

人机接口（MMI）一般固定在装置前面板上，有液晶显示屏、参数设置键和就地功能按钮。可以显示当前的测量值、配置信息等。

管理模块实现装置的管理和通信。具体功能包括实现与人机接口面板、调试软件、监控后台、工程师站、远动和打印机间的通信。

设备的对外物理接口形式包括IEEE 802.3以太网口、电缆接口、RS232串口、RS485串口、ISO 11898串口等。

2. 现场测控设备典型软件结构

目前工业控制系统现场测控设备的软件架构都是基于嵌入式软件。

嵌入式系统的发展主要经历了三个阶段：无操作系统的嵌入式系统、简单监控式的实时操作系统和实时多任务操作系统。无操作系统的嵌入式系统的出现最初是基于单片机，这类嵌入式系统具有与一些监测、伺服和指示设备相配合的功能。它无操作系统支持，而是通过汇编语言编程对系统进行直接控制，此外，它系统结构和功能相对单一，针对性强，几乎没有用户接口。简单监控式的实时操作系统主要以嵌入式处理器为基础，以简单监控式系统为核心。系统的优点是处理器种类繁多，开销小，效率高，一般配备系统仿真器，具有一定的兼容性和扩展性。但是此时的系统通信性较差，用户界面不够友好，主要用来控制系统负载以及监控系统应用程序运行。随着对实时性要求的提高和软件规模不断扩大，实时多任务操作系统（RTOS）成为目前国际嵌入式系统的主流，包括VxWorks、pSOS、Win CE、Linux等，VxWorks以其强实时性、高性能的内核和良好的开发界面成为了嵌入式实时操作系统领域的杰出代表。这个阶段嵌入式系统的特点是能运行在各种不同的微处理器上，具有强大的通用型操作系统功能，包括多任务、设备驱动支持、网络支持、图形窗口、用户界面以及文件和目录管理等功能，具有丰富的API和嵌入式应用软件[32]。

嵌入式实时操作系统的现场设备典型软件架构如图4-7所示。

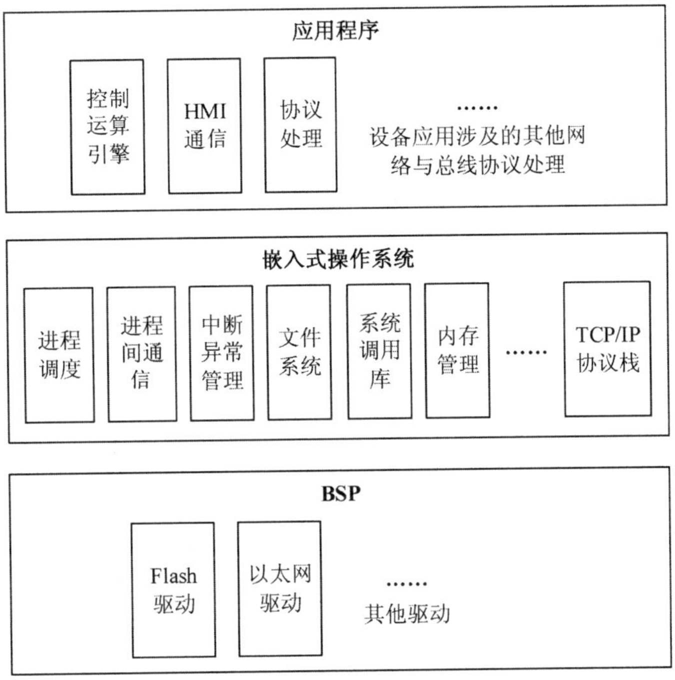

图 4－7　嵌入式工业控制系统现场测控设备典型软件架构

为保障工业控制的设备安全性，应从工业控制设备的离线安全、入网安全、在线安全等维度进行持续检测与防护，检测工具应该标准化、规范化，并针对行业应用的特点。

传统设备、系统主要措施：

1）工业控制系统主机、服务器、网络设备、控制器、安全设备、移动介质等安全防护策略及有效性：在设计中，配置行业相应基线，对相应的配置进行人工加固处理，特别是设置合理的密码策略。

2）操作系统、上位机工业软件等应用系统安全功能及有效性：配置行业基线，加固操作系统，最小化操作权限。

3）其他：采用标准化的检测与防护工具，在主机与设备部署前、部署中、上线后以及整个生产过程的全生命周期进行设备安全性检测与防护。

现场测控设备安全措施：

实际上以上的安全措施仅仅使用了传统信息安全的思路，在设计工业控制系统独有的设备（现场设备层设备）、系统上没有进行安全设计。这部分安全设计还处于起步阶段，一方面是以安全软硬件的部署进行侧面的加固，另一方面是通过合理的技术对设备本身的脆弱性进行补偿。从长远看，要根本解决问题最重要的是参考 ISA－62443 系列定义了五个级别（0，1，2，3，4）的 SL，在涉及过程中，要求设备能力安全级与工业控制系统安全级进行对应。

工业控制系统安全等级通过描述抵御不同强度攻击的信心水平来表示系统的安全保障水平。系统整体的安全保障水平的实现是通过系统安全防护的整体设计，现场设备、网络、主机到应用等各个组件的安全配置，防火墙和入侵检测系统等安全防护设备的使用等系统信息安全多方面防护技术协同工作的结果。

现场测控设备作为工业控制系统的组件之一，其所具备的信息安全能力会对系统整体的信息安全水平产生影响。但根据不同设备的功能及所处位置的不同，其信息安全水平对系统的影响程度也不同。如220kV变电站中的220kV线路上的继电保护装置与同一变电站中的故障录波装置同属于变电站自动化系统的现场测控设备，但是故障录波装置的信息安全事件（被入侵或故障）仅会影响工程师进行故障诊断工作，不会对变电站自动化系统的信息安全水平产生影响，而220kV线路上的继电保护装置遭遇同样的信息安全攻击时，可能会导致线路上供电中断甚至整个系统的信息安全问题。因此为达到该220kV变电站的自动化系统的TSL，继电保护装置的CSL应高于故障录波装置的CSL，比如继电保护装置应具备严格的访问控制安全功能，而故障录波装置只要具有一定的用户标识功能即可。同一工业控制系统中所有现场测控设备的CSL与系统的TSL并不是完全相等的，而应根据设定TSL时系统需要抵御的风险、设备对于系统风险的影响程度、与设备相关的安全网关等防护措施使用情况等因素来确定需要的设备的CSL。

CSL可用于用户对不同产品进行比较，也可用于测评机构对不同产品进行安全能力水平评价。当用户选购工业控制系统现场测控设备时，也可以根据其所在的系统的实际信息安全风险需求来对本标准中的安全功能要求项进行裁减或增加形成采购指标，并不需要完全采用各级CSL中的完整要求项。

因此，工业控制系统设备安全的设计远远比传统信息安全复杂，且更难以实现，目前还处于使用人工加固、部署设备、部署软件侧面实现阶段，还需通过国家大力制定、推广工业控制系统相关标准来完善，并真正实现设备安全，最终实现接下来要讲到的控制安全、应用安全。

4.2.3 工业控制系统控制安全设计

在实现了结构、设备安全后，工业控制系统中控制安全要求凸显了其重要性。这里的控制是指应用于组织工业控制系统中管理、运行和技术上的保护措施和对策，以保护工业控制系统及其信息的保密性、完整性和可用性等。应用这些控制的目的是，减少脆弱性或影响，抵御工业控制系统所面临的安全威胁，从而缓解工业控制系统的安全风险，以满足利益相关者的安全需要。

在安全设计中，工业控制系统一般采用白名单机制对所有的访问行为进行管控，并结合黑名单对已知威胁行为进行拒绝处理。工业控制系统对行为的判断、处理原则和入侵容忍度与传统信息系统不同，控制安全主要包括两部分：系统内部发起的行为是否具有安全隐患与系统外部发起的行为是否具有安全威胁。工业企业的控制安全性防护首先应该具备感知能力，即对网络流量、文件传输、访问记录等进行记录、综合分析与数据挖掘，实现对已知威胁和未知威胁的感知，以及全局安全态势和局部安全态势的感知。其次，控制安全性防护应具备联动和主动防御能力，与其他安全防护技术联动，根据行业特点考虑入侵容忍度，避免误报，并对行为进行审计。详细控制安全设计思路、流程可以参考 7.3.6《工业控制系统安全控制应用指南》。

在实际项目中，控制安全主要考虑入侵行为、异常业务行为的检测、发现和管控，并对所有行为进行审计。主要内容包括：

1）通过管理平台对网络安全保护设备和策略进行统一监控和管理的有效性；

2）本地端通过审计、溯源等技术，对网络流量、文件传输、访问记录等进行综合分析与数据挖掘；

3）对终端计算机、移动存储介质、重要数据传输的安全防护措施及有效性；

4）控制系统用户间数据隔离和安全访问情况，在多用户共享的系统中建立用户的身份管理和访问控制的措施及有效性。

4.2.4 工业控制系统应用与数据安全设计

应用与数据安全，即存储、操作系统内核、基本安全算法与协议等基础软硬件的安全可控。工业企业在有条件的情况下，可采用经过应用与数据安全性改造的自主工业控制系统与设备和经过应用与数据安全性加固的进口系统与设备。在条件暂不具备的情况下，应具备安全补偿机制，在应用层实现安全加固，实现一定的安全免疫能力。在国家大力发展国产化的大背景下，优先考虑国产化。

应用与数据安全仅在条件具备的时候部署实施，在条件不具备的时候可采用相关补偿措施。主要关注的内容包括：

1）控制器、存储、操作系统内核、基本安全算法与协议等基础软硬件的完整可信、自主可控；

2）基于国产密码算法和技术进行安全可信平台建设；

3）部署备份系统，定时基于人工或者自动方式，对生产重要数据进行数据备份，并在测试环境中，定期验证数据的有效性。对测试数据完整性、保密性进行深度保护，必要时，可以购买硬件加密设备。

4.2.5 工业控制系统安全持续管理设计

安全持续管理设计是指依照企业工业控制安全战略，对工业控制系统和人员应进行持续的组织、管理和运营。通过部署安全运营平台，借助其技术，建立长效的安全防护机制，保障工业控制系统及关键基础设施全生命周期的安全性，在持续对抗中保障工业控制系统安全。

工业控制系统具有漫长的生命周期，目前国内大量运行的工业基础设施现有的安全机制仍延续专网隔离的理念，无法在互联互通的新环境下应对新的网络威胁挑战。与此同时，网络安全与生产安全也在不断融合，成为面向工业基础设施的整体安全、协同防御。

针对工业控制网络安全的特点和发展趋势，工业控制安全防护体系以大数据安全分析为支撑，工业企业在组建完整的安全组织、细致的安全制度和规范的安全运维体系的基础上，为了保证安全运维能够可持续地进行，工业企业还需要建设安全运营平台，从技术方面保障安全运维的可持续执行，应实现面向工业控制系统全生命周期的安全运维和持续综合防护。

安全运营平台主要包括安全设备统一管理、安全监管与审计、工业控制安全威胁感知三个方面。

1. 安全设备统一管理

工业控制系统的安全防护设计，从边界安全、控制安全、设备安全不同维度部署相应的防护装置和软件进行纵深防御，那么多种技术类型的防护装置和软件需要一个统一指挥的平台，才能形成安全防护的合力，构成纵深防护的整体，以达到协同联动抵御针对网络攻击的目的。

各安全防护装置和软件由集中管理装置统一控制、配置和管理，统一部署安全策略，并监测工业控制网络的通信流量与安全事件，对工业控制网络内的安全威胁进行分析，消除安全孤岛，从整体视角进行安全事件分析、安全攻击溯源等，重点解决安全防护设备各自运维而导致的信息不畅和事件处置效率低下等问题。

2. 安全监管与审计

在工业控制网络规模庞大、拓扑复杂的情况下，如果采用传统的人工检查的方式则周期长、成本高、准确性差。所以需要通过集中部署工业控制安全评估审计平台，采用自动化的方式集中扫描工业控制网络安全设备部署情况、防护设备配置效果、工业控制系统在互联网的暴露情况等，对工业控制系统安全整体防护情况进行效果评估，以实现自动化检查监督、评估审核数据的客观和准确。

3. 工业控制安全威胁感知

企业需要实时掌握企业内部工业控制系统的安全状态，了解国内外控制系统威胁发展趋势。特别是对于大型工业企业而言，更需要做到整体工业控制系统的威胁态势感知，通过探测特定的网络地址空间，检索在线的工业控制系统和安防监控系统，获得其地理位置、系统具体信息，有效地进行威胁态势分析、安全评级，并提供预防威胁的安全解决方案。

4.3 工业控制系统安全项目实施

工业控制系统安全项目实施是为了保障最终交付的工业控制系统，在实现工业控制系统建设的基本前提下，能够按照整体安全设计的要求，实现在整个项目实施过程中的正确性、可靠性和及时性。因此，整个项目实施过程的管理和流程控制就显得尤为重要。尤其是针对整个项目顺利开展我们需要遵循成熟的项目管理方法，针对工业控制系统的特性做出必要实施流程。

4.3.1 项目管理概述

项目是为创造独特的产品、服务和成果而进行的临时性工作。项目具有如下特点：

1）临时性是指项目必须有明确的起点和终点，临时性并不意味着项目的持续时间短；

2）独特性是指每个项目都会创造独特的产品、服务和成果，项目的产出可能是有形的，也可能是无形的；

3）渐进明细性是指在项目进程中，随着信息越来越详细，估算越来越准确，持续改进和细化计划[33]。

“项目管理”（Project Management）作为一个专业术语，其内涵原则上只涉及工程项目全过程中的实施阶段的管理，但针对于项目的不同情况，项目管理的范围可能会在实施阶段的前后进行必要的延伸，如图 4－8 所示：

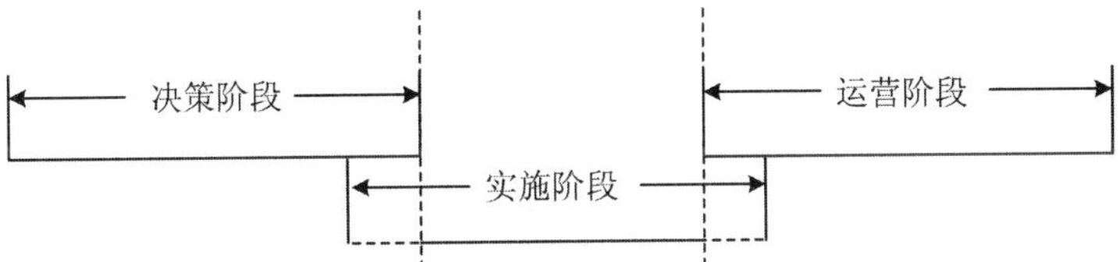

图 4－8 工程项目全生命周期

项目管理就是将知识、技能、工具和技术应用于项目活动，以满足项目的要求。项目管理的必要性：

1）项目的被约束性决定了项目必须采取项目管理。

2）项目的临时性导致项目经理职位的需求。

3）项目的目标性导致项目必须受控。

项目的实施阶段包括合同准备阶段、规划阶段、设计阶段、施工阶段、验收阶段，如图 4－9 所示。其中招标投标工作可能延续到设计阶段和施工阶段中进行。项目实施阶段管理的主要任务是通过管理使项目的目标得以实现。

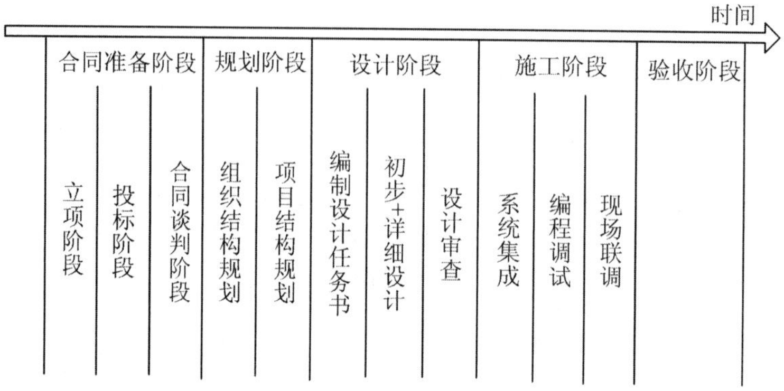

图 4－9　项目实施阶段组成图

由于项目管理的核心任务是项目的目标控制，因此按项目管理学的基本理论，没有明确目标的工程不是项目管理的对象。在工程实践意义上，如果一个项目没有明确的成本、进度和质量目标，就没有必要进行管理，也无法进行定量的目标控制。

一个工程项目往往由一个单位的不同部门或多个参与单位承担不同的建设任务和管理任务，各参与单位（或部门）的工作性质、工作任务和利益不尽相同，因此就形成了代表不同利益方的项目管理。一般来说针对于工业控制系统安全类型项目具有技术水平要求高、现场时间短、设备较单一等特点。

项目的成本目标、进度目标和质量目标之间既有矛盾的一面，也有统一的一面，它们之间的关系是对立的统一关系。要加快进度往往需要增加成本，欲提高质量往往也需要增加成本，过度地缩短进度会影响质量目标的实现，这都表现了目标之间关系矛盾的一面。但通过有效的管理，在不增加成本的前提下，也可缩短工期和提高工程质量，这反映了目标之间关系统一的一面。

实施方作为项目建设的重要参与方，其项目管理主要服务于项目的整体利益和实施方本身的利益，其项目管理的目标包括实施方的成本目标、进度目标和质量目标[34]。

实施方的项目管理工作主要在项目实施阶段进行，但它也涉及合同准备阶段、规划阶段、设计阶段、施工阶段和验收阶段。施工方项目管理的主要任务包括：

1）施工方的安全管理；

2）施工方的成本控制；

3）施工方的进度控制；

4）施工方的质量控制；

5）施工合同管理；

6）施工信息管理；

7）与施工有关的组织与协调。

在项目管理的过程中通用的方法为把整个项目管理的过程分为五大过程组，即启动过程组、计划过程组、执行过程组、监控过程组和收尾过程组。

启动过程组，定义一个新项目或现有项目的一个新阶段，授权开始该项目或阶段的一组过程。

规划过程组，明确项目范围，优化目标，为实现目标制定行动方案的一组过程。

执行过程组，完成项目管理计划中确定的工作，以满足项目规范要求的一组过程。

监控过程组，跟踪、审查和调整项目进展与绩效，识别必要的计划变更并启动相应变更的一组过程。

收尾过程组，完结所有过程组的所有活动，正式结束项目或阶段的一组过程。

项目管理各过程之间彼此独立，界面清晰。但是，在实践中，它们会相互重叠和作用。大多数经验丰富的项目管理从业者都知道，管理项目的方式不止一种。在项目期间，人们应该在项目管理过程组及其过程的指导下，恰当地应用项目管理知识和技能。在一个项目中，很多过程要反复多次。

项目管理的整合性质要求监控过程组与其他所有过程组相互作用，如图 4－10 所示。监控过程随其他过程组的过程同时进行，因此，在图 4－10 中，监控过程组被画成其他四个过程组的“背景”过程组[34]。

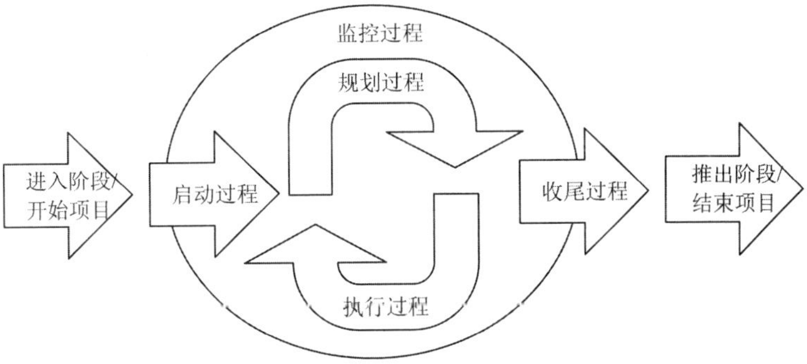

图 4－10　项目管理过程

在实际的项目管理过程中，围绕五大项目管理过程组，重点采用了计划、分解、整合、评估等一系列的方法，比如在范围管理中，WBS 的应用就是分解方法的最佳体现。

4.3.2　项目实施组织和管理关键因素

项目实施组织管理中，存在如下关键因素：

1. 相关领导重视和承诺

相关部门领导通知对此次项目的重视和承诺是成功完成项目实施最关键的因素，承诺的内容包括：

1）从全局的角度给予切实、明确、有益的支持；

2）从管理层到项目组织形成良好的沟通渠道。

2. 确定的项目目标、实施前提条件和实施计划

在项目实施前，项目小组必须通过周密的讨论和沟通，达成共识，共同制定明确的项目目标、实施前提条件和实施计划，为后期的实施工作奠定良好的基础。在实施过程中，项目目标、实施前提条件和实施计划的不确定性将直接导致项目进度延迟、实施成本增加等不良后果，所以必须在项目启动以前将这些明确下来。

3. 良好的项目沟通

良好的项目沟通是项目成功的重要保障：

1）项目涉及很多各种性质的决策点，决策的失误是项目延迟的关键原因之一。

2）必须建立定期沟通的制度，但遇到特殊的决策点，应及时召开领导小组会议。

3）沟通文档必须清楚并由双方保存。

4. 双方的积极参与和密切配合

1）项目实施要求项目参与人员投入极大的时间、精力和努力。参与人员必须按项目计划严格保证工作时间。

2）尽早确定合作双方所需要的相互支持并跟进计划。

5. 关注培训

1）在项目期间，系统培训能按正确的方式并在恰当的时间进行是很重要的。

2）实施方保证对工作人员的需求定制培训方案。

3）用户没有足够的系统知识将导致不能准确理解和使用软件功能，也不可能实现软件和业务的完美结合。

4）培训中需要有足够的训练时间，这就需要必要的设施和便利条件，如安静的工作环境。

6. 关注流程优化

信息化通常意味着组织的变化。人们对变化有一种内在的抵触性，特别是业务系统的实施。用户必须对此有所认识且有能力面对抵触。其次实施方项目经理应向客户提供关于必要变化的建议。

用户必须控制和管理对项目成功完成所要求的政策变化程度。

成功实施的前提是协调技术变化和组织变化，使之相结合。

7. 严格的质量保证计划

在项目的实施过程中，实施方将根据我们以往的系统实施经验，贯彻一套完整的质量保证计划，实现对客户的质量承诺。

该计划的内容框架为：

1）对项目的期望以及实现期望的衡量标准；

2）维护质量保证计划的权限定义划分；

3）质量监督的工具；

4）意见收集程序；

5）项目小组认同计划；

6）沟通计划；

7）培训课程；

8）质量评审程序；

9）项目质量保证计划的核准签字。

8. 保证数据输入和转换过程中的完整性和严密性

必须建立系统管理员与实施数据移植工程师之间良好的沟通和合作关系。相互提供不完全或者不正确的数据容易导致误解，并有下列不良后果：

1）无休止的讨论；

2）业务流程引用错误数据；

3）质量的和数量的估计错误；

4）流程/方法不停地调整；

5）以上每项对于项目都可能产生拖延的后果，直接影响项目的实施效果。

9. 注意解决项目实施中的瓶颈问题

在项目的实施过程中必须注意及时地解决导致瓶颈的问题，而且要进行良好的沟通。

4.3.3 工业控制系统安全关键任务分解

在工业控制系统中安全实施中，其主要任务如下：

1）保证既定的安全目标；

2）保证安全实施质量；

3）解决安全实施中的技术瓶颈；

4）保证施工过程中的信息安全；

5）控制安全实施中的风险；

6）设备、软件的安全、调试；

7）安全策略制定、实施；

8）安全测试、联调、试运行；

9）安全验收。

在工业控制系统安全项目实施中，不同的项目，其对应的关键任务自然不同，但是，安全策略的制定与有效实施，最终达成安全目标是所有工业控制安全的关键任务，在实施中需要根据项目组的人、时间进行有效分解；以便实现目标。

4.3.4 工业控制系统安全实施质量管理

工业控制系统安全实施质量管理涵盖供货、实施、验收各个环节，因此质量管理工作应当着重从以下几个方面来展开：

1）到货质量；

2）产品安装质量；

3）功能部署质量；

4）安全合规性达标质量。

针对以上四个方面，在质量管理过程汇总严格按照 ISO 9001 质量标准加以控制，可以采取以下方式：

1）产品装箱单；

2）开箱报告；

3）产品缺损报告；

4）系统安装测试、联调报告；

5）系统验收报告。

在质量控制过程中，工业控制系统安全实施负责人作为本项质量控制执行人，需要通过制定一套切合实际的、详细的质量管理计划书，严格把握相关的标准对各个环节进行有效的管理和控制，质量管理计划书的内容包括：

1）项目运行时段表；

2）人力资源分配；

3）项目组织架构；

4）相关人员责任表；

5）项目提交表；

6）项目详细任务事项表；

7）培训计划；

8）项目风险评估及控制方法；

9）工作场地安排。

其中，作为工业控制系统安全项目，风险管理是重中之重，考虑到工业控制系统实时性的要求，在风险管理中必须重视“施工中的安全管理”。包含：

1）施工中的数据保密管理、数据安全管理、系统安全管理、网络安全管理；

2）安全用水电气管理；

3）遵守甲方各类安全制度管理；

4）其他国家要求的安全管理。

4.3.5 工业控制系统安全策略管理

安全策略是整个安全实施的关键，是安全体系落地的标志之一，也是安全设备、软件有效运行的保障。因此，安全策略是项目推荐的关键因素之一。

通用工业控制安全部署总体策略要求如下：

1．配置和补丁管理策略

1）做好工业控制网络、工业主机和工业控制设备的安全配置，建立工业控制系统配置清单，定期进行配置审计。

2）对重大配置变更制定变更计划并进行影响分析，配置变更实施前进行严格安全测试。

3）密切关注重大工业控制安全漏洞及其补丁发布，及时采取补丁升级措施。在补丁安装前，需对补丁进行严格的安全评估和测试验证。

2．边界与主机防护安全策略

1）分离工业控制系统的开发、测试和生产环境。

2）通过工业控制网络边界防护设备对工业控制网络与企业网或互联网之间的边界进行安全防护，禁止没有防护的工业控制网络与互联网连接。

3）通过工业防火墙、网闸等防护设备对工业控制网络安全区域之间进行逻辑隔离安全防护。

4）对重要工程师站、数据库、服务器等核心工业控制软硬件所在区域采取访问控制、视频监控、专人值守等物理安全防护措施。

5）拆除或封闭工业主机上不必要的USB、光驱、无线等接口。若确需使用，通过主机外设安全管理技术手段实施严格访问控制。

6）原则上严格禁止工业控制系统面向互联网开通HTTP、FTP、Telnet等高风险通用网络服务。

7）确需远程访问的，采用数据单向访问控制等策略进行安全加固，对访问时限进行控制，并采用加标锁定策略。

8）确需远程维护的，采用虚拟专用网络（VPN）等远程接入方式进行。

9）保留工业控制系统的相关访问日志，并对操作过程进行安全审计。

3．身份认证与监测审计策略

1）在工业主机登录、应用服务资源访问、工业云平台访问等过程中使用身份认证管理。对于关键设备、系统和平台的访问采用多因素认证。

2）合理分类设置账户权限，以最小特权原则分配账户权限。

3）强化工业控制设备、SCADA软件、工业通信设备等的登录账户及密码，避免使用默认口令或弱口令，定期更新口令。

4）加强对身份认证证书信息保护力度，禁止在不同系统和网络环境下共享。

5）在工业控制网络部署网络安全监测设备，及时发现、报告并处理网络攻击或异常行为。

6）在重要工业控制设备前端部署具备工业协议深度包检测功能的防护设备，限制违法操作。

4. 资产数据安全策略

1）建设工业控制系统资产清单，明确资产责任人，以及资产使用及处置规则。

2）对关键主机设备、网络设备、控制组件等进行冗余配置。

3）对静态存储和动态传输过程中的重要工业数据进行保护，根据风险评估结果对数据信息进行分级分类管理。

4）定期备份关键业务数据。

5）对测试数据进行保护。

在不同行业中，以上策略可能还需要细化。

4.3.6 工业控制系统安全实施进度管理

为了提供更好的管理监控，并与项目执行组织的持续运作之间建立恰当联系，一般把整个项目执行分为五个阶段：

准备阶段：项目前期的准备工作，证实一个项目已经正式启动。

计划阶段：制定并维护一个可执行的进度计划，以实现所承担项目所要达到的目标。

实施阶段：协调人员和其他资源以执行计划。

控制阶段：通过监控和测量过程，并在必要的时候采取纠正措施以确保项目目标的实现。

收尾阶段：项目的正式接收并达到有序的结束。

各个阶段通过它们创造的结果相互联系——每个阶段的输出或结果成为另一个阶段的输入，如下图4－11所示：各阶段的相互关系。

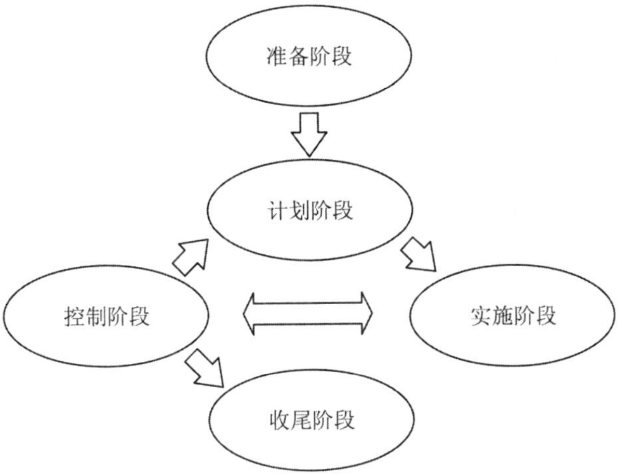

图 4—11 项目五个阶段关系

每个项目都是从准备阶段开始，正式启动项目，在准备阶段，主要是为项目的执行做一些铺垫工作，如指定项目经理，成立项目组，系统设计，现场勘查等。然后进入计划阶段，在此阶段，利用准备阶段确定的文档，如：项目章程、总体方案等，对项目进行详细的计划，形成一系列计划，如：进度计划、质量计划、费用计划、风险计划等，用于指导项目实施。参照制定的计划，项目进入实施阶段，此阶段主要是对设备及软件产品进行安装、调测，同时会把项目进度情况及变更情况反馈到控制阶段。在控制阶段对比项目实际进度和计划的偏差及评估变更的影响，决定所采取的纠正措施，重新返回实施阶段，如果计划需要重新调整，就要返回计划阶段，修改计划，然后进入实施阶段。在控制阶段，如果确认项目按计划全部完成，就进入收尾阶段，项目文档整理、提交，用户对项目正式验收，标志项目正式结束[34]。

在工业控制系统安全实施工程中，最重要的是在准备阶段进行咨询的调研，并在计划阶段做严谨的实施计划，因为其进度受到现场条件极大的制约。

4.3.7 工业控制系统安全测试、联调

工业控制系统安全项目在实施完成后，需要进行安全测试与联调，验证安全功能。

1. 试验测试、联调过程

根据相关国家标准和我们的经验，我们在实施工业控制系统安全建设中，对系统安全进行检验、测试的过程简述如下：

1）在系统正常运行条件下，进行测试；

2）根据测试要求，制定测试方案；

3）根据工业控制系统环境，详细制定测试的应急预案；

4）首先演练应急预案；

5）准备和校核测试工具和仪表；

6）组织测试小组及其他相关人员；

7）实测，获得相关数据；

8）分析测试结果；

9）向用户提交测试报告，并归档。

2. 安全设备测试计划

1）硬件设备测试

设备连接完成后，对系统进行上电检测。检测内容包括系统配置是否符合订货要求、系统各部件能否可正常工作。

2）系统功能测试

系统功能测试主要包括如下内容：

a）系统的启动、停止：主要检查操作系统工作是否正常，以及各部件是否工作正常。

b）安全管理：安全设备工作是否正常。

c）集中管理：安全软件工作是否正常，测试软件管理是否能正常使用。

d）设备测试：看该设备的主要功能是否正常工作。

3）安全系统联调测试计划

测试方案是在系统大体实施完毕后，为了确保设备间正确交互操作，由我方提出，针对安全系统实施进行的一系列测试措施，以此作为安全系统验收的依据。

本测试报告主要包含以下部分：

a）安全设备接入测试；

b）安全软件系统测试；

c）整体安全功能测试；

d）渗透测试（如果有必要，必须做好安全管理）。

3. 测试文档提交与归档

测试文档的备案是系统建设、维护工作中必不可少的一部分工作，对今后的系统故障的定位和系统的更新或升级会带来莫大的方便。

我们对设备和系统的检测、测试最终会向用户方提供一份完整的测试。

4.4 工业控制系统安全运维管理

近年来，随着我国在工业控制系统中信息化建设的不断推进及信息技术的广泛应用，在促进经济发展、社会进步、科技创新的同时，也带来了十分突出的安全问题。面对信息安全问题日益严重的现状，国家层面在陆续出台相关专门网络信息安全保护法律法规。各行各业根据不同时代威胁对象及方法的不同，在不断完善自己的安全建设。随着工业控制系统应用网络系统的规模不断扩大，各种应用系统不断完善，对各类业务数据的安全提出了新的要求——如何加强工业控制系统网络安全管理?[35]如何使得运维服务行之有效?[35]这里就有必要针对安全运维所覆盖的范围、运维流程、应急处理和响应以及自身管理制度方面有全面的认识和理解，从而承接前期所做的良好的整体项目规划、设计和实施内容，做到长期的安全运行和维护。

4.4.1 工业控制系统安全运维内容

工业控制系统安全运维是根据系统现场环境和系统控制内容对工业控制系统进行实时的运行和维护管理，针对系统软、硬件提供全面的安全运维服务。

1. 日常检查维护

系统安全运维团队提供工业控制系统的安全日常维护，来管理日益复杂的系统和平台，以减轻使用人员和操作人员的压力，使使用人员和操作人员得到最有效的工业控制系统安全管理，主要内容如下：

1）工业控制系统的日常运行检测包括系统运行日志检查与问题分析、系统操作日志检查与问题分析、系统自身漏洞检查、漏洞补丁更新等；

2）病毒系统的运行检测、病毒库更新；

3）入侵检测、扫描系统等安全系统的运行检测、漏洞库更新；

4）工业控制系统防火墙运行状态检测、策略配置校验；

5）工业控制系统网络设备运行检测、策略配置校验；

2. 安全风险通告

对于工业控制系统，特别是复杂工业控制系统，由于运行时间较长，对系统安全的防范不重视，通常会遇到无法收集并分类相关的安全报告，使得系统中总是或多或少的存在被忽视的安全漏洞。

然而工业控制系统的安全问题目前正以每年新增几十甚至几百例的速度在全世界得到反馈，并同时涉及信息技术的众多领域。通过加强对工业控制系统的安全运维管理，能够高质量、高效率地完成安全信息整理、分析、测试、分类等工作。将最新最严重的系统安全风险以最快的速度通报，并且给出相应的解决办法，从而大大提高了管理人员和使用人员的工作效率，并将工业控制系统的安全事故降到最低。

工业控制系统安全风险通告内容包括有：

1）主流厂商安全风险通告：提供主流厂商的安全风险通告，包括 SIMENS 、OMRON、GE、AB、Honeywell 、ABB、施耐德、研华、研祥等；

2）主流协议安全风险通告：提供工业控制系统的主流协议的安全风险通告，包括

Modbus TCP/IP、PROFINET、OPC、IEC104、DNP3、MMS 等；

3）安全风险通告：安全运维管理团队发现的安全问题通告和其他有必要预警的重要安全问题通告；

4）其他安全风险通告：操作系统和安全组织（如 CERT 等）的安全风险通告。

安全风险通告为工业控制系统的安全创造了远远大于它自身价值的无形财富，节省了大量的人力资源，是工业控制系统安全预警体系建立的基本安全需求。

同时，安全运维管理团队通过电子邮件和电话的方式向工业控制系统的管理者和使用者提供相应回访服务，对网络安全事件发出预警，协助管理者和使用者在大规模安全事件爆发前做好预防和处理工作。

安全运维管理团队以安全风险通告的形式提供最新的安全动态、技术和定制的安全信息，包括实时安全漏洞通知、病毒、补丁升级、定期安全知识库更新等。

- 提供服务热线号码，服务支持邮箱以供联系；
- 以电话、传真和电子邮件等方式回复相关安全咨询；
- 提供 7×24 小时电话技术支持；
- 定期系统安全测试；
- 定期提交相应的安全咨询服务汇总；
- 安全技术人员现场咨询支持。

3. 安全风险评估

系统安全运维管理团队将通过最有效的诊断服务来评估工业控制系统的安全。诊断评估的范围从系统的配置评估到风险评估、漏洞分析及模拟入侵测试等等。详细风险评估内容参见第三章。

4. 系统安全测试

1）确定分析对象

通过对工业控制网络的分析确定测试对象。工业控制系统（ICS）是几种类型控制系统的总称，包括数据采集与监视控制（SCADA）系统、分布式控制系统（DCS）和其他控制系统。对系统的核心控制元件和网络组件进行查验。

2）分析过程和方法

a）工业控制机检测

对处于关键节点的工业控制计算机进行检测。

- 上位机检测

上位机是一台工业控制计算机，我们可以用以下几种方法来分析：

方法	目的
扫描端口	查看是否开放可疑端口
查看系统配置	查看系统的账户，是否存在隐藏账户，安全策略是否被改动
查找可疑进程和文件	使用杀毒软件对系统进行全盘扫描，查找是否存在后门木马以及病毒

• 应用服务器

方法	目的
扫描端口	查看是否开放可疑端口
查看系统配置	查看系统的账户，是否存在隐藏账户，安全策略是否被改动
查找可疑进程和文件	使用杀毒软件对系统进行全盘扫描，查找是否存在后门木马以及病毒
Webshell 查杀	使用专用的 webshell 查杀工具扫描，用来发现黑客留下的 web 后门

b）网络检测

方法	目的
网络监控	可以使用行为管控硬件进行监控，发现可疑用户行为
流量监控	使用入侵检测系统进行监控
网络边界完整性检查	在网络边界查找薄弱环节，查看边界完整性，是否存在不合理配置

网络安全分析包括：病毒木马分析、暴力破解分析、垃圾邮件分析、web 服务器攻击分析、ARP 欺骗分析。

方法	目的
收集网络流量	收集流量以便于分析
网络协议分析	使用相应的工具对收集到的流量包进行分析处理，找出流量较大、发包次数较大的节点 IP
找出异常流量并对其分析	对流量较大的节点 IP 进行进一步的分析，找出对应的进程和端口

c）漏洞

漏洞类型包括：应用系统漏洞、Windows 系统漏洞、Linux 系统漏洞、路由器及其他硬件设备漏洞。

方法	目的
应用系统漏洞	找出系统薄弱容易被利用的环节
操作系统漏洞	找出系统薄弱容易被利用的环节
路由器及其他硬件设备漏洞	找出系统薄弱容易被利用的环节

d）日志分析

收集对象及工具：应用系统日志、数据库、应用服务器日志、路由器、防火墙、访问控制日志。

方法	目的
收集需要分析的日志	将所有需要分析的日志进行收集，如数据库日志、应用日志、应用系统日志、操作系统日志、路由器、防火墙等硬件设备日志
对日志进行分析	对所有收集到的日志进行初步分析，将疑似攻击痕迹进行记录
上机检查	根据日志分析的初步结果，上机进行行为判断，推测入侵过程

e）渗透测试

方法	目的
工具扫描	用工具找出常见的、易发现的漏洞
手工测试	利用经验和不同的思路来找出系统不容易发现的威胁
社会工程学	利用平时收集的数据库找出目标用户的信息，从而获取进入系统的钥匙
漏洞攻击	对发现漏洞的系统，用已经有利用的工具进行攻击
权限提升	利用权限提升的工具获取系统最高权限

渗透测试明细

测试项	测试子项
自动化扫描测试	专业工具扫描
信息收集	Web 服务器端口扫描
	危险 HTTP 方法测试
	Web 中间件版本
	脚本语言

续表

测试项	测试子项
中间件安全	中间件安全漏洞
	中间件管理后台
	目录浏览
文件目录测试	程序遍历目录
	任意文件修改
	文件上传
	文件下载
	文件包含
注入测试	SQL 注入测试
	命令执行测试
跨站脚本	反射型跨站脚本
	存储型跨站脚本
权限管理测试	横向测试
	纵向测试
口令测试	弱口令/默认口令
编辑器测试	编辑器漏洞测试
信息泄漏测试	测试、备份页面代码
	备份压缩文件
	Robots 接口信息泄露
	异常处理信息泄露
	管理后台是否可猜测
	其他方式
开源代码检测	开源代码漏洞检查
逻辑测试	业务/程序逻辑测试
	程序设计漏洞
入侵挂马检测	百度检测
	Google 检测
	安全联盟
旁路测试	旁路测试
漏洞危害性测试	漏洞危害性测试（通过对漏洞验证之后是否可以对内网以及其他服务进行渗透测试）
其他漏洞	用户登录认证绕过
	重放攻击

5. 安全配置与加固

工业控制系统安全是网络安全中的基础组成部分，关键的工业控制数据和工业控制信息直接由工业控制系统提供。系统环境不断面临各种安全威胁，包括数据窃取、数据篡改、非法访问、非授权访问等。这时就需要专业的安全服务，以保障运行和存贮在这些工业控制系统上数据的机密性、完整性和可用性。

工业控制系统安全加固是指通过一定的技术手段，提高操作系统、控制器、控制网络设备安全性和抗攻击能力。常见的安全加固服务手段有：基本安全配置检测和优化、密码系统安全检测和增强、账号、口令策略调整、系统后门检测、提供访问控制策略和工具、增强远程维护的安全性、控制系统完整性审计、增强的系统日志分析、系统升级与补丁安装、网络与服务加固、文件系统权限增强、内核安全参数调整。

经过良好配置的系统或设备抗攻击性会有极大增强。在对系统作相应的安全配置后，结合定期的安全评估和维护服务就使得系统保持在一个较高的安全线之上。

6. 安全保障

随着科技的不断发展和工业控制系统生产应用的不断拓宽，要应对随之而来的风险也变得更为重要。通过对工业控制系统提供安全运维管理服务，快速有效地弥补系统安全漏洞，以降低生产企业的风险，保护工业控制系统。

伴随着工业控制系统厂商对产品的不断更新，黑客也不断的在寻找新的漏洞，探求破解工业控制系统的新方法，攻防双方斗争的关键在于时间。安全加固可帮助用户及时有效地发现问题并且在漏洞转变为威胁，威胁转变为损失之前解决它。

经过良好配置的工业控制系统或工业控制设备，除了免除现有安全漏洞的威胁外，系统的抗攻击性也会有极大的增强。采用安全服务的方式对控制器安全作加固，同时对工业控制机操作系统作相应的安全配置，并结合定期检测使得工业控制系统保持在一个较高的安全水准之上。

为工程师站和操作员站的操作系统进行系统后门检测、基本系统安全配置、口令与账户安全、修补常见安全性问题等工作。在控制网络和控制设备级别上，主要进行远程管理和维护的安全、口令安全性、配置确认与清理、系统升级等工作。在工业保护设备部分，主要进行远程维护安全性设置、工业保护设备规则的确认、审计与清理等工作。

7. 安全监控

在工业控制系统安全监控服务中，将完成以下工作：

1）通过安全管理平台实时监控工业控制系统安全保护设备及安全审计设备的运行状态。发现问题，通过界面报警、声音、手机短信、电子邮件等方式及时通知运维人员处理解决。同时根据需要有选择的安全保护设备产生的安全事件或日志信息，从中及时发现异常连接以及为事件溯源提供依据。

2）通过安全管理平台实时监控工业控制系统防病毒系统产生的病毒事件，及时进行病毒预警和病毒扩散范围分析。发现严重病毒问题，通过界面报警、声音、手机短信、电子邮件等方式及时通知运维人员处理解决。

3）通过安全管理平台实时监控工业控制系统中控制设备、智能仪表等设备发现问题，通过界面报警、声音、手机短信、电子邮件等方式及时通知运维人员处理解决。

4）运维人员每天通过安全管理平台对各种安全事件进行综合分析，根据安全风险和安全问题情况有针对性地采取措施解决问题，降低风险。

5）在安全管理平台上，运维人员对安全系统的运行情况进行记录，形成日检报告，并提供每周、每月、每年的分析报告。同时安全主管通过安全管理平台可以对这些报告进行检查、分析、统计。

6）运维人员定期通过评估工具软件和专用安全评估系统自动获取评估对象的脆弱性信息，包括控制器扫描、网络扫描、数据库扫描等，用于分析工业控制系统、控制流程、网络设备存在的常见漏洞，并通过安全管理平台结合资产信息和安全事件对这些漏洞信息进行综合分析，提供详细的情况报告和处理办法。

7）通过安全管理平台实时监控工程师站、操作员站、重要工业网络设备的性能状况，包括：设备运行状态、CPU 和内存利用率、磁盘利用率、网络流量、关键应用进程状态、网络端口状态和流量等。

8）通过分析各类安全设备产生的安全事件或日志信息，获取系统中存在的各类病毒、蠕虫、非法访问、攻击事件，并进行及时的处理。

8. 安全培训

有关详细培训，参考 4.5 工业控制系统安全能力培训。

4.4.2 工业控制系统安全运维流程

系统安全运维流程是一个综合性的流程，包含日常检查流程、安全评估流程、安全监控流程、安全事件响应流程、渗透测试流程。

1. 日常检查流程

在工业控制系统的安全运维管理过程中，日常检查是尤为重要的一部分，做好系统的日常检查工作可以避免安全事故的发生，系统安全维护管理人员提供完整的系统日常维护，主要流程如图 4－12 所示：

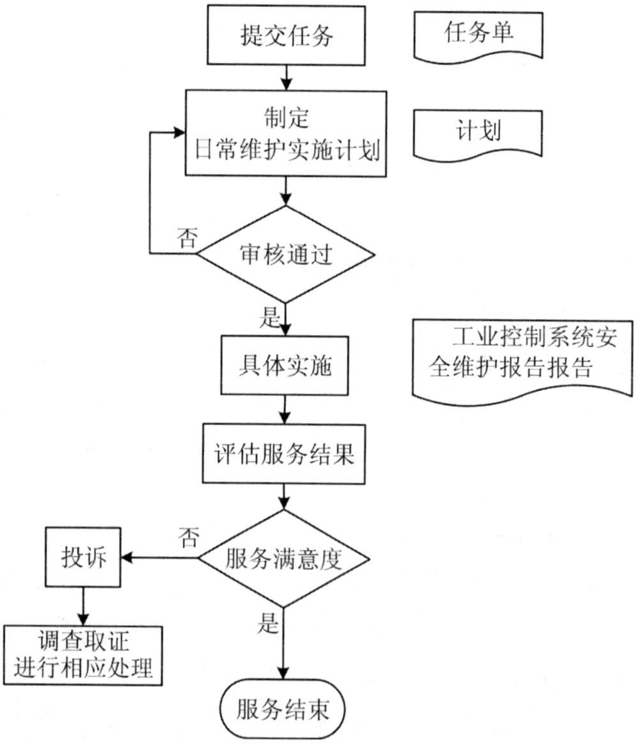

图 4－12　日常检查流程图

1）工业控制系统安全运维管理小组与系统管理人员沟通并按照需求制定维护服务计划；

2）按照制定的计划定期实施维护服务，每次日常检查完成后制定维护报告，同时将本次维护报告提交给系统管理人员；

3）系统管理人员最终审核此维护报告，并将该报告反馈给安全运维管理小组，并进行备份；

4）维护小组进行系统安全运维；

5）调查服务满意度；

6）本次工业控制系统安全维护服务完成。

2. 安全评估流程

安全评估是指对工业现场控制系统的工业网络环境、控制器、工程师站和操作员站操作系统、工业控制流程等进行的漏洞检测和脆弱性分析，评估以上各方面是否存在着安全问题、安全问题的严重程度等，以及根据使用人员的需要，对上述风险及脆弱性提供相关的处理建议和补救手段。具体流程图 4－13 所示：

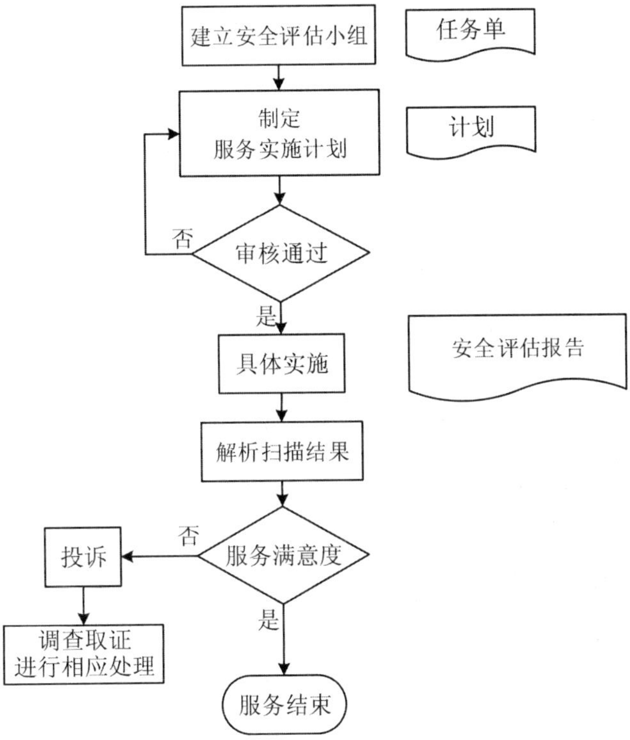

图 4－13　安全评估流程图

1）建立工业控制系统安全评估小组，并制定安全评估服务计划；

2）安全评估小组在规定的期限内进行并完成系统安全评估和安全功能有效性检测；

3）完成系统安全评估后，该次评估的安全运维负责人在任务单上填写相关安全评估报告；

4）系统管理人员最终审核此安全评估报告，并将该报告反馈给安全运维管理小组，并进行备份；

5）安全运维管理小组为系统使用人解析漏洞扫描结果；

6）对于其中由安全设置引发的漏洞，而不关联影响到其他应用系统正常运行的漏洞，安全运维管理小组提出相应的修改建议，在系统使用人需要的情况下，为其作适当的设置；

7）调查服务满意度；

8）本次评估服务完成。

3. 安全监控流程

通过运维人员和安全管理平台的有机结合，安全监控和安全处置的流程如图 4－14 所示：

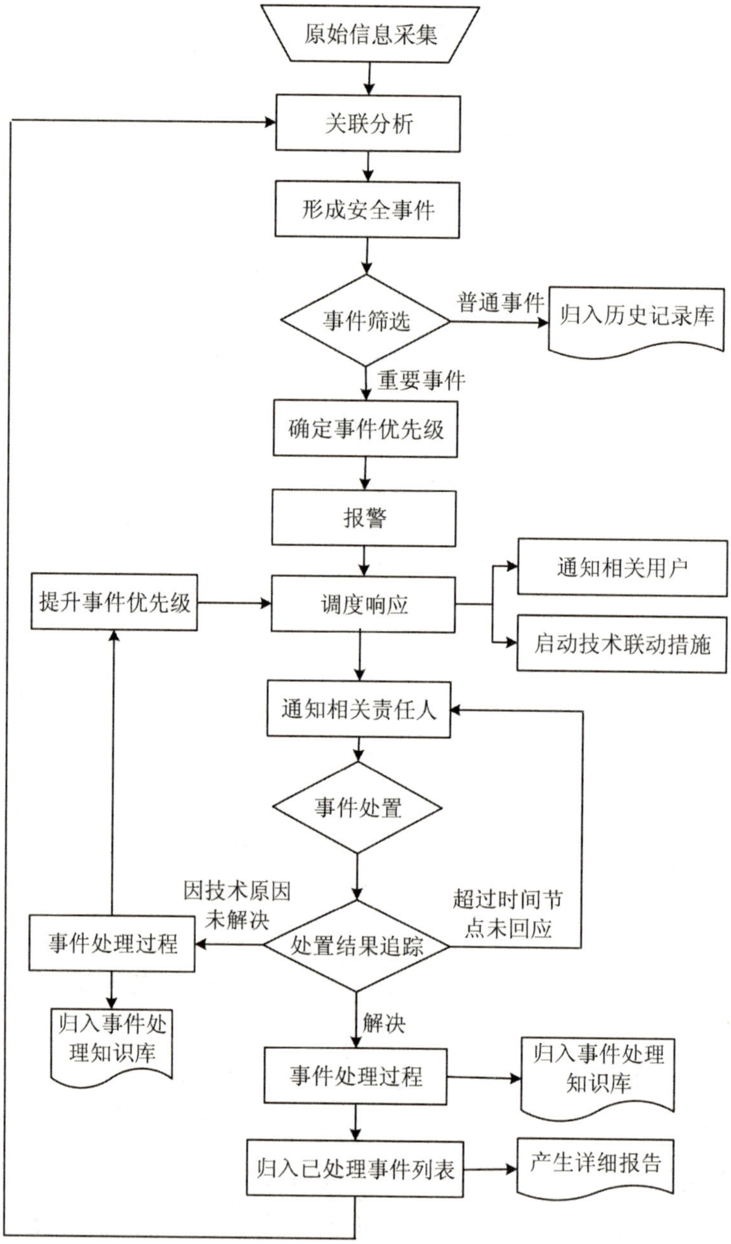

图 4－14　安全监控服务流程图

1）安全事件识别

工业控制系统的安全管理平台所管理的数据全部来自各类安全产品。在工业控制系统中，通常都会部署工业防火墙、入侵检测系统、安全审计等安全产品，而不同类型的安全产品所提供的信息，相互之间缺乏关联，而且各个安全产品提供的信息均独立存在。面对这样的信息，安全管理平台需要将各类安全信息进行整理分析，形成统一的安全事件。安全管理平台在安全监控服务流程中的第一个重要作用就在于此：采集来自各个安全产品的原始安全信息，经过识别、关联、分析和整理之后，形成更直观的可视的“安全事件”。

在该流程中，安全管理平台首先接收来自各个安全产品的原始安全信息，之后在此基础之上根据既定的安全策略进行详细的判断，将相互之间存在关联的看似孤立的原始信息整合在一起，形成安全事件，以等待下一步的处理。

举一个最简单的例子：入侵检测系统向安全管理平台报告某台操作员站在发起端口扫描，该操作员站的流量与平时相比大大增加，安全管理平台识别该操作员站中了病毒，那么综合以上信息，安全管理平台可以智能化地识别、分析得出一个安全事件：该操作员站中了蠕虫病毒，并正在尝试通过网络感染网络中的其他控制设备。

在此，我们可以更清楚地对每一个安全事件进行识别，并形成安全事件库，安全管理平台侧重于在工业网络中发生的安全事件，它关心表面上看来各个控制设备均正常运行的网络中出现的可疑现象；入侵检测系统侧重于工业网络即时监视，在发现可疑传输时发出警报或者采取主动反应措施；安全审计系统对工业控制系统的使用状态进行跟踪记录和综合梳理，对工业以太网络进行动态实时监控，并通过寻找入侵和违规行为，记录网络上发生的一切，为系统用户提供取证手段。

2）安全报警

在工业控制系统安全运维管理过程中，相对于纷繁芜杂的各种网络和控制原始信息，我们更关心切实可见的有着明确的发生时间、发生过程、涉及对象和最终结果的安全事件。工业安全管理平台会根据合理的安全策略，合并大量的重复信息，摒除暂时不具备明显的构成安全事件特征的信息，提供一个相对简明的安全事件描述。但是，在生成安全事件之后，及时的报警与响应在安全运行管理流程中显然更为重要。

在该流程中，报警实际上包含两层意思。一层意思是一种通知。根据安全事件的紧急程度，工业安全管理平台会自动地采用不同的方式通知系统安全运维人员，对紧急事件将采用发手机短信的方式，对一般事件将可能仅仅是声音和图形报警。另一层意思是一种指示。将安全事件所涉及的范围，在安全管理平台中的网络拓扑图中清楚明确地指示出来。

工业控制系统安全运维管理人员在获取报警之后，可以在工业安全管理平台中详细地查看该安全事件。并且，在查看之后，根据安全管理平台所提供的建议以及管理经验，作相应的调度处理工作，也即是响应。

3）安全事件响应

针对系统安全报警所作的响应，实际上是工业控制系统安全运维管理的核心。在安全运维管理体系中，如果仅仅对原始数据进行分析，仅仅对安全事件作出报警是不够的。安全运维管理体系作为工业控制系统安全管理业务系统，更重要的功能应当是辅助安全运维管理人员完成从安全事件的事前检测、分析，事中响应，事后处理直到最终的总结报告的全部过程。

在安全运维管理体系最初的部署过程中，建立一系列合理的并可灵活调整的安全策略和一系列包括工业网络结构（网络拓扑等）、工业设备组织结构（各控制器的安全责任人等）在内的准确的体系结构是极为重要的。在数字化的安全策略和结构的基础之上，安全运维管理体系可以为各个安全事件自动的生成响应处理建议，并以友好的界面提供给安全运维管理员。

安全运维人员可以根据安全运维管理体系所提供的建议，作出一定的修改调整后正式发出安全响应处理建议、响应处理通常包括处理该安全事件的技术建议、处理该安全事件所必须参与的人员和处理该安全事件的时间节点等。

在发出安全响应处理建议后，安全运维管理体系中的该安全事件将从告警状态调整为执行状态，等待处理。在人工或者自动的处置之后，系统应得到相应的反馈，以决定是结束该事件的响应，进入总结报告流程，还是需要进一步的处置，或是请专家支援等等。

4）安全事件处置

根据系统安全运维人员所提交的安全事件响应策略，有一部分可以通过系统自身的功能自动地完成，不需要人工的参与，如：封堵工业网络蠕虫病毒的传播，自动配置防火墙，阻塞已中病毒设备的 IP 地址或者该病毒传播所利用的 TCP/UDP 端口等等。但是，绝大多数的安全事件处置是需要人工才能完成的。

举例说明，当安全管理平台检测到某台工业控制机或控制设备在做恶意的黑客攻击尝试的时候，首先通过入侵检测系统等上报的检测信息归纳总结出该设备存在攻击可能的安全事件，接着向系统安全运维管理员提出相应的安全报警，安全运维管理员在查看了该事件之后，选择作进一步的处置，那么安管平台会提出 2 条处置建议：1. 发送配置信息至安全设备，暂时停止该主机的网络通信。2. 发安全事件响应信息给安全运维管理员要求其在某时间节点前至现场查看，报安全运维管理负责人，并备案。安全运维管理员根据需要对处置建议进行调整之后，正式发出安全事件响应请求。一方面由工业控制安全设备阻断该控制设备的黑客攻击行为，防止造成损失，另一方面由安全员等作深入的调查。那么，在该安全事件响应过程完成之前，实际上安全运维管理体系就是处于安全事件处置的状态。安全事件处置的结果如何，还需要对结果进行追踪。

5）处置结果追踪

在安全管理平台的事件响应明细中，已明确地确定了各责任人所应做的工作，该工作的最后完成期限以及完成工作后应给予系统回馈。系统会自动地跟踪各个安全事件的处置结果。一般来说，处置结果有三种：

a）各项工作顺利完成，安全运维管理系统接到了全部的反馈，将该安全事件收尾归档。

b）某项工作未能按时完成，安全运维管理系统会自动向安全运维管理员发出报警，提请安全运维人员人工干预。

c）某项工作进程受阻，安全管理平台收到该种反馈后，将生成新的针对该调度的处置建议，进入新一轮的调度响应，直至该安全事件顺利解决。

6）安全事件详细报告归档

对于每一个安全事件，在完成了全部的安全事件响应之后，系统会自动地归档。在归档信息的基础之上，安全管理系统提供了一个报表报告编辑器，以友好直观的方式将该事件的处置全过程作一个详尽的描述，便于安全运维人员的管理，便于向领导和其他部门报送。

4. 安全事件响应流程

工业控制系统安全运维管理团队需要具备专业技术知识和对紧急事件快速响应能力，帮助用户在遇到工业控制系统安全的突发事件时能够迅速、准确地发现并解决问题，将损失降低到最小。

安全事件响应流程如图 4－15 所示：

1）工业控制系统发生安全突发事件，操作人员马上通知安全运维管理技术支持人员。

2）安全运维管理技术支持人员迅速地分析问题，判断其严重级别，并通过电话给出响应的应急解决办法。

3）如果事件严重性较高，无法在电话中解决，安全运维工程师立即前往现场进行处理。

4）工程师在现场对事件进行分析、处理，并仔细记录问题内容、处理经过等。问题解决完后填写《工业控制系统安全突发事件处理表》，并与操作人员确认。

5）工程师根据整个安全事件情况分析事件的突发原因、处理方法、过程、处理结果，根据此次问题提出工业控制系统的安全问题，并给出相应的建议。确认后将《应急处理分析报告》提交给工业控制系统管理人员。

6）继续在现场进行安全运维，如出现紧急情况，安全运维工程师 7×24 小时现场值班、安全事故应急处理等。

7）调查客户的满意度。

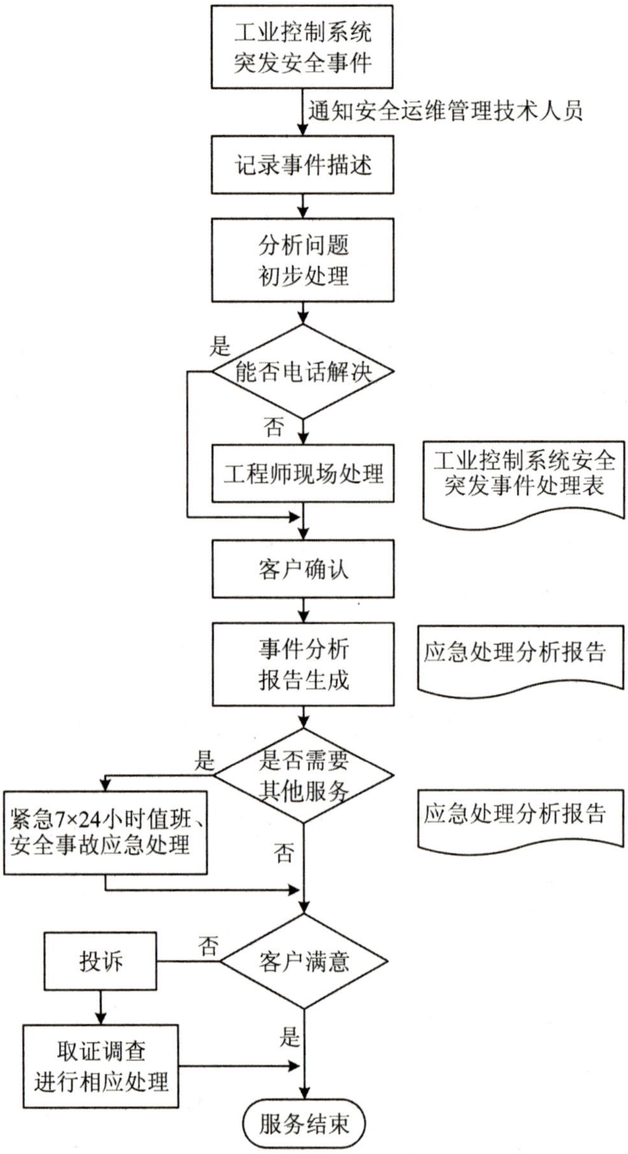

图 4—15　安全事件处理流程

5. 安全渗透测试流程

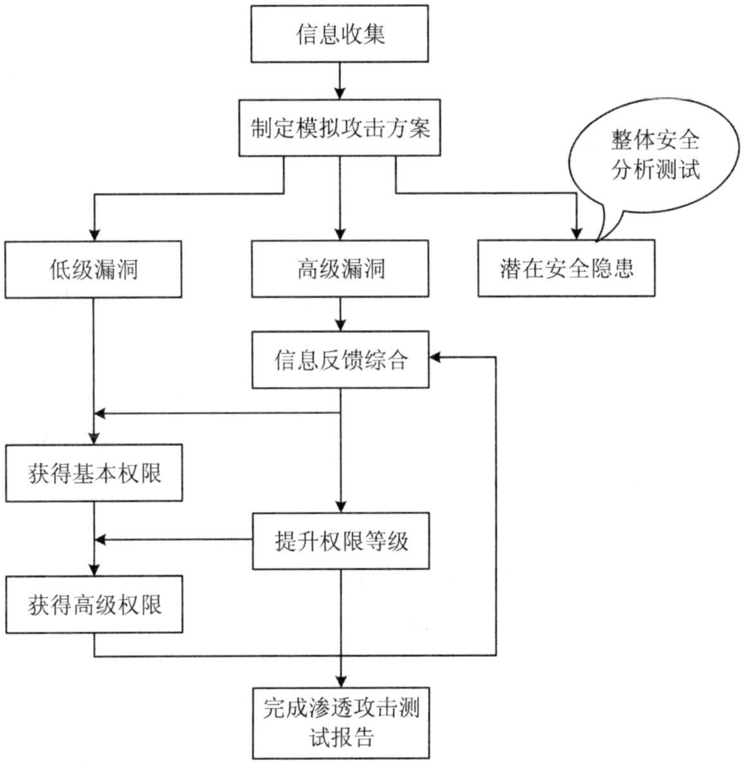

图 4-16 安全渗透测试流程图

安全运维管理团队定期给工业控制系统做安全渗透测试。

安全运维管理团队将与系统管理人员进行充分沟通，让系统管理人员对安全渗透测试所有细节和风险的知晓、所有测试过程都在系统管理人员的控制下进行。

系统信息收集分析几乎是所有入侵攻击的前提、前奏、基础。“知己知彼，百战不殆”，信息收集分析就是完成的这个任务。通过信息收集分析，模拟攻击者（测试者）可以相应地、有针对性地制定入侵攻击的计划，提高入侵的成功率，减小暴露或被发现的几率。

系统信息收集的方法包括工业控制网络扫描、控制设备端口扫描、操作系统漏洞扫描、操作类型判别、控制流程应用判别、账号扫描、配置判别等等。有时，操作系统中内置的许多工具（例如 telnet）也可以成为非常有效的攻击入侵武器。

通过收集系统信息和分析，存在两种可能性；其一是目标系统存在重大弱点，测试者可以直接控制目标系统，这时测试者可以直接调查目标系统中的弱点分布、原因，形成最终的测试报告；其二是目标系统没有远程重大弱点，但是可以获得远程普通权限，这时测试者可以通过该普通权限进一步收集目标系统信息。接下来，尽最大努力获取本地权限，收集本地资料信息，寻求本地权限升级的机会。这些不停的信息收集分析、权限升级的结果构成了整个渗透测试过程的输出[36]。

1）渗透测试结果输出

渗透测试的结果将以报告（《白客渗透测试报告》）的形式提交，渗透测试也将作为综合安全评估的一个重要数据来源。

2）系统备份与恢复措施

为防止在渗透测试过程中出现的异常的情况，所有被评估系统均应在被评估之前作一次完整的系统备份或者关闭正在进行的操作，以便在系统发生灾难后及时恢复。

• 操作系统类：制作系统应急盘，对系统信息、注册表、sam 文件、/etc 中的配置文件以及其他含有重要系统配置信息和用户信息的目录和文件进行备份，并应该确保备份的自身安全。

• 数据库系统类：对数据库系统进行数据转储，并妥善保护好备份数据。同时对数据库系统的配置信息和用户信息进行备份。

• 控制系统类：对控制系统及其配置、用户信息、数据库等进行备份。

• 工业网络设备类：对工业网络设备的配置文件进行备份。

• 安全设备系统类：备份安全设备配置、安全策略等信息资料。[36]

3）风险与应对措施

渗透测试过程的最大的风险在于测试过程中对流程控制业务产生影响，所以在测试过程中采取以下措施来减小风险：

1）在渗透测试中不使用含有拒绝服务的测试策略。

2）渗透测试时间尽量安排在停机期间。

3）在渗透测试过程中如果出现被评估系统没有响应的情况，应当立即停止测试工作，与系统使用人员一起分析情况，在确定原因后，并待正确恢复系统，采取必要的预防措施（比如调整测试策略等）之后，才可以继续进行。

测试工程师会与工业控制系统管理员保持良好沟通，随时协商解决出现的各种难题。

4.4.3 工业控制系统安全项目实施流程

工业控制系统安全项目的实施是基于工业控制系统安全项目的特点而生，在传统的工业控制系统中生产商、制造商以及用户一般关注的是系统的实时性和可用性，工业控制系统的特点如下：

1）实时性，系统的实时性是指系统的各项处理与被控过程变化速度的适应能力。这里强调的是适应，而不是越快越好，因为被控过程的变化速度又快又慢，工业控制系统要能够与其匹配，而且要求这种匹配是确定的，也就是说在被控过程要求测速度范围内，系统可以做出正确的响应。

2）精确性，系统的精确度最主要的作用域是对现场的测量和控制。而对于控制而言，由于控制算法需要通过组态实现，故系统最终表现出来的精确度包含了组态的因素，所以控制算法输出数据的精度也应该被考虑在内。

3）可靠性，系统的可靠性指标通常表现为系统的可利用率，可靠性指标是一种概率数据，不是一个确定值。

4）稳定性，系统的稳定性是指系统在不同的环境和不同的状态下保持其功能实现和性能指标的能力。

根据工业控制系统的特点，结合安全性项目的实际要求，由于目前工业控制系统尚无安全性等级防护的要求和功能，因此现在所实施的工业控制系统安全项目主要是在原有工业控制系统的基础上增加安全防护设备，例如数据隔离、安全审计、安全监测等一系列的外部防护设备，故现在工业控制系统安全项目的实施主要具有如下特点：

1）系统功能的完整性即在工业控制系统项目在做安全升级改造的过程中，不能改变原有系统的功能，一旦发生数据的阻隔或者功能的改变，对于针对于不同工艺流程开发的工业控制系统将会带来无法预料的后果；

2）系统性能不能降低，不能因为在数据链路上增加数据安全防护设备，而降低系统的实时响应性能以及系统数据处理性能；

3）在工业控制系统安全项目实施前应充分考虑在项目实施过程中可能带来的风险，包括系统网络的拥堵或者暂时性瘫痪、开关量状态的复位、系统的连锁功能失效等一系列风险。

针对于工业控制系统安全项目实施的特点，故在该类项目的实施中主要遵循先计划后实施，充分评估项目风险做出有效的风险应对措施，通过严格的项目实施流程保证项目实施的顺利进行，详见4．3节。

4.4.4 安全事件处理与应急响应

在紧急事件或安全事故发生时，通过安全事件处理与应急响应机制保障工业控制系统继续运行或紧急恢复。可归纳为三个方面：

1）紧急事件或安全事故发生时的影响分析；

2）应急计划的概要设计或详细制订；

3）应急计划的测试与完善。

安全事件处理的目标是消除安全事件威胁，避免和减少事件的损失，打击非法入侵者，健全和改善工业控制系统的安全措施。

1．安全事件分类

首先要确定事件的威胁级别。非常重要的判断是确定安全事件的威胁级别和性质。

不同的威胁级别，处理方法也不相同。

我们将安全事故划分成4个等级：

1）A级：生产系统、重要生产业务系统或有重要影响的应用系统宕机，系统重新引导后无法正常工作与恢复的事故；

2）B级：重复产生或可以重复再现的并可产生较强破坏作用的事故，并与企业生产直接相关；

3）C级：间歇产生、随机产生的事故或引起较小破坏力的事故，并与企业生产间接有关；

4）D级：部分不重要控制流程或业务系统运行使用的问题。

系统安全事件处理优先级大致分为5个等级：

1）优先级1：保护人员生命和人员安全；

2）优先级2：保护重要和敏感信息，阻止使用重要和敏感的系统、网络和站点，通报受侵入影响的系统、网络和站点；

3）优先级3：保护其他数据，包括一些特色、科学和管理数据，这些数据的丢失将导致经济损失。阻止使用其他系统、网络和站点。通报受侵入影响的系统、网络和站点；

4）优先级4：阻止系统危险发生，包括防止系统相关信息和配置的丢失和破坏，存储介质破坏；

5）优先级5：减少运行处理资源的破坏。

2. 安全事件处理与上报流程

当遭遇安全事件时，相关人员应该首先把相应的事件报告给相应等级的信息管理中心、安全运维小组或者系统管理人员处理。

遇到安全事件的发生，一般应该及时采取汇报机制。参考要求如下：

1）任何系统用户发现系统运行可疑现象后，立即报告安全运维管理员；

2）安全运维管理员应尽可能采取相应措施保护现场，并在半小时内向应急响应小组进行报告，同时报安全运维主管领导；

3）安全运维应急响应小组应在1小时内确定现象的性质，并采取措施，收集现场数据，避免严重安全后果的发生，同时，对于安全事故，要上报网络安全领导小组；

4）安全运维领导小组根据事故的性质，向相应的企业生产领导进行报告。

5）回报完毕，将事故定性之后，接到上级指示，对于被破坏的系统和数据，采取可行的措施进行恢复，使之重新正常运行[37]。

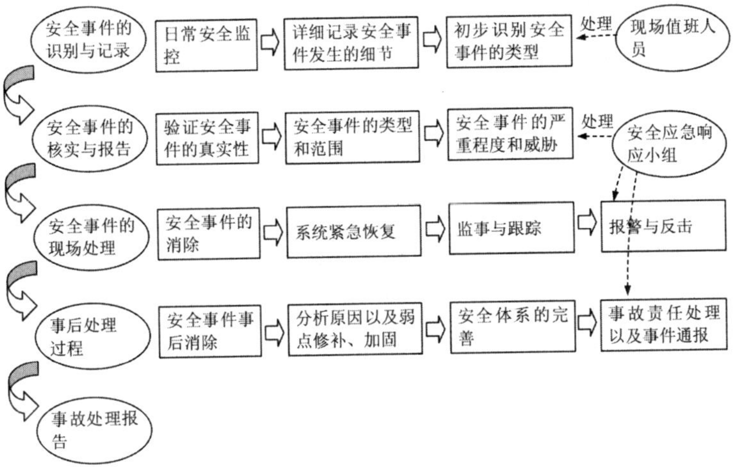

图 4－17　安全应急响应流程示意图

对于每一个安全事件的处理，可以参照安全事故应急响应处理流程，如图 4－17 所示，具体流程包括：记录系统安全事件，记录事件的每一环节，包括事件的时间、地点。

要打印拷贝、记录拷贝时间、记录对话内容，并尽可能采用自动化的记录方法。

3. 系统安全事件核实与判断

1）核实系统安全事件真实性；

2）判断系统安全事件类型和范围；

3）判断系统安全事件危害性；

4）确定事件的威胁级别；

5）系统安全事件现场处理方案选择；

6）克制态度；

7）紧急消除；

8）紧急恢复；

9）切换；

10）监视；

11）跟踪；

12）查证辅助代码开发；

13）报警；

14）权力机关的反击。

系统安全事件处理过程本身需要工具，需要专门处理安全事件的服务和过程。这些过程包括：拷贝过程、监视过程、跟踪过程、报警过程、通报过程、对话过程、消除过程、恢复过程和其他过程等。

系统安全事件后处理，包括事件后消除、弥补系统脆弱性、分析原因、总结教训，完善安全策略、服务和过程。

4. 安全事件现场处理

系统安全事件现场处理方案选择一般有以下几种方式：

1）克制态度

所谓采取克制态度，是指安全运维人员虽发现安全事件系入侵行为而对入侵者采取的一种态度。安全运维人员除进行记录，甚至可以与入侵者进行网络对话外，基本采取不予理睬的态度。采取对话时要考虑是否打扰入侵者，如果判定可以与之对话，可以询问入侵者是谁和想干什么等问题。

2）紧急消除

安全事件处理最核心的问题是消除当前威胁，主要是指消除安全事件的原因。如果安全事件属于工业控制系统病毒，用入侵检测系统进行消除。

如果安全事件属入侵者，应当首先对入侵者进行监视、跟踪，确定入侵行为的痕迹并消除之（例如新账号和被监控文件被修改），然后利用完整性检查工具进行检查，最后要摆脱入侵者。

3）紧急恢复

恢复系统可以采取现场联机恢复和关闭网络连接恢复两种方法。

一旦攻击发生，如果不能采取关机和关闭网络连接的措施，就只能采取现场联机恢复。

4）切换

如果采用了双机备份的冗余系统结构，可以采用联机切换方式，先切换再恢复的方法。

5）监视

发现入侵者后，监视入侵者的行为是必要的。监视时，可采用系统服务了解攻击者使用了哪个进程，监视网络出入的情况，最好采用它机监视的方法，要注意反监视问题的处理。

安全事件发生时要记录事件现场。在记录安全事件时，要记录事件的每一环节，包括事件的时间、地点。要打印拷贝、记录拷贝时间、记录对话内容，并尽可能采用自动化的记录方法。

6）跟踪

当发现入侵者，在监视的基础上，有时有必要跟踪入侵者。所谓跟踪主要是跟踪连接，以确定攻击者的出发地和源头。

如果入侵者是通过电话和电信系统入侵的，问题要复杂得多，跟踪活动要通过电信部门才能实施。如果入侵者是通过工业控制网络入侵的，系统管理员可以直接实施跟踪活动。有时要借助其他站点的系统管理员的帮助及有关监控中心的帮助。

跟踪后，要适时摆脱入侵者。当然可以采用关机和关闭连接的方法。但这样做的结果是把入侵的证据破坏了。采取简单再开机的方法也是不可取的。

可以采用“先礼后兵”的方法，直接与入侵者讲明，希望他退出系统，要求撤消后门。

联机情况下撤消入侵账户，在做此工作时，首先把系统设置成单用户使用状态。

7）查证辅助代码开发

主要解决 B 级和 C 级事故。在时间要求不是很高的情况下，寻找合适的安全运维专家小组编制用于安全事故分析的程序代码，或为可能发生的安全事故而专项开发的应用程序，并且要求具有很强的针对性和时效性，为某个事件所专用。这类处理方式能够更系统、完整地了解工业控制系统的安全威胁和安全隐患。

8）报警

攻击自动发现系统可发现攻击行为，并为系统管理员和信息系统安全员发出报警信号。报警可以通过声音、E－mail、app、手机、座机等方式表现。

9）权力机关的反击

进行网络对抗反击要向有关部门汇报并得到批准，决不能随便实施。

这种网络反击必须由国家专门的权力机关技术机构或国家规定信息战机构实施。

5. 安全事件的事后处理

系统安全事件后处理包括事件后消除、弥补系统脆弱性、分析原因、总结教训，完善安全策略、结构、服务和过程。

1）事件后消除

消除威胁是安全事件处理最核心的问题，主要是指消除安全事件的原因。

如果安全事件的原因是厂商的后门软件、间谍软件，不管厂商因什么目的采用了这些软件（尽管厂商可能有正当理由这样做），只要断定这些所谓后门软件可以被攻击者利用，就要向厂商提出交涉，消除该软件或关闭厂商保留的端口。

如果安全事件的原因是程序化入侵，则删除入侵程序。但要注意这种入侵软件往往在系统内留有备份。

如果安全事件的原因是破坏和删除文件，则使用拷贝文件恢复。

请注意，所有这些消除威胁都必须由安全运维管理中心主持进行，不可以将信息系统安全的漏洞和安全事件交给不可信的组织进行处理。

2）弥补系统脆弱性

当发现工业控制系统漏洞时，修补操作是必须的。修补的方法包括：工业网络修补、控制器修补、操作系统、改正控制程序漏洞等。

安全事件的发生，暴露出了工业控制系统的脆弱性。发现漏洞后可以提出修补漏洞的方法，实施修补过程。

所有修补工作都必须由工业控制系统安全运维管理部门主持进行，不可以将信息系统的安全的修补工作和安全事件交给不可信的组织进行处理。

3）分析原因

安全事件的原因分析是必要的，分析清楚原因，提出改进的办法。

4）总结教训

根据安全事件的损失和后果，处罚或批评负有责任者。通过对安全事件的分析和处理，可明确在安全管理方面的缺陷，有针对性地加强和完善管理制度。

5）完善安全策略、结构、服务和过程

发生安全事件后，要对工业控制系统的安全策略、安全结构、安全服务和过程进行全面的检查，并对其进行修改和完善。

6. 系统安全事件责任

要明确系统安全事件的责任。攻击成功往往与系统管理员的工作失误有关。由于系统管理员、系统安全员和操作员对信息系统安全都有自己的职责，要检查有关人员的失职问题。

但有些安全事件的发生与安全结构不合理有关，或是由工业控制系统安全措施落后造成的。

7. 系统安全事件处理通报

如果认为必要，可以将入侵事件报告公安和安全部门。如果购买过相关保险，可以向保险公司提出索赔。

4.4.5 安全运维管理制度完善

安全运维管理制度是运维的指导性标准文件，需要在工作中不断完善或者按照系统特性修改。为实现目标，工作包含：定期安全评估、健全管理制度、人员安全培训、生产安全管理。

1. 定期安全评估

详细参见第三章。

2. 健全管理制度

加强和完善工业控制系统运行生产管理制度，是当前深化管理改革，保证系统正常运转的一项重要内容，不断完善工业控制系统运维管理制度，需从以下几个方面入手：

1）安全管理制度

建立起相对完善的工业控制系统安全管理制度，制定工业控制系统网络安全工作的总体方针和安全的策略，明确安全工作的总的目标、范围、原则以及安全框架等。在日常安全生产管理体系中纳入工业控制系统安全防护以及其信息报送，把所管辖范围内的关于工业控制系统及数据网络进行安全的管理；建立安全管理制度从而对安全管理活动中的各类管理内容进行关联；培养安全管理人员或操作人员的操作意识，建立操作规程；建立全面的网络安全管理制度体系，体系由安全策略、管理制度和操作规程构成。

2）安全管理机构

由主管安全生产的领导作为工业控制系统安全防护的主要负责人并且加以明确，成立委员会，委员会的主要任务是对企业的指导和管理网络安全；设立职能部门，主要负责网络安全管理工作；要通过制定合理的文件来明确安全管理机构的各个部门和岗位的职责、分工和技能要求。

3）安全管理人员

对被录用人的身份、背景、专业资格和资质进行审查以及对其所具有的技术和技能进行考核是规范人员录用的要求与准则；要与安全管理员、系统管理员、网络管理员等关键岗位的人员签订保密协议；要定期进行安全意识教育、岗位技能培训和相关安全技术培训以及安全认知的考核，以提高各个岗位的工作人员能力；按规定执行对外部人员允许访问的区域、设备、系统、信息等内容。

4）管理系统建设制度

要依据工业控制系统安全防护要求和风险分析的结果补充和调整安全措施，并且根据系统的安全保护等级选择基本安全措施；授权并且指定专门的部门对信息系统安全建设进行全面而又彻底的总体规划，并且要制定近远期的安全建设工作计划；统一考虑安全保障体系的总体安全策略、安全技术框架、安全管理策略、总体建设规划和详细设计方案，要根据信息系统的等级划分情况来进行安排与形成配套文件；必须要经过电力监管机构、商机网络安全主管部门和相应电力调整机构的审核，并且组织相关部门和有关安全技术专家进行论证和审定[38]。

5）管理系统运维制度

环境管理、资产管理、网络安全管理、介质管理、监控管理和安全管理中心、系统安全管理、设备管理、恶意代码防范管理、密码管理、备份与恢复管理、变更管理、安全事件处置和应急预案管理都属于管理系统，各个环节都应该达到国家以及行业的标准。

3. 人员安全培训

在工业控制系统的生产活动中，影响安全生产的两大因素是人员的安全行为和设备的安全状态。提高操作人员的安全素质和操作技能，规范操作人员的安全行为，杜绝或减少在工业控制生产活动中的各类不安全状态，制定人员安全培训制度。

1）现实工作中安全生产教育培训现状

现实工作中，工业控制系统安全生产教育培训情况发展不平衡，因素是多方面的，主要是由认识水平的不同，造成了差异。大部分工业控制系统安全教育培训情况：认识到安全教育培训的重要性，建立健全了安全教育培训制度，加强了对人员安全教育培训工作的力度，改善了安全生产状况，有效控制了伤亡事故的发生，提高了建筑施工安全管理水平。但随着市场经济不断深入和发展，伴随着企业改制，导致安全意识淡薄，放松了安全管理，特别是在对人员的安全教育培训，在经济上和时间上不舍得投入，导致安全技术水平低下。企业领导对安全生产的“重视”，仅限于在开会时讲“要注意安全”，而怎样注意安全就讲不出所以然；一些安全维护人员不明白自己在工业控制系统中的地位和作用，对专业知识一知半解，有的甚至连常用安全技术规范都不了解；特别是新参加工作的人员，没有接受过系统专业知识和安全教育培训，不懂操作规程，不掌握安全技术规范标准。这些人完全没有安全防护意识，缺乏对系统设备和自我保护能力，导致事故屡屡发生。

2）深刻认识加强安全生产教育培训的重要性

众所周知，我国安全生产管理的方针是“安全第一，预防为主，综合治理”。安全第一，就是说在一切工业控制系统的生产活动中要把安全工作放在首要位置，优先考虑；预防为主，是指在一切工业控制系统的生产活动开始之前针对生产活动的特点，对生产要素采取科学管理手段和措施，有效地控制不安全因素的发展和扩大，把事故消灭在萌芽状态，防患于未然。掌握运用安全生产科学的管理手段，对操作人员进行安全生产知识技能培训。安全教育培训严格按照生产要求执行，各级安全生产主管部门必须严格把控、做到防患未然，严格执行，确保安全教育培训工作全面落实，只有抓好基础工作才能保证工业控制系统安全生产[39]。

3）提高人员安全培训质量，全力抓好的四项工作措施

a）是建立健全安全教育培训管理体制，明确安全教育责任，落实安全教育培训制度

• 工业控制系统的安全监督管理部门，要建立专门安全培训机构，负责组织管理和指导安全教育培训工作。设置专职安全培训小组或配备专职安全培训管理人员具体落实安全教育培训工作。

• 工业控制系统安全培训管理部门制订并组织落实生产企业员工安全教育培训规划和年度计划。每年年初把安全教育培训规划和年度计划报企业安全监督管理部门备案。

b）建立制约机制，科学培训管理

• 把安全教育培训与企业生产部门安全评估考核、安全生产年审、企业生产部门年度责任目标完成考核以及企业生产部门经理任职资格审查考核挂钩，实行一票否决，

凡安全教育培训工作未做好，一律按考核不合格，这是落实安全教育培训的重要手段。

• 建立一人一档一卷一证制度，即每名职工建一个安全教育培训档案，每年要按照规定的学时接受教育培训，并进行统一试卷考试，考试合格核发安全上岗证，未经培训教育或考试不合格，不得上岗作业。

c）人员安全培训形式要多样化

• 人员安全培训概括为三种形式：一是按计划集中进行课堂培训，放录像进行声像教育，结合事故案例讲评分析“三违”作业对工业控制系统的危害性；二是进行工业控制系统现场观摩讲析、查隐患找原因，提出系统整改措施；三是现场进行有针对性的系统安全对比教育，对违规违章存在重大事故隐患现场录像，组织生产人员观看，并同时播放规范标准作业录像，形成鲜明对比，强化教育，促进提高。此外还要利用广播、电视、报纸、刊物、标语、板报等宣传工具对人员进行系统安全培训，同时，要利用安全知识竞赛、演讲会、研讨会、座谈会等多种形式进行广泛的连续的安全教育。

d）人员安全培训内容要具体化

• 对生产部门领导培训的主要内容是国家工业控制系统安全生产方针、政策、法律法规、标准和规范及重大伤亡事故教训分析；专职安全管理人员不仅要学习国家工业控制系统的安全生产方针政策、法律法规，重点还要反复学习，工业控制系统安全防范技术和规范掌握应用检查、评定、分析和提出整改措施和方法。系统操作人员培训主要内容，除国家工业控制系统安全生产方针政策、法律法规外，重点要学习工业控制系统的安全生产知识和安全技术操作规程以及重大伤亡事故案例分析。人员安全培训要杜绝蜻蜓点水，随意找几本书，念几个文件和规定，走过场的现象发生。人员安全培训要有明确的目标、具体的内容、可行的措施，才能真正提高人员安全意识，起到事半功倍的效果[39]。

4．生产安全管理

安全生产管理一直是企业关注的重点工作，做好工业控制系统的安全运维管理工作是企业搞好生产安全管理不可或缺的一部分，它直接关系到企业财产安全，关系到改革发展、稳定的大局和经济建设的健康发展，是一切工作的保证。安全生产管理不可能一蹴而就，也不可能一劳永逸，更容不得一丝一毫的松懈和侥幸，有句警句说的好“安全来自长期警惕，事故出自瞬间麻痹”。随着社会的不断进步和经济快速增长，工厂信息化在改革中突飞猛进的发展，工业控制系统的生产运行管理也得到了不断的重视。近几年来，由于各级部门高度重视和工业控制系统安全运维人员的不懈努力，安全生产工作取得了很大成绩，职工无论是对国家有关安全生产方针、政策的理解贯彻上，还是在安全意识、安全操作观念上，整体素质都有所提高，但是，仍与生产安全发展不相适应，其主要表现在：

1）安全意识差，安全管理薄弱。有些单位领导对安全生产工作重视不够，不能摆正经济发展与安全生产的关系，存在重生产、轻安全的倾向，对安全生产工作往往喊在口头上，不抓落实。有的单位为了抢速度、争效益，放松了安全生产管理，安全生产规章制度和责任制不落实，安全管理队伍被削弱。只包经济指标，没有安全指标，以包代管、以罚代教的现象严重。有个别单位对事故隐患抱有侥幸心理，不闻不问，安全生产的监督、检查职能流于形式。

2）安全投入不足，设备陈旧，事故隐患得不到根本消除。一些单位为完成经营指标，承揽施工项目，压低项目造价，并以资金短缺为由，削减安全技术措施经费。对在用安全防护设施不加维修保养，购置安全防护设施和生产设备只图便宜，起不到安全防护作用。更有甚者，存在竭泽而渔、急功近利的行为，在制订计划和使用资金时，忽视安全工作，不重视安全投入，而是靠拼设备来产出效益，致使事故不断发生。

3）安全教育跟不上，培训力度不够。很多单位在劳动强度大，危险性大，劳动条件差的岗位上大量安置使用农民工、外包工，这些人员文化素质偏低，安全意识淡薄，安全技术较差，缺乏处理突发性事故和自我保护能力。安全教育不够，往往是走过场，缺乏必要的技术培训及安全知识学习；有的职工虽经培训，持有证件，但专业知识肤浅；有的职工不戴安全帽，违章作业，冒险蛮干；有的特种作业人员无证上岗等等。

4）事故处理不严肃，结案不及时。有的单位对出现的事故和事故隐患不是认真吸取教训，制定整顿措施，而是强调客观，推卸责任。对事故查处不及时、不彻底，没有按照“四不放过”的原则严肃处理。尤其涉及领导责任时，往往采取大事化小，小事化了，息事宁人的方式处理，瞒报或有意漏报事故，致使同类事故不断重复发生。

针对以上生产安全管理情况，应该如何开展新形势下的安全生产工作呢？我认为在今后的工作中对安全生产应着重抓好以下工作[37]：

1）领导重视，组织健全。一是单位领导，特别是单位一把手，要正确摆正安全与生产的辩证关系，统一思想，提高认识，把安全生产工作当成一件大事，纳入重要日程，真抓实干，不断强化安全工作的领导意识、效益意识、责任意识，抓生产从安全着想，抓安全从生产出发，并做到“五同时”，即在计划、布置、检查、总结、评比时不忘记安全工作；二是实行安全生产目标管理，建立健全安全网络体系。从各级领导到科室、岗位职工层层签订安全生产目标管理责任书，全员交纳安全抵押金，达到纵向从上到下，一级抓一级，一级管一级，横向从里到外，实行分块负责，纵向到底，横向到边，纵横交错，上下贯通，从而使个个身上有责任，人人肩上有压力。形成一个人人讲安全，处处讲安全，层层抓安全的全方位、立体化、纵横交错的严密的安全生产管理网络体系。

2）加大安全生产宣传和教育的力度，增强人员的工业控制及信息化安全意识。一是对在职人员进行全面教育。加强信息化和工业控制系统安全教育，提高职工素质确保安全生产的贯彻落实；加强国家安全生产方针、政策、法规和各项制度的教育，使广大职工上标准岗，做规范事；加强对人员情理的教育，出现事故不仅自己受害，破坏家庭幸福，还殃及无辜，甚至给社会造成不良影响，激发爱心。二是强化职工技术培训。积极举办各种工业控制系统安全教育培训班，使关键岗位人员多了解一些信息化安全知识，以及与本工种相关的安全方面知识，不断提高安全生产和处理问题的技能。搞好“三级安全教育”，对新职工、临时工坚持岗前培训，经考核合格才能上岗，对工业控制要求较高的特殊岗位、特殊工种人员要进行严格的技术培训和技术考核，坚持持证上岗。还要注意树立好的典型，同时，用反面教材给职工打“强心针”，克服侥幸心理和麻痹思想。

3）建立健全规章制度，强化安全生产过程中对工业控制系统安全运维的管理，突出抓好落实。一是科学的安全生产管理制度是每个单位组织安全活动的重要手段，也是每个职工在生产过程中必须遵守的行动准则。在制定各项规章制度时，要广泛争取意见，使工业控制系统在安全生产的每个环节、每道工序都应包罗在安全制度中，从而建立一套既符合国家的大政方针，又科学合理，便于操作，具体实用，简洁明了的安全生产规章制度。在制度实施中，要坚持高标准严要求，决不能因人而异，因时而异，因事而异。二是定期进行工业控制系统的安全检查，进行系统漏洞扫描，狠抓薄弱环节，有效地进行隐患整治，是搞好安全生产的重要措施。在事故易发季节如冬季、夏季、节假日等要采取重点检查与一般检查相结合，常规检查与突出检查相结合，抽查与全面检查相结合，自查与互查相结合，对查出的问题要及时落实。三是实行安全生产奖罚制度，把竞争机制引入安全管理，为了鼓舞先进，树立榜样，单位要设立安全生产奖励基金，对在安全生产工作中做出成绩的集体和个人给予表彰和奖励，对那些做出突出贡献的要给予重奖，在评先、评奖中坚持实行安全生产“一票否决制”。对安全生产出现事故的，要根据情节轻重、责任大小，给予行政处分和经济处罚，造成严重后果的追究刑事责任。

总之，工业控制系统安全生产是安全生产工作的重要保证，也是安全生产工作的重要组成部分。安全状况的好坏，直接关系到单位稳定和经济发展。搞好工业控制信息化的安全生产工作是我们每个人义不容辞的责任。“安全为了生产，生产必须安全”，抓安全生产管理工作不能有丝毫的马虎。在新时期、新形势下工业控制系统安全是安全生产过程中的重中之重，认真执行各项安全生产规章制度，杜绝各种违章操作，加强职工岗位安全意识和岗位安全管理，能够将各类安全生产事故消灭在萌芽状态。

4.5 工业控制系统安全能力培训

工业控制系统安全作为多个专业的集成工程，其能力培训应贯穿整个生命周期，包含：安全意识宣贯、安全管理培训、安全技能培训。

4.5.1 安全意识宣贯

工业控制系统的安全是动态的，技术的发展永无止境。站在最新的安全技术制高点上就显得尤为重要，同时也很困难。所以定期的安全培训课程可以为每个操作使用人员提供从最新技术到高级管理的操作简介，也包括对日常安全基础知识的强化教育。

强化教育主要是为了增强全体员工安全意识的培训。课程内容一般可以包含：工作、生活习惯中的不安全行为；国内外工业控制网络安全的发展趋势和政策法规要求；新兴工业控制安全产品和安全技术动态；最新工业控制安全攻击事态和安全威胁趋势。从而使企业工业控制安全建设工作上更主动，更具有前瞻性，及时调整安全策略和技术方案，应对不断变化的安全威胁。

4.5.2 安全管理培训

通过热点安全事件分析切入主题，映射出当前企业安全管理体系设计中的问题，事件分析结合 ISO27000 系列管理体系和国家相应的管理制度、行业规范，在实际场景中学习、思考，能够将学习与工作相融合，在学习中实践。

4.5.3 安全技能培训

跟进行业和企业对专业技术岗位技能需求，给予专业技能培训。通过对当前热点安全事件分析，映射出当前安全热点问题防护技术，在安全事件分析中，深入解析所应用到的安全技术理论，使理论与实践案例结合在实际场景中深入掌握应用技术。

4.6 工业控制系统安全评价

安全建设完成并不是安全的终点，持续的安全防护能力才是安全设计的目的。因此，还需要对安全体系进行评价。工业控制系统的安全评价从技术和管理两个层面展开。主要评价的参考依据为等级保护规范、SP800－82、工信部 451 号文、IEC 62443－2 等。主要包括如下内容：

技术类包括：控制网网络安全、网络设备安全、工业控制主机安全、工业控制应用软件安全、数据与通信安全、物理安全、控制设备安全。

管理类包括：工业控制系统信息安全规划管理、工业控制系统信息安全制度管理、工业控制系统信息安全组织建设、工业控制系统人员安全管理、工业控制系统开发管理、工业控制系统运维管理、工业控制系统信息安全应急管理、工业控制系统信息安全风险评估。

整个评价过程包括方案制定、准备阶段、现场核查和总结分析四个阶段，具体如图 4－18 所示。

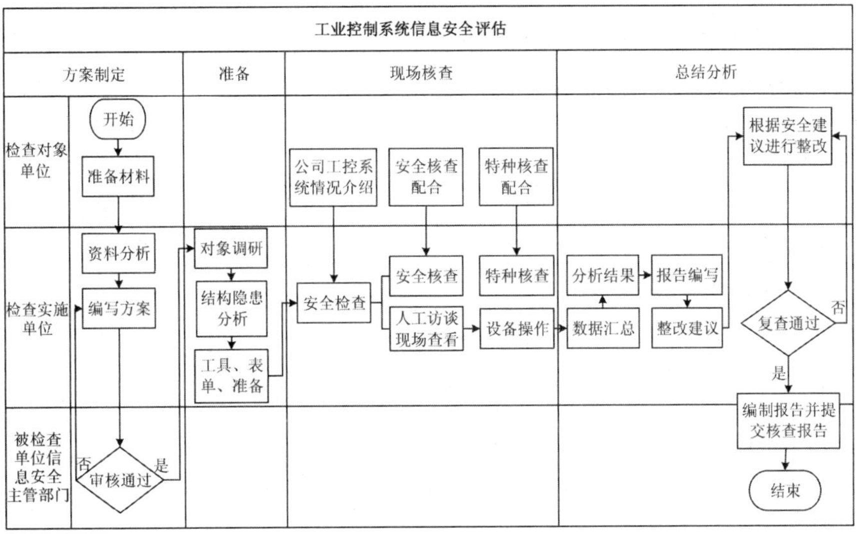

图 4－18 **工业控制系统安全评价流**

示例如下：

20 天，方案制定阶段。项目组与进行需求沟通，结合评估目标，编制评估方案。

30 天，准备阶段。根据评估方案，项目组对相关资料进行评估，初步分析系统信息体系结构、系统设计、施工等方面可能存在的信息安全漏洞和隐患，确定现场核查的内容和要点，准备现场核查的表单和工具。

7 天，现场核查阶段。现场核查小组根据调研和准备阶段生成的表单和工具开展现场核查工作。

7 天，项目组根据评估方案，信息安全体系架构调研和准备、安全核查、特种核查的记录，进行安全风险分析与总结，并对工业控制系统信息安全状况提出改进意见，编制信息安全检查报告。

4.6.1 技术符合性评价

技术符合性评价具体检查条目的参考来源和出处如下表所示，详细评价内容参见 7.3.3《工业控制系统信息安全检查规范》：

项目	条目	等级保护规范	SP800－82	451 号文	IEC 62443－2
控制网网络安全	网络架构安全	1.2.1	2.2.4	2.1　2.2	
	控制网边界保护	1.2.4	1.4.7	2.1	
	网络安全审计	1.2.3	1.2.2　1.2.4 1.2.10　1.2.12	2.3	1.7.10
	网络冗余和容差策略	1.2.1		2.2	
	无线接入		1.1.18	2.2	1.8.7
	远程访问		1.1.17	2.2	
网络设备安全	版本和更新情况			2.4	
	设备的标示与鉴别	1.2.7	1.3.4　1.3.5		
	口令管理	1.2.7		2.3	
	访问控制与特权	1.2.7	1.1.2　1.1.7 1.1.17		1.8
	配置管理		2.2.3	2.3	1.9.6
	协议安全				
	端口安全			2.3	
	日志管理	1.2.3			
工业控制主机安全	身份标识与鉴别	1.3.1			
	访问控制	1.3.3		2.3	1.8.5
	口令管理	1.3.3		2.3	1.8.5
	安全审计	1.3.5	1.2.2　1.2.4 1.2.10　1.2.12	2.3	1.7.10
	恶意代码防护	1.3.8	2.9.3		1.7.4
	入侵防范	1.3.7	2.9.4		
工业控制应用软件安全	版本和更新情况			2.4	
	身份标识与鉴别	1.4.1			
	访问控制	1.4.3		2.5	1.8.6
	口令管理			2.5	
	安全审计	1.4.5	1.2.2　1.2.4 1.2.10　1.2.12	2.5	1.7.10
数据与通信安全	数据与通信完整性	1.4.7 1.5.1	1.4.9	2.2　2.5	
	数据与通信保密性	1.4.8 1.5.2	1.4.101.4. 131.4.30	2.2　2.5	
	通信资源控制	1.4.11			
	备份和恢复	1.5.3		2.5	1.7.5

续表

项目	条目	等级保护规范	SP800－82	451号文	IEC 62443－2
物理安全	备用电源	1.1.9	2.7.11		
	消防设施	1.1.5			
	防水和防潮	1.1.6			
	控制系统组件选址		2.7.18		
	控制中心/控制站		2.7.17		
	环境因素控制	1.1.7 1.1.8	2.7.14		1.6.1
	电磁防护	1.1.10	2.7.19		
	防盗窃和防破坏	1.1.3			1.6
	物理访问控制	1.1.2	2.7.3 2.7.6 2.7.8		1.6.1
控制设备安全	固件版本和更新情况			2.4	
	设备的标识与鉴别	1.4.1	1.3.3 1.3.4	2.2	
	访问控制与特权	1.4.3	1.1.2 1.1.5 1.1.6	2.2	1.6.2
	远程访问控制		1.1.17	2.2	1.6.2

4.6.2 管理符合性评价

管理符合性评价具体检查条目的参考来源和出处如下表所示，详细评价内容参见7.3.3《工业控制系统信息安全检查规范》：

项目	条目	等保	SP800－82	451号文	IEC 62443－2
工业控制系统信息安全规划管理	工业控制系统信息安全规划		3.2.2		1.2
	信息安全方案设计	2.4.2			
工业控制系统信息安全制度管理	信息安全管理制度范围	2.1.1			
	制定和发布	2.1.2			
	评审和修订	2.1.3			
工业控制系统信息安全组织建设	岗位设置	2.2.1		4	1.3.1
	人员配备	2.2.2		4	1.3.1
	授权和审批	2.2.3		4	1.3.1
	沟通和合作	2.2.4		4	1.3.1
	审核和检查	2.2.5		4	

续表

项目	条目	等保	SP800－82	451号文	IEC 62443－2
工业控制系统人员安全管理	人员录用	2.3.1			1.5.1
	人员离职	2.3.2	2.8.4		1.5.3
	人员变动		2.8.5		1.5.3
	安全教育和培训	2.3.4	2.1.3 2.1.4		1.5.2
	人员考核	2.3.3			
	第三方人员安全	2.3.5	2.8.7		1.3.2　1.7.2
	人员处罚		2.8.8		2.3
工业控制系统安全开发管理	产品采购	2.4.3			
	第三方管理			2.4	1.7.2
	离线测试	2.4.7	3.4.11		
	验收交付	2.4.8			
工业控制系统信息安全运维管理	资产管理	2.5.2			1.4　2.2
	介质管理	2.5.3	2.6.6		1.7.7
	设备管理	2.5.4		2.4	
	控制系统维护		2.5.2 2.5.5		1.9
	网络安全管理	2.5.6			1.7.5
	系统监控管理	2.5.5			1.7.10
	补丁管理		2.9.14	2.4	2.4
工业控制系统信息安全应急管理	应急预案	2.5.13	2.3.2	2.6	1.10.2
	应急演练	2.5.13	2.3.4 2.4.3	2.6	1.10.2
	应急保障	2.5.13	2.3.3	2.6	1.10.2
	业务连续性规划		2.3.10		1.11.1
工业控制系统信息安全风险评估	风险评估		3.3.4	3	

4.7 本章小结

工业控制系统安全防御体系是一个立体的PDCA闭环过程，在以管理为核心的安全架构、安全模型下，包含工业控制系统安全设计、工业控制系统安全实施、工业控制系统安全运维、工业控制系统安全评价及其贯穿在每个过程的工业控制系统安全培训。相比较于传统信息安全建设，整个工业控制系统防御体系把安全评价作为重要的一个环节，参考引用等级保护规范、SP800－82、工信部 451 号文等标准，分为技术与管理两大类评价，对整个防御体系建设起到动态促进与验证作用。

4.8 本章习题

1. 请简单描述工业控制系统防御体系在现场设备层、现场控制层、过程监控层、生产管理层这四层相应的主要保护对象。

2. 工业控制系统安全模型是为解决工业控制安全问题所需的典型防护模块，以及各个防护模块之间如何互动协调，达到整体安全防护的目标，请对工业控制系统的安全模型进行简单描述。

3. 请简单描述项目实施中组织和管理关键因素。

4. 为了更好地进行项目管理对项目进行有效监管，并与项目执行组织的持续运作之间建立恰当联系，一般把整个项目执行分为五个阶段，请描述是哪五个阶段，以及每个阶段的具体作用。

5. 系统安全运维团队提供工业控制系统的安全日常维护，来管理日益复杂的系统和平台，以减轻使用人员和操作人员的压力，请简单描述工业控制系统日常检查维护的相关内容。

6. 针对工业控制系统的安全体系进行评价，可以分为技术体系和管理体系两个方面，请简单说明这两方面包括哪些内容。

第 5 章

工业控制系统安全防护技术

上一章节的内容中，我们针对工业控制系统环境中风险评估的风险点，介绍了如何使用成熟的安全体系和模型进行安全架构的设计、建设和维护。而其中依赖的安全防御技术正是整个工业控制系统安全防护体系的关键，这些针对工业控制系统安全问题被反复使用或者论证为行之有效的技术手段将在本章节进行具体介绍。

从攻击者视角出发，我们首先分析了工业控制系统安全技术的特点，包括其不同层级和边界的安全缺陷和利用方式。然后，遵照复杂系统环境的一般原理以及传统信息系统信息安全的安全隔离、动态保护、纵深防御等原则，工业控制系统安全按照 IEC 62443 的设计，基于参与人员的不同将防护技术主要分为三个类别，分别是：部件制造商安全技术、集成商系统建设安全技术、用户业主系统维护安全技术。最后我们也针对目前在工业控制系统安全领域应用的越来越多的安全工具单独进行了介绍，下面分别对以上内容的构成进行阐述。

5.1 工业控制系统安全技术特点

我国重要工业制造业领域大量使用国外工业控制设备，我们既不掌握这些设备的核心技术，也不掌握这些系统的安全设计，其漏洞和后门风险与日俱增。与此同时，工业信息化和智能化的发展越来越强调“互联互通”，传统的以系统隔离和网络专用为基础的工业控制安全体系已经不能适应工业发展的需要。因此，建立新的工业控制安全技术体系，在互联互通的环境下实现满足工业控制安全需求的安全防护能力势在必行。

工业控制系统安全技术不应再局限于孤立的工业控制系统本身，而是立足全局，从影响工业控制安全的要素着手，将安全需求和部署与业务、应用和整体工业控制系统构架连接起来，有步骤地逐步实现从网络安全到功能安全到基础设施安全的综合防护能力，做到安全与互联随行。

与以往大家对 IT 系统的安全需求有所不同的地方是，工业控制系统在做安全设计之前会优先重点考虑可用性和业务连续性，这正是工业控制系统和业务场景最看重的。因此，面向工业控制系统的安全防护通常有别于传统的信息系统。工业控制系统考虑安全设计的时候，首先就会考虑可用性，不仅是系统整体还包括各个组件等。因为这些环境的可用性都会直接影响整个企业的业务生产安全，一旦发生意外就可能造成重大经济损失甚至是人身伤害或者环境污染。另外，工业控制系统的业务实时性或者说业务连续性要求也非常高，工业控制系统要求响应时间大多都会在 1 毫秒以内，所以，工业控制系统对安全要求需要包括业务的持续操作性、业务生产的连续性、业务系统的实时性等完整的业务安全保障支持。当然，也正因为这些原因，目前针对工业控制系统的安全投入也会比较大，这种投入不光是设备和技术的投入，还有大量的管理措施、人才培养、稳定性风险等。

工业控制系统安全技术将工业互联网与工业基础设施相结合，为工业企业提供基于工业互联网的平台化专业安全服务，解决工业基础设施互联互通带来的传统工业控制安全设备无法解决的安全问题；解决当前工业控制企业缺乏安全管理和专业化安全服务的问题；解决工业企业信息安全与生产安全脱节的问题。帮助工业企业建立、提升立体化主动防御能力，实现工业基础设施安全与生产安全相结合的一体化大安全。

熟悉了工业控制系统的安全需求后，我们也需要对工业控制系统所面临的威胁和技术缺陷有清晰的认识，这样才能更有针对性地去选择适合的安全技术手段，完善自身的安全防护措施。我们一般所知道的工业控制系统除了有一个与传统信息系统基本一致的办公网络环境之外，最显著的特点就是还有一个独立的工业控制网络环境，或者叫做生产控制网。之前也提到随着业务发展的需要，这两套网络，甚至包括互联网在内原本的隔离特性已经被打破。

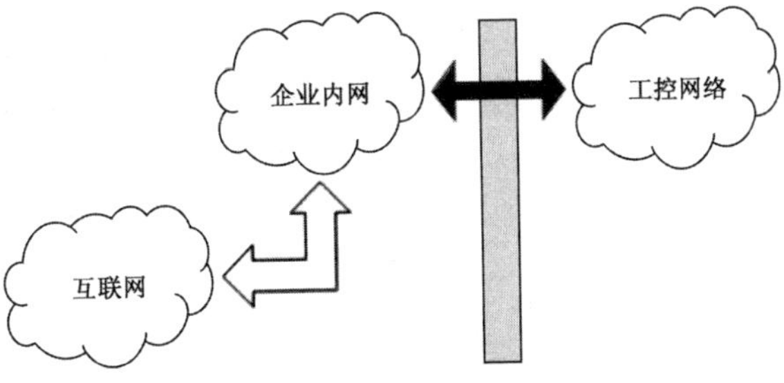

图 5−1　典型 ICS 网络系统结构示意

从图 5−1 我们就可以得知，这三个网络环境之间进行通信和隔离的技术手段本身就是最大的安全隐患。这种隐患可能存在于使用的通信和隔离设备上，也可能存在于使用的标准协议，也可能是不成熟的管理方式等等，更何况有很多工业控制系统是直接暴露在互联网上的。

而工业控制系统另外区别于传统信息系统的特点就是生产控制网，生产控制网内使用的软硬件、协议以及物理环境多数时候都明显区别于常见的信息系统。很多场景组成生产控制网，都会大规模使用各类控制器、传感器、执行器、总线、监控设备等，都有比较独立的软硬件体系架构和特有的工业控制协议（详见第 2 章内容），针对其使用的协议、固件、算法、实时数据库、供应商平台等多个方面也都存在着大量以前没有被重视的安全隐患。例如不加密的数据传输方式、协议的自身发现特性、不具备抗拒绝服务能力等，近年来不断增多的工业控制类漏洞也能说明这类问题的严重性。

5.2 部件制造安全技术

部件制造的安全特指自主可控的安全性，即 CPU、存储、操作系统内核、基本安全算法与协议等基础软硬件的完整可信、自主可控。在有条件的情况下，应实现对自有系统与设备的自主安全性改造。

自主安全性的概念比较多，核心在于安全的免疫性。也就是说这个设备自身具有排除破坏攻击篡改的能力。但是真正要想做到，往往都需要对设备进行改造、升级，或者厂商植入，那这个周期比较长，实现这一步，难度比较大。这里我们仅选择在组态、工业交换机、PLC、DCS、工业控制机中有所涉及的部分，最主要的可信计算、安全开发、密码学技术、芯片硬件安全和安全数据库进行介绍。

5.2.1 可信计算

近年来，人们对信息安全的要求已超出了传统定义中的保密性、完整性、可靠性、可用性和不可抵赖性这 5 大要素，之前介绍的那么多工业控制行业中应用的安全技术和理念多还是围绕这五个要素展开。到了这一章节，继承传统技术和应用、体现当前应用需求和技术特点、融合现代管理理念和人类社会信任机制的可信计算（trusted computing）技术成为信息系统尤其是工业控制系统领域的安全新元素，目前也在实践中不断探索和发展。

5.2.1.1 可信计算概述

在网络安全领域，密码学是理论基础，信息安全是基本技术方法，硬件尤其是芯片安全是基本保障，操作系统安全是关键，应用安全是目的. 就计算机系统而言，要增强系统的安全性，就需要从底层软硬件（包括芯片、主板、BIOS、体系结构等）、操作系统、数据库、应用系统、网络等方面逐层逐级做起，从技术、制度和管理等方面综合采取措施，立足系统、注重环节、加强关联．从早期以防火墙、入侵检测技术为代表的边界安全到关注每个节点的全网安全；从传统的分而治之的安全措施到今天的注重整体的安全思路；从以往众多安全设备的逻辑叠加到现在以统一的视角去审视和实现安全；从前一阶段集中于数据传输过程到如今从接人、传输、应用直至后期存储和分析处理等全过程的安全观的转变．这便是可信计算的实现思路。

国内外学者通过多年来的广泛研究和实践，提出了可信计算的基本思想：在计算平台中，首创建一个安全信任根，再建立从硬件平台、操作系统到应用系统的信任链，在这条信任链上从根开始进行逐级度量和验证，以此实现信任的逐级扩展，从而构建一个安全可信的计算环境．一个可信计算系统由信任根、可信硬件平台、可信操作系统和可信应用组成，其目标是提高计算平台的安全性。

在可信计算中，针对环境是信息系统，实现方法是可信度量的继承和传递，目标是实体行为预期的可靠性、可用性和安全性。

5.2.1.2 可信平台模块和可信计算平台

在对可信计算有了基本的认识以后，我们再来介绍下当下比较成熟的两个产品化结果，即可信平台模块和可信计算平台。

1. 可信平台模块

TPM既是一套定义了安全密码处理器的规范，也是对此规范的一种实现方法，即TPM芯片。TPM是可信计算平台的信任根（分别为RTM，RTS，RTR），是可信计算系统的核心模块，必须通过密钥管理和数据加密等技术，在确保自身安全的同时，能够为构建可信计算平台和远程证明提供可靠的服务。由于可信计算是建立在密码学基础上，并以完整性度量作为可信依据，为此实现对度量值、加密数据、密钥、数字证书等平台数据的安全保护，并在外部实体需要时能够以数字签名方式证实和报告所存储的完整性度量值的真实性，是构建可信平台的基础。

2. 可信计算平台

为了将可信计算技术应用到具体的计算平台，TCG提出了可信计算平台（trusted computingplatform，TCP）的概念。TCP的实现思路是：通过在通用计算平台上引入可信安全芯片，再以该安全芯片为根实现信任链的构建、可信性度量、远程证明等可信计算技术，为平台环境提供从平台启动到应用程序运行全过程的可信度量、基于匿名证明及远程证明机制的平台证明、对待接人网络的平台的可信性进行验证等可信与安全保障。针对不同类型的计算平台，TCG分别制定了可信PC、可信服务器、可信PDA、可信手机、可信虚拟机等相关的技术规范．同时，可信计算的相关技术、思想和研究成果也开始应用到当前各热点技术领域，如可信无线传感器网络、可信无线局域网、可信云计算等网络环境中。

TCG 规定一个可信计算平台需要具备保护能力（protected capabilities），完整性度量、存储及报告（integrity measurement，storage and repor－ting）和证明能力（attestation capabilities）3 个必要功能。

1）保护能力

保护能力是唯一能够对保护区域（如内存、寄存器等）中的敏感数据进行操作的一组命令，TPM 保护能力同时提供了密钥管理、随机数生成等安全与管理功能。

2）完整性度量、存储及报告

完整性度量指获得衡量某个模块可信度的特征值（metrics），并将该值的摘要（Hash 函数值）保存到 PCR 的过程其中，PCR 位于 TPM 内部，只用来存储度量值。当需要验证某个模块的完整性时，只需要计算该模块的摘要，然后与 PCR 中存储的值进行比较即可。在 TCG 体系中，所有软件和硬件（包括平台 BIOS 以及操作系统等）都以模块的形式纳人被度量和保护的范围，都可能通过计算和比较其摘要值来验证完全性和可靠性。保护区域中存储的完整性度量值的真实性需要通过完整性报告来证明。

3）证明能力

证明能力是用于确认信息正确性的过程，也是体现可信计算最根本的问题之一在一个开放环境中，证明（attestation）是建立可信关系的基本手段和有效途径。针对可信计算平台的证明主要涉及平台身份和平台配置状态 2 个方面。其中，平台身份证明（attestation of identity）一般通过提供与平台相关的证书来证明其是否可信，例如背书证书是用于证明某一平台唯一性的证据；平台配置状态证明（attestation of platform）是一种比较和报告 PCR 中存储完整性度量值与当前计算所得的度量值之间是否一致的机制，以证明应用系统和软件是否安全可信。

5.2.2 安全开发技术

随着软件产业的飞速发展和信息技术的大规模应用，几乎所有行业都对软件有大量的需求，工业控制系统领域亦如此。例如工业控制器所加载的固件系统，上位机上所安装的管理监控软件，数据库服务器中的数据库程序，工业控制开发所使用的编程工具组态软件等。可以说整个工业控制系统都是通过这些在硬件内存中所承载的软件程序和数据进行运转的，因此，软件自身的安全问题更加应该引起重视。而保证软件自身安全最本质和关键的环节就是软件的设计开发环节。

5.2.2.1 软件安全开发的关键技术分析

针对软件安全开发存在的问题，本文首先对其中涉及的关键技术进行分析。

1. 软件安全开发流程技术

当前，许多软件开发商都没有在软件构建中就采取足够的安全意识，他们往往将重心放在后期对软件的安全修复上，这是不可取的。由于软件的其他业务更容易获取利润，因此他们的重心有所偏离。要改变这种状态，使软件的安全性达到较高的水平，就应该将安全性纳入整个软件开发生命周期中来进行考虑。

软件开发流程大致有五个阶段：设计阶段，编码阶段，测试阶段，发布阶段，和维护阶段。

在这个流程中，随着项目的进展，所有工作的核心都是以安全为主线，并且也可以和螺旋模型、瀑布模型等许多软件开发模型得到很好结合。因此，在软件生命周期中，几乎每一个阶段都会有不同的行为来提高软件系统的安全性能。

2. *动态软件水印技术*

当前，软件的知识产权保护成为人们越来越关注的一个焦点问题，尤其是随着互联网技术的迅猛发展，带宽的提高和各种资源分享技术的成熟，软件的传播也得到了极大便利，其带来的非授权现象也变成了非常常见的现象。传统对软件知识产权保护的方法主要加密狗保护、加密、加壳等方法，这些方法虽然也可以有效地防止软件被破解，但是实践证明，这些方法对软件的保护并不是长期有效的，在各种利益的驱使下，黑客等人员对软件的破解只是时间而已。

因此，随着软件技术的发展，另一种方法被提了出来，这就是动态水印技术。动态水印技术并不直接对软件进行保护，它的工作原理是将开发商的诸如版权保护信息、身份认证信息等隐藏到软件产品中，这种信息是不容易被察觉到的，而这种信息又可以标识作者、所有者、发行者等信息，当提取出来以后，可以有效地对产品进行鉴定。实践证明，这种动态软件水印技术可以有效地达到保护软件产品的目的。

3. *软件静态源代码分析技术*

随着网络技术的发展，随之而来的是越来越多的软件安全漏洞问题，对于广大用户和开发商来说，软件漏洞的发现实属不易，那么有没有什么方法可以有效查找到软件的漏洞呢？在这种情况下，就出现了软件静态源代码分析技术。软件静态源代码分析技术，其在当前也是一个比较成熟的安全漏洞检测技术。其工作原理为待检测软件产品不必运行，而只需要对软件的源代码进行检查和分析，这包括源代码的结构、文法、接口等，最后生成软件的安全性检测报告的过程。

软件静态源代码分析技术由于其一系列优点被广泛应用，例如对源码分析的速度比较快，有着比较高的自动化程度，同时也可以对无穷状态系统进行检测。

当然，传统的静态源代码分析技术也存在着诸如要耗费大量精力对大量的检测结果进行分析、对发现的漏洞的问题进行修复等不足[39]。

5.2.2.2 安全开发生命周期（SDL）

SDL 的全称是 Security Development Lifecycle，即安全开发生命周期。它是由微软

最早提出的，在软件工程中实施，是帮助解决软件安全问题的办法。SDL 是一个安全保证的过程，其重点是软件开发，它在开发的所有阶段都引入了安全和隐私的原则。自 2004 年起，SDL 一直都是微软在全公司实施的强制性策略。SDL 方法是试图从安全漏洞产生的根源上解决问题，通过对软件工程的控制，保证产品的安全性。

SDL 的步骤包括 16 个阶段：

阶段 1：培训

开发团队的所有成员都必须接受适当的安全培训，了解相关的安全知识，培训对象包括开发人员、测试人员、项目经理、产品经理等。

阶段 2：安全要求

在项目确立之前，需要提前与项目经理或者产品 owner 进行沟通，确定安全的要求和需要做的事情。确认项目计划和里程碑，尽量避免因为安全问题而导致项目延期发布。

阶段 3：质量门/bug 栏

阶段 4：安全和隐私风险评估

在 SDL 中，针对软件开发的安全风险评估（SRA）和隐私风险评估（PRA）也是一个必需的过程，必须包括以下信息：

1）项目的哪些部分在发布前需要威胁模型

2）项目的哪些部分在发布前需要进行安全设计评析

3）项目的哪些部分需要并且双方认可的小组进行渗透测试

4）是否存在安全顾问认为有必要增加的测试或分析要求已缓解安全风险

5）模糊测试要求的具体范围

6）隐私影响评级如何

阶段 5：设计要求

在设计阶段应仔细考虑安全和隐私问题，在项目初期确定好安全需求，尽可能避免安全引起的需求变更。

阶段 6：减小攻击面

阶段 7：威胁建模

为项目或产品面临的威胁建立模型，明确可能来自的攻击有哪些方面。

阶段 8：使用指定的工具

开发团队使用的编辑器、链接器等相关工具，可能会涉及一些安全相关的环节，因此在使用工具的版本上，需要提前与安全团队进行沟通。

阶段 9：弃用不安全函数

许多常用函数可能存在安全隐患，应当禁用不安全的函数和 API，使用安全团队推荐的函数。

阶段 10：静态分析

代码静态分析可以由相关工具辅助完成，其结果与人工分析相结合。

阶段 11：动态程序分析

阶段 12：模糊测试（Fuzzing Test）

阶段 13：威胁模型和攻击面评析

阶段 14：事件响应计划

阶段 15：最终安全评析

阶段 16：发布/存档

5.2.3 加解密技术

加解密技术一般被认为是密码学的应用技术核心，它将原始的明文信息转换成无法被别人轻易读懂的代码，从而保证原始的信息能够得到相应的保护，而在真正应该读到信息的人面前，则又可以转换成可被读取的准确信息。密码学主要包括密码编码学和密码分析学两部分，前者更多的是为了安全，而后者更多的是为了破解。自几千年前的凯撒密码，一直到 20 世纪香农所创立的现代密码学，首次将这门学科研究置于坚实的数学基础之上，但是随着大量实际应用场景的变多，现在也变的与我们生活越加紧密。包括在工业控制系统环境中也应用了大量的密码学加解密技术，包括 PLC 认证、协议字段校验、组态数据加密等。目前为止真正在工业控制环境下应用的密码学技术主要还是集中在纵深网络中，上位机环境上一些实时性要求不高的环境下，以及针对数据库以及其他数据介质上的加密和认证措施等。

5.2.3.1 数据加解密算法概述

密码学的加解密算法作为一门学科，我们首先需要对其中几个概念有一个清晰准确的认识。而最重要的几个就是明文、密文、加密、解密、密钥、公钥、私钥、数字证书、摘要算法等。

明文指的就是还没有做过任何保护措施的原始数据信息，而密文与明文相对，是通过特殊的数学变换进行伪装之后的不可读的数据信息，这个转换的过程就叫做加密，而将加密的密文重新转换成可读的明文的逆过程就称为解密。在这两个转换过程中所使用的数学变换方法就分别是加密算法和解密算法了。加解密的过程中还有一个比较重要的东西是密钥，密钥原则上只有合法的通信双方才能拥有，且也分别有加密密钥和解密密钥的概念，它是加解密算法在加解密过程中必须使用的关键钥匙，相当于你想开门或者锁门除了知道开门和锁门的方法之外，还得有门锁的钥匙才行。

另外，安全不仅仅是保证数据是不可读就足够了的。比如数据被别人窃取、修改、伪造和发送方抵赖等都会带来其他的安全问题，这些情况下加解密算法的应用也有对应的解决方案，这个时候就需要用到摘要算法和数字证书等应用方式了，我们在后面的章节中再进一步进行介绍。

5.2.3.2 对称与非对称加密算法的区别

不论是在日常生活、金融活动、军事应用或者工业控制系统应用当中，针对加解密技术的算法分为两个大类，分别是对称密码算法和非对称密码算法，非对称密码很多时候也叫做公开密钥算法。

对称密码算法之所以叫对称，是因为在加密和解密的过程当中使用的都是同一个密钥。但也正是因为这样，所以需要想办法保护算法的这个密钥不能被外界所知道，如图 5－2 所示。而非对称密码算法则是在加密和解密的时候，分别使用的是不同的密钥，其中一个密钥是公开的，还有一个密钥则是需要保护的。而传送加密数据的双方通过分配的公钥（公开的密钥）和私钥（需要保护的密钥）的不同，则可以实现加解密或者数字证书认证等不同的功能，如图 5－3 所示。

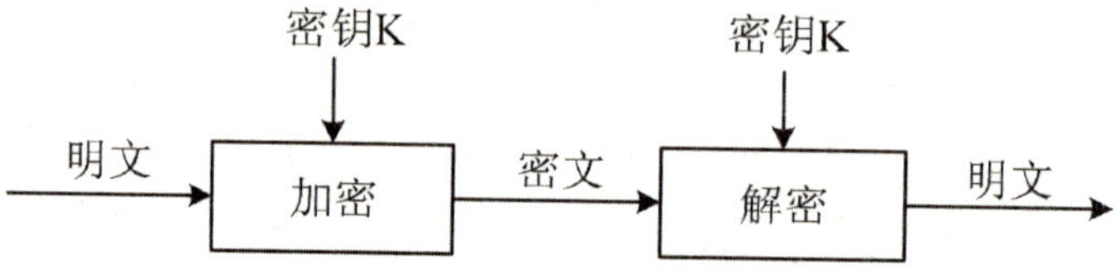

图 5－2 对称密码算法

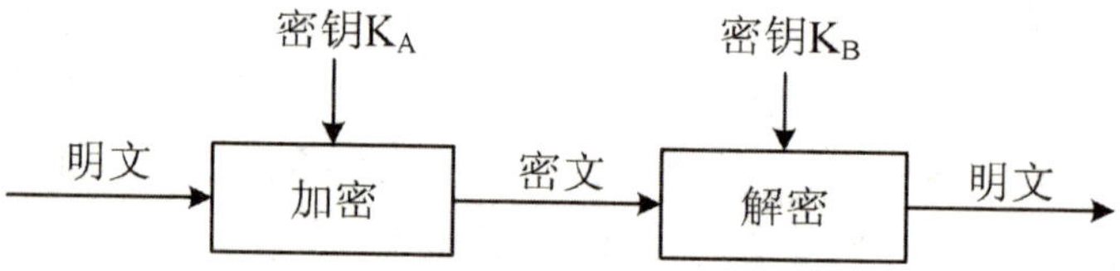

图 5－3 非对称密码算法

我们评价对称加密算法和非对称加密算法的区别的时候一般有三个衡量的标准，分别是加解密算法的安全强度、加解密算法的效率和加解密算法的使用便捷性，如表 5－1 所示。由于非对称加密算法自身公钥和私钥的处理方式较为复杂，在对数据的加密效率上明显低于对称加密算法，如果有大量数据需要进行加密的时候使用非对称加密算法就并不合适。但是，也正是因为非对称加密算法有私钥的概念，所以其密钥自身的安全性会比基本上完全公开的对称密钥算法有质的飞跃，而且对称密钥算法的强度相对来说也比较低，很多对称加密算法其实在可接受的时间范围内都是有能力进行暴力破解的。从使用方便程度来说，主要关注的就是对称加密算法和非对成加密算法在密钥管理上的成本，由于非对称加密算法的公钥分配是完全公开的，只要保证单方的私钥安全即可，成本投入上会比对称加密算法少很多。而对称加密算法的密钥，可能只有在一些小范围的局域网环境才有一定的可行性。

表 5－1　对称加密和非对称加密的特点比较

	对称加密算法	非对称加密算法
安全性	一般	强
效率	很快	比较慢
管理成本	较高	较低

综上，我们大致就了解对称加密算法和非对称加密算法在应用层面上来看是各有特点，实际应用的时候需要发挥各自的优势来达到加解密效果的优化。目前，比较成熟和普及的方案就是通过对称加密算法进行大量数据的加密，而通过非对称加密算法来进行对称加密算法密钥的分配管理，因为密钥的体积相较于大量的数据内容来说就小了很多了，这样就在安全性、效率和成本之间得到了一个很好的平衡。

5.2.3.3　加解密算法的主要任务

密码学的最终目的都是为了信息安全而服务，不论是在数据传输阶段、存储阶段还是销毁阶段都需要通过加解密算法提供完善的安全保障机制，也就是我们大多数时候所提到的数据信息安全要素。主要有如下几点：

机密性：确保只有拥有授权的用户才有对数据信息的阅读权，防止没有授权的第三方进行读；

完整性：保证数据信息在存储或着传输的过程中不会被修改，也就是确保数据信息的唯一性，典型的技术包括数字证书、摘要算法等；

鉴别性：保证数据传输方的身份是可被认证的，而不是别人冒充的；

不可抵赖性：避免进行数据传输的双方或某一方抵赖彼此之间的数据信息共享行为，典型的技术有数字签名。

5.2.3.4　加解密算法在工业控制系统中的应用

很长一段时间内加解密算法的应用发展停滞不前，虽然目前我们可以看到大量的密码技术已经不局限于军事、政府、金融、商业、通信等特定领域，在每个人的社会生活和互联网上都有了大量的应用。但其实密码学本身的发展还是非常缓慢，受限于数学理论瓶颈的限制，整个密码学体系已经很久没有大的突破了，而在发展相对来说同样缓慢的工业控制系统中也是一样。绝大多数人可能都很少有机会了解到在工业控制系统中的密码学应用情况。

其实加密技术在工业控制领域有诸多应用，比如 PLC 加密，SCADA 系统加密，DCS 系统加密、固件加密、数据库保护等等。下面以 PLC 加密为例，介绍加密技术在工业控制领域的应用。

PLC 加密的方式主要分为下面 3 种。

1）通过编程软件将明文密码同程序文件一起写入 PLC 中。

在用编程软件连接 PLC 时，提示输入密码，然后 PLC 返回实际密码，在编程软件内部实现密码的比较。此种加密方法在写入 PLC 中的密码没用经过任何加密计算，因此也比较容易破解。

2）通过编程软件将密码同程序文件一起写入 PLC 中。

写入 PLC 的密文密码在编程软件内部经过一定的加密计算（大都是简单的加密算法）。在用编程软件连接 PLC 时，提示输入密码，然后 PLC 返回密文密码，在编程软件内部实现密文的比较。此种加密方法，破解有一定的难度，需要跟踪分析编程程序，找出加密算法。

3）通过编程软件将密码明文同程序文件一起写入 PLC 中。

由 PLC 对密码明文进行加密计算出密文存储在 PLC 内部。在用编程软件连接 PLC 时，提示输入密码，PLC 不用返回密文，在 PLC 内部实现密文的比较。这种加密方式也不易实现，需要 PLC 硬件及 PLC 操作系统支持。此种加密方式最难破解。

5.2.4 芯片与硬件安全

作为现代信息系统硬件设备的“灵魂”部件——芯片，在从个人 PC 到大型智能工业控制系统设备的运转过程中，发挥着绝对核心的作用。芯片安全是网络安全产业链上尤为重要的一环，芯片技术的自主可控，成为整个硬件自主可控的关键所在。

5.2.4.1 芯片安全问题的产生

芯片发展的起源可以追述到 1958 年——集成电路（IC）发明，并用来解决日益复杂的电子设备的问题。集成电路是包含一系列互相连接的微小电子元件的一个硅片（或者其他半导体材料）。集成电路发展的价值链包含五个主要部分：设计、版图生成、制造、封装、以及测试。在这五个部分中，芯片的设计、加工过程中都有可能被敌方植入硬件木马。

出于成本的考虑，当今集成电路行业普遍采用代工的方式进行生产，也就是说集成电路设计、加工、封装、测试一般都是分离的，各自有不同的厂商，而设计过程又常常使用第三方 IP、标准单元、多种 EDA 工具，甚至外包服务等。再加上全球化的趋势，一个 IC 产品可能需要在多个不同国家流转，这就增加了芯片在设计和制造阶段的被攻击的可能性。这样一颗芯片从提出设计要求到最终应用，要经过多个步骤、多家单位，每个单位都有可能植入硬件木马。可能植入硬件木马的环节有使用的 IP 核、EDA 工具、标准单元和模型会修改设计，制造过程中会修改电路的版图，在测试和封装过程中会通过聚焦离子束刻蚀机（FIB）修改版图。

全球化更加重了芯片的不可控程度，在这些步骤中，特别是加工过程，往往涉及非本土的厂商，增加了安全隐患，我国的集成电路大多数是从各个国家采购的，面临着更大的风险[40]。

5.2.4.2 硬件木马的危害与攻击特点

硬件木马是芯片从设计到制造的过程中，人为植入的带有特定恶意目的的硬件电路。攻击者通过植入的木马电路，干扰系统的正常工作，泄露系统机密，甚至破坏系统。这种攻击会对国家的军事系统、金融系统、通信保密系统及经济基础设施等国家安全，甚至个人应用都构成严重威胁。

硬件木马攻击具有以下的特点：

1）大部分攻击可以直接在物理层进行，这和常见的软件安全问题完全不同，它不是一段程序，因此杀毒软件对它无效，既不能通过软件检测，也不能清除。所以已有的软件木马防御方法就不能奏效，而其危害却也十分巨大；

2）木马电路面积占整个芯片面积的比例微小，且其部件可以分散在整个芯片内，所以在物理结构上它的隐蔽性很强，它更为隐蔽、难以检测；

3）木马电路行为也很隐蔽，它大部分时间可能不会被激活，有些木马可以通过计时器在芯片工作一定时间之后才起作用，避免在测试中被发现，甚至有些在芯片使用过程中仍处于潜伏状态，难于察觉，只有在一定条件下或一定时刻才发挥作用。

4）硬件木马破坏性大，且攻击对象广泛。芯片在物理层上提供了植入木马的可能性，一旦攻击者获得了植入木马的机会，木马就可植入。而硬件木马可以有各种用途，窃取机密、破坏芯片功能等都可以实现；

5）潜在危害大，有些时候木马的行为是能够观测到的，比如破坏芯片功能，可能会导致系统死机，如战时造成武器失灵、飞机停飞等；有些则是隐藏的，像一颗隐形炸弹一样，使系统在某些条件下或某个时刻失效，或者潜伏下来伺机窃取信息，如间谍木马，芯片的使用者并不容易发觉，如到特定时期向外发送涉密数据和信息。

尽管目前硬件木马被披露的情况还不多，但是它的潜在威胁性是巨大的。一方面是因为半导体工业作为信息社会的一大基础，它已深入到社会生产、生活的各个方面，集成电路芯片的应用越发的广泛。另一方面是半导体生产的全球化趋势，以及硬件木马本身的强大的攻击特征，为攻击者植入木马提供了可能性和可行性[41]。

5.2.4.3 侧信道分析技术

侧信道分析攻击（side－channel anakysis attack）技术是相对于传统意义上基于通信的密码分析而言的。传统的密码分析是通过对密码处理器的算法进行破解分析，并对输入输出等数据辅之以监听等手段，在流程内实现攻击。侧信道分析攻击技术的对象则是密码处理器的实现，即不是对加解密数据本身分析，而是对加解密过程中的时序、功耗等其他信道的信息进行分析，从而得到密钥等敏感信息。

与传统的密码分析（cryptanalysis）比较，侧信道分析攻击技术具有成本较低的优势。密码分析虽然通过一些分析方法可以降低密码破解的强度，但是目前通常采取的延长密钥位的办法可以使实现穷举攻击需要的时间远远长于密钥的生存期。而侧信道分析攻击技术的破解效率与密钥长度无关或者只是线性相关，而非传统密码分析中，其效率与密钥长度的幂相关。如果集成电路没有采取保护措施，则侧信道分析攻击技术可能只需要很小的代价就可以获得密钥，因此侧信道分析攻击技术正在成为破解密码芯片的一条“捷径”。

目前，大多数的密码集成电路芯片产品采用的安全措施是及其有限的，这里既有成本的原因，也有保护技术措施并不成熟的因素。但是攻击技术也不是完全没有缺陷的，例如：攻击多数集中在资源比较受限的密码集成电路上，很多攻击依赖对算法实现或者防御方法的细节了解情况，工艺越加复杂和精细的集成电路设计也给逆向工程带来了很多困难。

侧信道分析攻击技术有两种常见的分类方法，第一种是按照攻击是否会发生针对物理芯片的损坏，分为入侵、非入侵和半入侵。

1）入侵：打开芯片直接接触芯片的内部模块。例如，直接读取内存的内容；

2）非入侵：通过检测芯片工作时从外部表现出的特征进行分析，包括运行时间、电流、电磁辐射等；

3）半入侵：需要打开芯片，但是不需要打开钝化层，也不需要接触金属表面，包括红外、激光扫描、热成像、光子成像技术、缺陷注入攻击等。

第二种是按照攻击是否干扰芯片正常运行，分为主动和被动攻击。主动攻击的目的是使得芯片的工作发生异常，例如故障攻击。被动攻击则是不干扰芯片的正常运行，例如功耗分析。

5.2.5 安全数据库技术

较大规模的工业控制系统环境，一般都会应用到数据库技术，在许多工业生产过程中需要将大量的实时测量数据进行集成和存储，采用离散控制系统（DCS）和关系数据库技术难以满足速度和容量的要求，同时还有无法平台化和标准化，相关接口不统一，访问复杂，不适合大规模集成等问题。因此以分布式实时数据库设计的 SCADA 系统及实时数据库系统紧密的关联到了一起。与历史数据库相比较实时数据库在工业控制系统环境中，更多的是应用在 MES 系统、数据采集和实时控制系统当中。

不论是传统信息系统普遍使用的历史关系型数据库，还是实时性要求极高的实时数据库，甚至一些比较特殊的内存数据库等，都是整个工业控制系统的核心组成部分。随着类似于两化融合的工作进一步推进和业务规模的扩大，数据库的业务在工业控制系统环境中会变的越来越多，灵活的业务决策、生产过程的智能管理都是越加重要的实际需求。不仅仅是一些基本的日常办公资料、监控和审计数据信息，还有大量的企业机密文件、生产业务资料、供应链管理数据等都会用到数据库进行存储管理。但是，不论哪种数据库环境的应用，都不可避免得会遭遇数据库安全的问题，数据在数据库中是否能够得到有效的保护，避免被窃取、篡改或者破坏就变的非常重要。

而工业控制系统中不论是实时数据库还是历史数据库，要想保证数据库的安全性，要从整个系统的安全架构和数据库自身的安全设计两个方面同时考虑。针对系统的安全架构我们在传统信息系统安全和本书其他章节中都介绍了很多，本章节主要针对数据库自身的安全性和一些技术应用进行说明。

5.2.5.1 数据库安全的定义

数据库的安全和其他信息安全的要求没有本质区别，就是需要保证数据库信息的机密性、完整性、一致性和可用性，并能做到相应的可审计性。相较于之前提到的数据安全要素，这里的一致性侧重的是对数据库系统环境中相关的配置、实体、参照的完整，而不仅仅是数据信息的完整性。

具体到数据库技术的应用的话，最核心的就是数据库系统。而专门针对数据库系统的安全技术内容有很多，我们针对其中比较重要的几项进行介绍。

身份认证：也叫身份鉴别，指在管理数据库系统或者调用数据的时候，对操作者身份的确认过程。

安全标记与访问控制：安全标记是访问控制的依据，作为不同对象的安全级别的标记所使用。根据这种标记的定义，结合身份认证之后得到的用户身份进行信息访问或者某种功能使用的访问限制就是访问控制。

数据完整性：保证数据没有被删除或修改。

数据库安全审计：拥有独立对所有的操作行为和数据发生的异常事件进行审计的能力。

客体重用：对用户使用的客体资源，在这些客体资源重新分配之前，对其原使用者的信息进行删除，属于一种动态应用情况下的安全技术。

可信恢复：可以完整无误地对删除、修改、破坏、损毁的数据进行恢复。

隐蔽信道分析：指针对不是有意，且不是自带的信道的安全分析能力。

5.2.5.2 数据库系统面临的安全威胁

作为一种应用极其广泛，技术成熟度很高的数据库技术，到目前为止国内的工业控制系统环境使用的多数仍然都是国外的数据库产品。只有在一些应用了国内DCS厂家产品的环境中，会有一些国内研发的数据库产品的应用。而像传统的历史关系型数据库，仍然都是Oracle、SQL Server、Mysql等系统为主，国内的达梦、金仓、神通等在很多行业几乎都不为人所知，这在源头上可能就是我们需要面临的一个重大安全隐患。

除此之外，我们的数据库系统还要面对来自外界的众多安全威胁，包括自然灾害、人为疏忽、恶意破坏、犯罪行为、隐私侵害、管理漏洞、软件故障等。而针对国内目前普遍的工业控制控制系统环境下的数据库安全威胁，可能在空间环境上的威胁会来的更加明显，理论上也可以认为是人为疏忽。

表 5－2　数据库主要威胁类别

威胁类型	具体内容
缺乏测试	在实施前后都缺少必要的功能、性能、健壮性和安全测试
数据泄漏	在网络中没有使用一些加密通道保护、接口直接暴露等
补丁维护	很少会定期和系统地安装相关补丁
威胁类型	具体内容
备份被盗	备份数据没有很好保护和管理，被内部或者外部人员窃取
功能过剩	使用过多没有必要的数据库特性，导致被利用
攻击跳板	数据库同环境下其他设施的安全措施太差，间接被攻击
未做隔离	针对数据库系统以及操作数据库的管理员没有进行有效地分级分域分权地隔离
SQL 注入	大量数据库应用在动态的 Web 系统上，被 SQL 注入发生欺骗指令
密钥维护	对于密钥的保存过于随便，没有很好地安全措施
违法操作	人为的有意或者无意地破坏性操作

表 5－2 显示的是从实际的生产环境中，真正遇到的最有代表性的数据库安全问题。另外，实时数据库在工业控制系统中也分为两大类，一种是基于关系型数据库进行二次加工，补充存储和压缩引擎提高实时性的实时数据库，典型的包括 iHistorian、INSQL 和 SimaticIT。还有一种是完全自主设计和开发的纯实时数据库，常见的有 Infoplus、FactoryTalk、PI 等。从应用层面来说，前者的安全威胁由于其特性更多的和历史关系数据库类似，甚至完全一致。而后者由于其相对的封闭性和小众化，反而在一定程度上保证了其相对的稳定性和可靠性。

5.2.5.3　数据库安全技术现状

数据库安全技术在问题暴露之初就已经被提出，下面根据数据库的不同安全问题和缺陷在数据库自身管理系统和辅助防御措施方面进行相应介绍，并对常见数据库的威胁及防护进行简要分析。

1. *数据库安全常用技术*

现在的数据库所面临的威胁非常之多，常见的威胁可以见表 5－3 所示，为了保证数据库的安全使用，我们需要从数据库系统自身的安全防护机制和辅助的安全防御措施两方面去进行介绍。数据库系统自身的安全防护机制包括对于数据库系统的用户认证、权限分配、访问控制、数据加密、数据备份、数据恢复、自我审计。数据库系统的辅助安全防御措施多依赖于一些成熟的产品化措施，例如数据库审计系统、数据库防火墙系统、数据库漏洞扫描等。

表 5-3　数据库主要威胁类别

数据库安全技术	具体内容
存取管理技术	针对数据的存储和读取，以及用户的访问进行控制和管理，结合了存取管理和用户认证的技术
管理技术	针对数据库系统的管理权限进行合理分配的技术，根据管理员人数和权限的区别分为集中管理和分散管理
数据库安全技术	具体内容
数据库加密	有效避免数据库系统数据外泄后被读取的问题，具体有系统内部加密、外部加密和硬件级的加密等措施
数据库审计	数据库系统运行之后相关的所有操作记录进行详细审计，除了审计其操作的内容之外，还会有相应的操作时间、操作人等信息
攻击检测	数据库系统的攻击检测技术，依赖于数据库审计的数据，进行必要的分析查出攻击真的身份和目的等信息
信息流控制	对所有数据库系统中的对象进行保护级别的定级，然后限制保护级别高的对象传送信息到低保护级别的对象
推理控制	推理指的是用户根据已有数据关联之后间接访问到没有权限获取的数据。推理控制就是针对这种情况进行必要的控制，典型的包括基于标记进行推理控制、模糊数据和属性控制等
数据备份	对原始数据库数据进行备份，典型的数据备份方式包括完全备份、事务日志备份、增量备份和文件备份等
数据恢复	数据恢复可以理解为是数据备份的逆过程，效果高度依赖于管理员操作和数据备份的好坏情况

不论是工业控制系统环境中的实时数据库还是历史数据库，都有自己的安全管理机制。实时数据库针对安全防护技术的要求同历史数据库区别不大，但是会更关注对于数据库性能的影响，所以针对像数据库加密、存取管理技术中的用户认证等技术，在部分实际的应用场景中根据业务情况会有一定的取舍。

2. 数据安全传输常用协议

拥有工业控制系统环境的企业，其信息系统很多时候都会因为各种原因使用多个平台或产品的数据库，但是很多时候它们的数据需要共享或者直接通信。另外同类数据库之间，以及距离较远的不同企业工厂之间的远程通信，在安全性上都有很大考验。

我们先来了解下数据库在通信技术目前的应用，数据库通信的主流应用技术包括动态数据交换（Dynamic Data Exchange，简称 DDE）、对象链接与嵌入（Object Linking and Embedded，简称 OLE)、组件对象模型（Component Object Model，简称 COM)、开放式数据库连接（Open Database Connection，简称 ODBC）和 OPC（OLE for process Control，简称 OPC)。

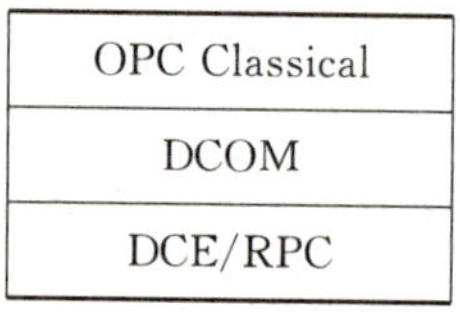

图 5－4　OPC **协议层次**

目前，工业控制系统环境下因为 OPC 所具有的高速传输能力、分布式安全管理特性、较低的开发成本、高度的灵活性和可靠性，几乎已经变成了标准配置，成为了事实上的工业标准，其协议层次见图 5－4 所示。企业通过使用 OPC 通信技术实现从 DCS 到 MES 实时数据库的连接，加上 OPC 技术本身基于微软的 OLE 和 COM 实现，目前公开的已知漏洞已经非常多。因此，OPC 通信技术也可以说是目前最大的工业控制安全隐患之一。

随着业界对 OPC 安全问题的关注，针对 OPC 的防御技术也随之被大量提出，比较主流的包括：OPC 动态端口识别控制、OPC 接口和方法的指令控制、OPC 只读权限控制、OPC UA 证书控制以及内网安全审计等。

然而针对需要跨区域传输的数据库访问需求，除了使用独立的专有线路之外，从协议层面也有一些比较成熟的安全传输协议。

1）SSL 协议

SSL（Secure Socket Layer）协议，即安全套接层协议，已经被广泛应用在各个领域。SSL 是一种基于 OSI 第四层的加密通信协议，但是因为建立在可靠的 TCP 传输协议之上，所以没有办法对 UDP 的数据进行很好的保护。

SSL 协议共有两层实现，分别是 SSL 握手协议和 SSL 记录协议，前者提供通信方的认证、协商和密钥交换，后者实现针对传输数据的加密、封装和压缩。

2）HTTPS 协议

HTTPS（Hyper Text Transfer Protocol over Secure Socket Layer）协议，即基于安全套接层的超文本传输协议，基于 SSL 技术来解决 http 访问的安全问题，核心是数字证书。虽然损耗了效率，但是由于现在大量重要的信息和数据都依赖于 Web 实现，所以目前在一些安全性要求较高的 Web 应用上几乎都应用了此技术。

3）IPSec

IPSec（Internet Protocol Security）严格来说并不是一种协议，而是一种开放标准的安全框架结构，或者说是一组安全协议及标准，解决的是端到端的加密通信和验证服务。IPSec 协议工作在 OSI 模型的第三层，所以相比于 SSL 协议无法保护 UDP 层的数据来说，有更好地适用性。但也因这样 IPSec 需要在网络层考虑很多分片和可靠传输的问题，变的相对比较复杂。

IPSec 综合应用了多个对称加密算法、非对称加密算法、Hash 函数以及完整地密钥管理机制、验证头部设计、封装方式等来保证数据通信的机密性、完整性、可认证性、不可否认性、抗重放等安全需求。

3. 常见的数据库安全防护措施

基于以上内容我们再来看下 5.5.5.2 提到的最常见的数据库安全威胁应该如何采取合理的防护措施，见表 5－4。

表 5－4 数据库主要威胁类别

威胁类型	具体内容	防护措施
缺乏测试	在实施前后都缺少必要的功能、性能、健壮性和安全测试	实施人员和管理人员需要完整验证后期需要使用的功能，以及可预期的性能。有条件地定期进行漏洞扫描或者渗透安全测试
数据泄漏	在网络中没有使用一些加密通道保护，接口直接暴露等	采用成熟的 VPN 和专用线路进行数据传输
补丁维护	很少会定期和系统地安装相关补丁	需要及时跟踪数据库漏洞以及各厂家的最新补丁，尽快进行补丁更新
备份被盗	备份数据没有很好保护和管理，被内部或者外部人员窃取	对关键数据和备份资源进行数据加密
功能过剩	使用过多没有必要的数据库特性，导致被利用	保持数据库特性的精简，仅部署必须使用的功能
攻击跳板	数据库同环境下其他设施的安全措施太差，间接被攻击	对整个系统环境做好安全加固，而不仅仅是数据库系统
未做隔离	针对数据库系统以及操作数据库的管理员没有进行有效的分级分域分权地隔离	针对不同的应用区域进行必要的安全隔离，并对操作人员进行有效地访问控制
SQL 注入	大量数据库应用在动态的 Web 系统上，被 SQL 注入发生欺骗指令	提高 Web 程序员的安全意识和安全编程技能，重点关注输入过滤、存储过程、表单和字符串限制、用户输入合法性等，或者采用可靠的 Web 防火墙和数据库防火墙进行安全加固
密钥维护	对于密钥的保存过于随便，没有很好的安全措施	使用专用的加密存储设备进行保护，关键主机使用可信计算平台
违法操作	人为的有意或者无意的破坏性操作	做好人员身份的权限管理工作，按照权限最小化原则，仅授权需要用到的访问权限

随着云计算技术和大数据技术的快速发展，现在也有很多要求没有那么高或者可以将部分非核心数据库环境接入到互联网的企业，会将数据库业务云化。采用专业的云服务公司的云数据库产品，这样通过这些云数据库服务公司专业全面的安全能力进

行数据库的安全保护工作。

工业数据库的应用其实与传统信息系统的最大区别就是对实时数据库的应用之上，而实时数据库与历史数据库在安全上除了以上提到的内容之外，需要考虑的不同的地方还有就是安全技术的部署和应用方式的区别。因为我们几乎没有办法为了安全针对实时数据库去进行直接的业务干预，所以相比历史数据库，除了工业控制蜜罐之外，我们更多的安全技术措施只能做在事后的安全防御技术上，例如审计、态势感知等，而其他的安全技术应用则一定要进行充分的测试。

5.3 系统建设安全技术

针对客户、系统集成商、厂商等保护系统所需的技术性信息安全要求，主要是在把系统组装在一起时需要处理的内容。也有一些常用的安全技术措施，其中大多数都已经有可以直接使用的成熟商用安全产品。其中最重要的就是通过工业交换机和工业防火墙这一类边界类产品进行整个系统环境的分区设计和技术隔离，其次是针对已知的终端、主机、网络和应用层攻击进行安全检测和查杀的手段，包括入侵检测和恶意代码防护等技术。除此之外，针对一些新型的未知的安全威胁，目前也有针对工业控制领域的一些技术措施和实际产品，包括工业控制蜜罐和态势感知的技术。

5.3.1 网络隔离技术

工业控制系统以往的安全措施，多数情况下单纯的依靠物理隔离实现，现在随着互联互通、业务发展和无线应用的需求，这种隔离手段已经不具有发展意义。工业控制系统针对隔离技术的应用，是一种较新的网络安全技术研究领域，其区别于传统信息系统最大的不同之处主要在于应用场景、承载协议和数据交换内容上的差异，而这也正是目前此领域的研究热点，而网络隔离的技术本身的实现方式上还是比较类似。

普遍意义上的网络隔离指的是，在网络层面彼此断开，没有连接和通信的两个或两个以上设备。网络隔离技术发展到目前为止，主要的实现方法包括两种：

网络空间隔离：这种隔离方法多数是使用两套或者多套接入在不同网络区域的设备实现，然后通过设备之间的缓冲或者存储设备进行信息数据的交换，类似于摆渡船的方式。

网络时间隔离：用户或者设备在不同时间访问不同的网络区域来进行区分隔离，也就是在固定的时间段内只能处于一个特定的网络区域。例如，上班时间只能使用办公局域网和业务区，休息时间只允许访问互联网，而不能访问业务网区域。

我们在 4. 2. 1. 3 中已经了解了一些基本的边界防护措施，包括有物理隔离、VLAN、防火墙、安全网关和数据交换网络等。这里针对这五类典型的网络边界隔离技术其具体技术实现原理做对应介绍，并且阐述下其在工业控制环境中的应用场景。

1. 物理隔离

针对物理隔离的要求，在《计算机信息系统国际联网保密管理规定》中有明确表述，在规定的第二章保密制度第六条中有："涉及国家秘密的计算机信息系统，不得直接或间接地与国际互联网或其他公共信息网络相连接，必须实行物理隔离。"而"物理隔离"在这边的主要指的就是内外网之间不能通过直接或者间接的手段发生联系。

物理隔离最显著特征就是不同的网络区域之间，从物理层面上看永不连接。如果要进行信息数据的传送的话，就需要通过非常用甚至是私有的通信协议，并且同一时间不能直接接触到两个区域的对接设备，只能通过设备之间的中转站进行数据的转存。物理隔离的优点在这里也能很明显的看到，就是不论其他区域的安全情况如何，我所隔离的网络区域始终不会受到其他区域的任何影响。但是，对于传输和使用便捷性上就有了明显的劣势。除了纯粹的物理隔离之外，目前比较常用的物理隔离方式有：双网双机、双硬盘物理隔离卡、单硬盘物理隔离、隔离网关，物理隔离技术包括：单向隔离技术、协议隔离技术以及信息摆渡技术。其中不论是哪种物理隔离技术，其最具有代表性的商用实现方式就是网闸和数据采集隔离设备。

单向隔离的技术在端上依靠由硬件访问控制信息交换分区，实现信息在不同的安全域间信息只能单向流动。具体的实现技术方式主要有两种，分别是数据泵技术（Data Pump）与数据二极管技术（Data Diode），如图 5－5 所示。

数据泵技术的概念最早是由 Myong H. Kang 等人在 1993 年时提出的 Pump 技术发展而来，当时称为"安全存储转发技术"。此技术提出之初，目的主要是为了实现低级数据库能够可靠地拷贝数据到高级数据库中。这种技术的核心是反向确认，使数据传输只能自外至内单向进行。不过针对协议控制相关的数据信息仍然可以正常地进行双向通信，从而可以利用握手协商、流量控制、差错控制等机制来保证数据通信的可靠性。目前，主流成熟的通信协议在这点上也基本都能方便支持。

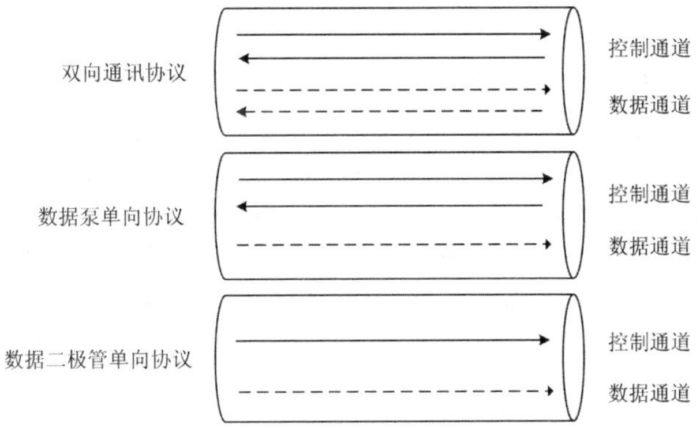

图 5－5 单向隔离技术示意图

数据泵技术中数据传输虽然都是单向进行的，不过协议控制的流量仍然是双向的，所以如果有可能的话，攻击的切入点也是协议控制层面针对反向的流量进行的居多。

数据二极管技术也叫信息流单向技术，相比于数据泵技术，控制协议的反向流量也是不被允许的，采用的是不可靠通信模式。可以认为是全双工通信中只选择一个方向的进行通信，如同一个二极管一般进行工作。

协议隔离则是另一种比较常用的物理隔离技术手段，这里比较容易发生混淆的是与防火墙技术中协议字段转换的隔离，在一些应用和行业中也被叫做协议隔离。其实，这种技术更像是协议层或者会话的隔离措施。物理隔离中的协议隔离指的是整个协议栈内容的转换，然后进行过滤只放行被允许的内容。工业网闸正是基于协议隔离或单向隔离技术，然后采用信息摆渡的方式进行数据交换的。

2. VLAN 技术

VLAN 全称是虚拟局域网络（Virtual Loacl Area Network)，是最普及最常用的网络隔离技术之一。VLAN 技术依托于交换机设备的端口实现，不局限于物理区域的隔离，所以不同于物理隔离的地方就是其隔离对象在物理空间上可能都是在一起的。通过 VLAN 我们可以根据实际的地理位置、业务场景、部门人员、职能等进行分类从逻辑上进行分段。同时，基于交换机的 VLAN 技术还能够有效解决网络中的广播风暴等问题，而向基于端口的 VLAN、基于 MAC 的 VLAN、基于 IP 组播的 VLAN 和基于网络层的 VLAN 划分，都使得 VLAN 的应用变的更加灵活。一旦需要进行区域调整也可以从软件层面快速进行配置实现，不用再进行物理连线或者环境的调整。对于技术管理人员来说，从性能、效率、灵活性、扩展性等方面，都带来了很大的提升。

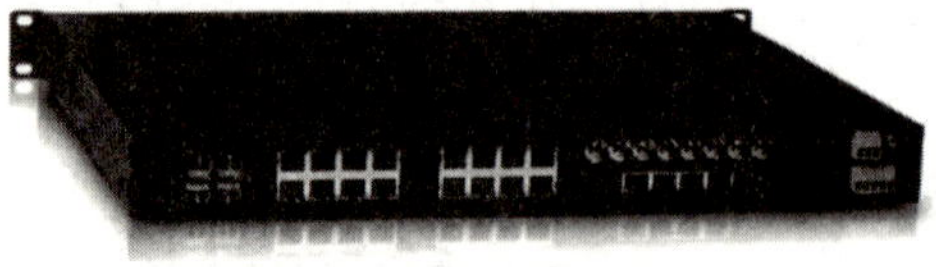

图 5－6　工业交换机

从实现技术层面来说，VLAN 本身处于 OSI 模型的第二层，如果不同 VLAN 之间要进行传输则需要通过第三层的网络路由来进行转发。所以现在大量应用的三层交换机本身也都支持路由的功能，仅通过三层交换机就可以构建一个完整可靠地系统网络环境，而不需要很多路由器来进行组网。其中像工业交换机则在实时通信、可靠性设计、稳定性、自身安全性和环境适应性等方面做出了更多的加强，而工业环境中需要的各种接口也都做了支持，如图 5－6 所示。而随着 VLAN 技术的不断发展，包括 QinQ、802. 1ad 等技术的应用，交换机在整个网络环境中所扮演的角色也变的越来越重要。

3. 防火墙技术

防火墙技术是应用最为广泛的逻辑隔离技术，主要是针对流也就是协议栈中的字段进行识别和过滤，并通过黑白名单技术和基本的校验措施维护 Session 从而实现网络隔离。而对应的逻辑隔离控制粒度包括 TCP/IP 协议栈中的源目的 IP 地址、源目的端口号、网络协议类型、服务类型、数据字段等，在工业控制领域的防火墙技术对大量的工业控制协议和低延迟进行了支持，产品化的防火墙产品则有更多的工业控制级硬件技术指标要求。

4. 安全网关技术

安全网关技术的发展来源于路由器和防火墙技术的大量应用，以及集成电路产业的快速发展。安全网关的核心是多功能，如图 5－7 所示，相当于以前防火墙或者路由器也可以作为网关，但是可能只能实现很基本的 ACL 或者拒绝服务攻击的防御功能，而现在的安全网关基本上都可以一招吃遍天，将入侵检测/防御、防病毒、Web 防护、反垃圾邮件、网页过滤、VPN 通信、攻击防护等众多安全功能全部集中在网关来实现。

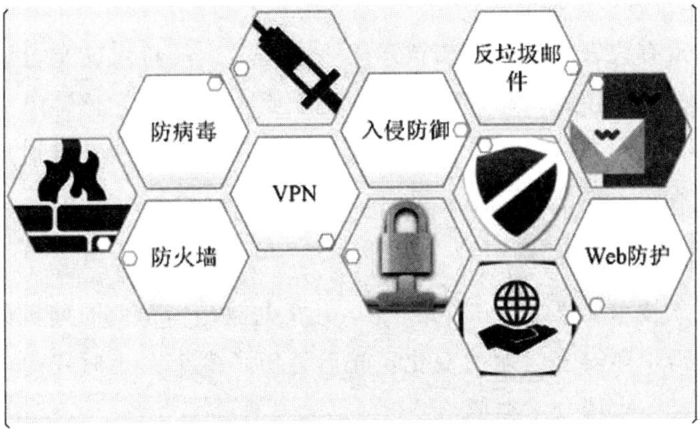

图 5－7　多功能安全网关

目前，像这样的多功能安全网关在业内有一个统一的名称，叫统一威胁管理（Unified Threat Management，UTM）。不过工业控制领域基本上还没有像这样的成熟产品应用，主要原因就是虽然性能上随着技术的发展已经可以做到很优秀了。但是由于在同一个平台上实现了大量的功能，导致整体的运作效率以及稳定性还没有办法达成一个很好的平衡，基本还是在传统的信息系统环境中应用的偏多。

5. 数据交换网络

数据交换网络比较多的会应用双向网闸，这种方式最早来源于银行系统中的 Clark－Wilson 模型，如图 5－8 所示。

图 5－8　数据交换网示意图

我们之前讲到了物理隔离环境中如果要实现通信所采用的信息摆渡技术，数据交换网络相当于是把这种技术手段又做了进一步的加强，通过在不同区域接入网之间设立网络交换的缓冲区域，然后在缓冲地带使用大量的业务代理、双人审计、数据监控、安全检测等措施来保证数据的安全性。

5.3.2　防火墙技术

有数据统计，防火墙一直是信息安全行业中遥遥领先的最大细分产品市场，大致占据了整个行业的四分之一，这也一定程度上印证了业界对于当前防火墙技术成熟度和重要性的极高认可度。从一定程度上也说明了，结构安全在整体安全建设投入中的重要性。

防火墙作为最有代表的网络隔离技术之一，其最大的特点就是可以进行安全区域的隔离和网络层的访问控制策略。而在工业控制系统环境下，这种隔离技术的应用和意义就变的更为重要。在保证业务高效稳定的前提下，防火墙技术应用的好坏，在很大程度上就直接决定了整个安全体系架构的合理性。

5.3.2.1　防火墙技术的发展

第一代防火墙技术最早诞生于 1983 年，几乎与路由器是同时问世的。在随后的几十年中随着业务需求和安全问题的变化，先后经历了多个大小时代的演进，下面是其中最有代表的四类防火墙技术类型。

第一代：包过滤（Packet Filtering）

防火墙主要在网络层进行隔离，根据数据包包头中的源、目的 IP 地址，源、目的端口号，协议类型等字段确定是否允许数据包顺利通过。最大的缺陷就是每一个数据包都需要进行检测，导致很多重复数据的分析效率极低。

第二代：应用代理（Application Proxy）

通过部署不同的应用代理程序，从而实现对应用层数据的检测和分析，进一步判断是否可以通过。虽然一定程度上解决了以前不能进行应用过滤的问题，但是高度依赖应用层的原因，导致其效率、稳定性等方面都有很多难以解决的问题。

第三代：状态检测（Stateful Inspection）

工作在 OSI 模型的 2～4 层，也因此处理的对象不再是每一个独立的数据包，而是整个 Session 连接，通过访问控制规则表和 Session 连接状态表，综合判断是否允许数据包通过，大大提升了防火墙技术的性能。

第四代：深度内容检测（Compelete Content Inspection）

工作在 OSI 模型的 2～7 层，综合了数据包、连接状态和应用层数据的信息，从而实现了更全面的安全过滤，也避免了一些混合模式的安全威胁。

目前，虽然防火墙已经历经了多年的发展，仍然还有很多其天生的能力短板和缺陷，其中包括：

1）无法防护在同一个网络环境下内部用户之间的攻击，因为其本身流量并不会经过防火墙；

2）无法防护基于系统层面的直接漏洞攻击，这在没有严格的特征库机制以及无平台化攻击下很难实现；

3）无法防护内部用户的个性行为，因为一般防火墙不会应用到每一个个体，一般只会具体到一个安全区域或者网络；

4）无法防护端口反弹木马的攻击，像灰鸽子这类木马或者恶意链接利用的都是合法的业务端口；

5）无法防护病毒的侵袭，传统的防火墙技术本身没有办法基于文件进行分析；

6）无法防护非法通道出现，防火墙本身没有针对加密通道可信赖性的判断能力；

7）无法避免的带来业务延迟增加，只要针对数据流量进行了处理，必然造成一些效率上的损耗；

但是随着软硬件技术的发展，性能的不断提升，云计算技术的大量应用，很多问题相信也会在不久的将来得到改善。

5.3.2.2　防火墙技术在工业控制系统中的应用

其实很多传统的防火墙技术也可以应用于工业控制环境，并且实际情况也确实是这样的。它们有效地对于工业控制系统的边界进行边界保护，并满足特定工业环境和功能要求。但是，针对有些特殊的应用场景对业务的延迟度、现场的物理环境、协议的支持度、过滤的精细程度等有具体要求的话，则需要有一些具有工业特性的应用才能满足要求。

针对信息系统的防火墙和工业控制系统的防火墙最典型的区别主要有五个方面，如表 5−5 所示。

表 5－5 IT 防火墙和工业防火墙比较

	IT 防火墙	工业防火墙
吞吐率	越高越好	合适
协议	以太网协议	工业控制协议、自定义协议
功能	多功能集成	覆盖不同控制层
关键性能	高转发率	低延迟率
环境设计	标准机房环境	工业环境

具体在应用的过程当中，部署的位置一般也多是在分层区域之间，而不像传统的商用防火墙会部署在互联网出口以及很多边界区域。有很多企业部署防火墙的时候都会有一些误区和错误做法，常见的有：认为功能最全的就是最好的、最贵的就是最好的、系统自身不加固全都依靠软件防火墙、实施完成之后也不再进行维护、测试不够完全、没有审计措施或者意识等。这些都是需要引起技术人员尤其是安全管理人员高度重视，并且很容易犯错误的地方。

5.3.2.3 防火墙与单向隔离产品的异同

防火墙技术与单向隔离技术一样是网络安全边界的防御技术，但防火墙技术更多的定义是保证网络层的边界安全（如通常的非军事化区），而单向隔离技术重点是保护内部网络的安全。因此两种技术各自的侧重和针对性不同，因此不能简单的认为可以相互取代。归纳起来，二者区别主要有如下几点：

1）从硬件架构来说，单向隔离技术一般需要两套不同的主机，防火墙技术可以通过单主机系统实现；

2）单项隔离技术在应用层实现，而大多数防火墙技术是针对网络层或者传输层进行的，对内容检查控制的级别并不一致；

3）在数据交换机理上也不同，防火墙技术多数应用在路由或者交换环境，数据包转发在物理上是没有隔离的，而单项隔离技术则工作在多主机模式，数据需要摆渡的形式进行转换；

4）最后，防火墙技术内部所有的 TCP/IP 会话是需要进行实时维护的，而单项隔离技术本身并不存在也不允许有会话存在，连接会终止于内外网主机。

5.3.3 入侵检测技术

随着种类繁多的攻击层出不穷，为保障工业控制系统的稳定运行，入侵检测技术也被应用到了工业控制领域。在工业控制环境下，入侵检测是针对工业控制系统的各个关键节点进行信息收集，然后根据特有的算法和识别技术发现其中可能的攻击行为的一种技术。

目前，工业控制系统的入侵检测技术从实现方式上来看，主要分为基于流量的入侵检测技术、基于协议的入侵检测技术和基于设备状态的入侵检测技术。

1. 基于流量的入侵检测技术

基于流量的入侵检测技术依据工业控制系统不同安全区域的流量特征，针对外部攻击和内部攻击的流量特征，通过多检测点间协同合作，在不解析具体协议格式的情况下，发现网络的异常流量，实现入侵检测技术。

1）流量检测内容的选取

研究人员在对流量信息检测之初，必须确定工业控制网络中提取何种数据进行分析。目前，主要的工业控制系统流量划分包括：基于五元组特征的会话流量数据，收发流量数据，流量随时间的趋势数据等。

2）基于数学建模的检测方法

目前针对上述流量信息，在业务固定的工业控制系统中通常采用大量计算资源，利用数学模型构造“正常模式”，对流量进行实时检测来识别出异常流量。

2. 基于协议的入侵检测技术

基于协议的入侵检测技术依靠工业控制通信协议规范，采用成熟的协议格式分析和状态协议分析技术，对报文中协议格式及协议状态的变化进行检测从而发现异常行为。

工业控制通信协议是为了提高效率与可靠性而设计的，以便满足工业控制系统的经济性和运作需求。早期大多数工业控制通信协议为提升效率，很少考虑所有非必需的特性与功能，如要求额外开销的认证和加密等安全措施。

常用协议往往存在这些问题：缺乏认证明文传，无消息验证机制，恶意代码注入。由于设计之初未考虑安全性，公开/私有工业控制通信协议存在大量的安全隐患，易遭受如包篡改、伪装等攻击，这些攻击无法通过流量进行检测，因此需要通过对流量中的报文分组进行深度解析，根据协议格式、协议状态机以及协议分组生成的事件，检测入侵行为。

在工业控制系统中，有少量协议是公开的，研究人员可以直接获得这些协议的规范。在规范中详细定义了其自身的报文格式以及通信模式。因此研究人员可依据规范制定检测规则，对协议进行检测。

针对于私有协议，需对数据进行深度包解析，并根据由协议规范和设备状态之间的关系制定白名单规则，实现对包篡改、重放、Dos 等入侵行为的检测。

为了不影响入侵检测效率，提出一种新的工业控制系统入侵检测机制，该机制根据入侵行为特征库，快速识别出未授权访问、伪装、缓冲区溢出等已知攻击，然后对剩余数据结合协议规范生成协议模型、通信模型、采用基于异常的检测机制，实现对未知攻击的入侵检测。经分析，该机制可大幅度提升整体入侵检测的效率。

3. 基于设备状态的入侵检测技术

基于设备状态的入侵检测技术根据业务逻辑和设备操作规程，通过定义设备正常状态或异常状态、判断状态转移趋势、监控操作序列等方法检测入侵行为。在工业控制系统中，读取或操作的设备往往是与物理环境或生产过程相关的物理设备，对其攻击会导致工业控制设备毁坏，甚至出现重大安全事故，这是工业控制系统不同于现有互联网的显著之处。经分析，除盗取信息外，对工业控制系统实施攻击的核心是通过非法篡改设备配置、非法控制设备的操作、修改业务流程等入侵行为，使设备进入不合理状态、停机状态或损坏。因此检测设备的状态/操作能够有效地检测入侵行为。

5.3.4 恶意代码防护技术

恶意代码（Malicious code）主要是指通过在不同的计算系统之间进行传播后，没有得到授权的情况下对系统进行各种破坏的独立程序或代码片段。恶意代码对于社会造成的各种经济损失一直是非常严重的，并且在当下也逐渐演变成为网络战的主要手段之一，直接影响到国家安全。多年前大家谈到安全可能第一想到的就是各种病毒、蠕虫和木马程序，而安全防护措施能想到的就是反病毒软件。从恶意代码的类型来说的广义上主要包括有五个大类：

计算机病毒：计算机病毒是指编制、或者在计算机程序中插入的，破坏数据、影响计算机使用，并能自我复制的一组计算机指令或者程序片段代码。

蠕虫病毒：可以利用网络进行复制和传播的恶意代码程序，不同于计算机病毒，蠕虫自身是一个可以独立存在的完整程序。

特洛伊木马：有指定目的潜伏于计算机中的病毒程序，通常都具有很强的伪装能力。

逻辑炸弹：平时非常正常，一旦达到一个提前预设好的本地计算系统的触发条件，就会被触发的恶意程序，如同一个未知的地雷一般。

后门程序：一般指的是凌驾于安全性控制手段之上，直接获取对程序或系统授权的程序方法。

根据以上五类最具代表的恶意代码，将其各自最明显的特点归类，见表 5－6 所示。

表 5－6 典型恶意代码的主要特点

恶意代码类型	主要特点		
计算机病毒	潜伏	传染	破坏
蠕虫病毒	扫描	攻击	扩散
特洛伊木马	欺骗	隐藏	信息窃取
逻辑炸弹	潜伏	破坏	不确定性
后门程序	潜伏	特权	隐蔽

虽然恶意代码类型有很多种，但是多数恶意代码的作用过程其实就分为四个步骤：潜伏阶段、传染阶段、触发阶段、发作阶段，在不同的阶段也会使用不同的技术手段进一步采取不同的策略，整个作用过程大致如下：

1）入侵：入侵是恶意代码能否成功传播到目标对象的关键和必要条件，处于传染阶段。常见的入侵方式包括：钓鱼邮件、U盘传播、携带病毒的共享程序或文件、水坑攻击、黑客渗透等。

2）提权：恶意代码入侵之后必然要拿到一定的用户权限之后，才能进一步的进行传播、破坏、窃取等操作，有的时候权限不够还需要想办法提升自己的权限，属于传染阶段。

3）隐蔽：为了不让对方发现自己已经被入侵，通常恶意代码会通过各种手段隐藏自己。例如：将自己的名称修改为合法的文件名、创建一个“合法”进程、修改系统原先的安全策略、只驻留在内存中等。

4）潜伏：如同现实生活中的病毒传染一般，很多时候病毒被感染后并不会马上就被触发，甚至永远也不会发作，就因为没有等到合适的机会或者条件。所以，多数情况恶意代码也会有一个潜伏期，潜伏期间主要做的事情就是不断地去试探相关环境和条件是否已经具备，类似于一个监听的过程，这样的条件包括权限、时间、进程状态、文件状态、是否收到指令等。

5）破坏：破坏性是很多恶意代码的共有特点，这里说的破坏不仅是对信息、系统的破坏，也包括数据的窃取。所以破坏指的是破坏对方的安全性（机密性、完整性、认证性等)。在工业控制系统中，恶意代码会窃取核心工艺参数信息、数据文件及盗取大量用户隐私信息，也可以使得工业控制系统某些功能不能正常使用或者直接控制和破坏关键基础设施的软硬件设备，从而造成巨大的经济损失和人员伤亡，甚至威胁到国家安全。

最后，恶意代码破坏之后仍会继续潜伏或者传染到新的目标实施攻击，当然也有部分高级恶意代码在达成目的之后就销毁证据然后进行自我消亡。

5.3.4.1 恶意代码预防技术

在了解了恶意代码的主要危害和传播特点之后，继续看下如何防治恶意代码。目前，主要还是通过管理和技术两种手段。管理上需要从安全教育、规章制度、行为规范上整体进行加强，关键是思想上对安全和对恶意代码认识的提高。我们在这里主要介绍下恶意代码预防的一些技术手段，最常见也是比较成熟的就是各种防病毒工具。恶意代码防护的商业化应用主要有两种形式，分别是基于终端的主机系统的恶意代码防护技术，一般人所熟知的杀毒软件、安全卫士就是这种方式。以及和基于网络设备，从而实现在网络传输过程中的恶意代码防护技术，典型的就是病毒网关。

其中，以杀毒软件为代表的基于主机的恶意代码防护技术，目前比较成熟的技术应用有四类：特征匹配技术、完整性控制技术、沙箱技术和白名单技术。

1）特征匹配技术：这是恶意代码检测中应用最多的技术，主要思路是提取已知病毒特有的代码特征作为比对样板，以后针对其他检测对象进行扫描的时候只要去检查是否有这个特征被匹配到即可。这种技术的优点是实现原理简单，速度也较快，不容易误报。但是特征库的特征很容易被绕过，比如通过变形、加密、压缩等比较简单的手段，对于新型的未知恶意代码也束手无策。

2）完整性控制技术：这种技术高度依赖于密码学技术的发展，以 Hash 和循环冗余等为主，目前完整性控制主流的密码学校验算法是 MD5、Sha1、Sha2、RIPEMD 等。这种校验完整性的方式有一个知名的特性叫做“雪崩效应”，一旦源数据被修改，哪怕只动了一个 bit，那么通过 hash 出来的固定长度的比对值也会发生巨大的变化，并且这种方式在可论证的碰撞强度下几乎是不可逆的。基于这种技术的恶意代码防护主要应用就是周期性地来比对我们的文件、程序、数据和内存等在存储、运行、传输过程中是否被人动过。这种技术的优点非常明显，如果遇到被恶意代码感染或者修改的时候可以快速发现异常。但是，其自身缺点也比较显著由于完整性控制技术发现的仅仅是变化，并不一定就是恶意代码的恶意行为，所以针对很多的应用场景这种技术并不适用。另外，如果恶意代码的手段比较高超的话在应用层可以实现校验参数的修改，很容易在另一个维度被绕过。

3）沙箱技术：一种从系统、底层驱动开始就被严格控制的系统环境，每一个程序或者文件都在各自被提前赋予的权限范围内访问所使用的资源和相关行为。一旦越权就会像在沙子上走路一般留下痕迹或者直接组织。这种技术非常极致，但是在实现的是效果和成本上和理想状态还有差距，并不能适用于所有场景。另外，沙箱本身的应用必然也会修改一些环境留下一些特征，一旦一些高级的恶意代码识别到这种特性就会发现沙箱的存在，即便不能绕过，也能很好地隐藏自己。

4）白名单技术：主机白名单技术根据系统中正常运行的程序及可信任的文件进行智能学习或者手动添加形成白名单规则，当恶意代码程序进行篡改或添加、删除运行程序或文件时，主机白名单软件进行自动阻断、隔离及报警。这种白名单技术本身也结合了一些完整性控制和沙箱技术的应用，所以其可能的缺陷也是在其依赖的平台或者技术本身。

另外，就是以防病毒网关为代表的基于网络的恶意代码防护技术，业界比较成熟的方式分别是网络恶意代码特征检测技术和网络异常行为检测技术。

5）基于网络的恶意代码特征检测技术，使用的特征与之前提到的基于主机检测使用的特征并不相同，其中一条具体的特征库规则一般会包含多个特征，多个特征整体的特性状态才能区分网络流量中是否包含了恶意代码。这种方式的变化主要是因为基于主机的恶意代码更多的可以直接通过特殊的代码以及文件特性来确定，而网络上传输的恶意代码则会有更多的协议特性、错位、重组等情况，同一种恶意代码在不同的环境下都会表现出不同的特征。这种技术依赖于高度完备和准确的特征库，应用在网关类产品最大的问题就是对于性能的影响太大，一般都会很明显的影响线上业务，同时也没有办法检测到新型的为止恶意代码。

6）基于网络的异常行为检测技术，这种技术最早产品化是由入侵检测技术发展而来，可以通过网络中对流量行为的自学习从而形成流量行为的白名单规则库，对于异常的流量行为不在白名单内的可进行实时阻断及告警。通过基于网络的异常行为检测技术可发现网络内主机、设备可能及感染的恶意代码，然后对应的采取控制措施进行实时控制。这种技术相比于其他技术具有非常大的优点，例如可以在恶意代码发作的时候快速发现其恶意行为，从而直接采取防御措施。也可以发现很多新型的未知恶意代码攻击，对于性能影响也比较小等。不过这种技术有一个比较难以满足的前提条件，就是需要保证我一开始学习的流量行为白名单是准确和完整的，这也是为什么这种技术到目前为止还没有被广泛使用和认可的一个重要原因。

现在恶意代码的发展已经非常发达，在很多行业中都已经形成了多条成熟的黑色产业链。正是因为整个产业的变化，最新的恶意代码普遍都体现出了惊人的复杂度、高超的隐蔽能力和强大破坏力，所以单单使用一种技术手段在当今的信息环境下都很难实现一劳永逸的结果，想要做好恶意代码的防范还是需要合理地综合应用多种技术，以及科学的安全管理手段。

5.3.4.2 恶意代码检测技术

提到恶意代码检测，一般情况下也就是尝试去发现已经被感染的恶意代码，这个时候恶意代码可能处于隐蔽阶段，也可能处于发作阶段。对于针对性强，技术要求较高且单一环境的恶意代码，如果技术水平足够我们一般会选择使用手工检测的方式，毕竟目前阶段人功智能的发展水平还远不能做到比人更了解自己的工业控制现场业务和系统的实际情况。但对于一些规模较大时间成本很高，对于环境特殊性也没有那么明显的情况，则更多的还是会选择借助成熟的工具进行自动检测。下面分别介绍下两种方式应用的主要方法和技术。

1. 手工检测

对于一般的现场技术人员来说，即便是手工检测也会为了效率选择一些方便查看和检查的小工具，常见的有 Debug. com，Pctools. exe，Nu. com 和 Sysinfo. exe 等，快速地了解一些系统信息以及特有恶意代码的感染情况。大多数有经验的安全技术人员在做这一步的时候，都会有针对性地去检查容易被恶意代码利用和攻击的位置，比如特定的内存空间、磁盘的相关位置、几个主要的进程等。然后按照经验以及与正常数据的比对，多数情况下就可以很快地发现一些异常，甚至直接判定所感染的是何种恶意代码。

手工检测技术要求检测者非常熟悉计算机的指令和操作系统，很多时候操作比较复杂，出错率较高且效率较低，在大多数的工业控制系统环境中是很难被普及的。当然，这种方式可以发现未知的恶意代码威胁，另外还有很多高度依赖环境特性的恶意代码隐蔽攻击。

2. 自动检测

在有一些成熟的自动化工具的时候，其实大家都会更愿意使用他们来进行恶意代码的检测，在这里也就是我们普遍认可和使用的杀毒软件。主流的杀毒软件基本上有一些入门计算机知识的操作人员就能很轻松的上手使用，方便快捷且操作简单。但由于其基于主机的特性，所以很多未知的恶意代码都是很难发现的。下面就专门针对杀毒软件自动检测的主要方法分别做下介绍。

1）比较法

比较法是将原始备份与被检测的引导扇区或被检测的文件进行比较。比较时可以利用打印的代码清单（比如 DEBUG 的 D 命令输出格式）进行比较，或用程序来进行比较（如 DOS 的 DISKCOMP、FC 或 PCTOOLS 等其他软件）。

2）特征代码法

特征代码法是用每一种计算机病毒体含有的特定字符串对被检测的对象进行扫描。如果在被检测对象内部发现了某一种特定字节串，就表明发现了该字符串所代表的计算机病毒，这种计算机病毒扫描软件称之为 Virus Scanner。

3）分析法

分析法是防杀计算机病毒不可缺少的重要技术，任何一个性能优良的防杀计算机病毒系统的研制和开发都离不开专门人员对各种计算机病毒的详尽而准确的分析。

4）校验和法。

计算正常文件的校验和，并将结果写入此文件或其他文件中保存。在文件使用过程中或使用之前，定期检查文件的校验和与原来保存的校验和是否一致，从而可以发现文件是否被感染，这种方法称为校验和法。在 SCAN 和 CPAV 工具的后期版本中除了病毒特征代码法之外，还纳入校验和法，以提高其检测能力。

5）行为监测法

利用病毒的特有行为特征性来监测病毒的方法，称为行为监测法。病毒具有某些共同行为，而且这些行为比较特殊。在正常程序中，这些行为比较罕见。当程序运行时，监视其行为，如果发现病毒行为，立即报警。

6）软件仿真扫描法

该技术专门用于对付多态性计算机病毒。多态性计算机病毒在每次传染时，都将自身以不同的随机数加密于每个感染的文件中，传统的特征代码法根本无法找到这种计算机病毒。因为多态性病毒代码实施密码化，而且每次所用密钥不同，即使把染毒的病毒代码相互比较，也无法找出相同的可能做为特征的稳定代码。虽然行为监测法可以检测多态性病毒，但是在检测出病毒后，因为不能判断病毒的种类，所以难以做进一步处理。软件仿真技术则能成功地仿真 CPU 执行，在 DOS 虚拟机下伪执行计算机病毒程序，安全地将其解密，然后再进行扫描。

7）先知扫描法

先知扫描技术是继软件仿真后的又一大技术突破。既然软件仿真可以建立一个保护模式下的 DOS 虚拟机，仿真 CPU 动作并伪执行程序以解开多态变形计算机病毒，那么应用类似的技术也可以用于分析一般程序，检查可疑的计算机病毒代码。先知扫描技术就是将专业人员用来判断程序是否存在计算机病毒代码的方法，分析归纳成专家系统和知识库，再利用软件仿真技术伪执行新的计算机病毒，超前分析出新计算机病毒代码，用于对付以后的计算机病毒。

8）人工智能陷阱技术和宏病毒陷阱技术

人工智能陷阱是一种监测计算机行为的常驻式扫描技术。它将所有计算机病毒所产生的行为归纳起来，一旦发现内存中的程序有任何不当的行为，系统就会有所警觉，并告知使用者。这种技术的优点是执行速度快、操作简便，且可以检测到各种计算机病毒；其缺点是程序设计难度大，且不容易考虑周全。在这千变万化的计算机病毒世界中，人工智能陷阱扫描技术是具有主动保护功能的新技术。

9）实时 I/O 扫描

实时 I/O 扫描的目的在于即时对计算机上的输入/输出数据作病毒码比对，希望能够在病毒尚未被执行之前，将病毒防御于门外。理论上，这样的实时扫描技术会影响到数据的输入/输出速度。其实不然，在文件输入之后，就等于扫过一次毒了。如果扫描速度能够提高很多的话，这种方法确实能对数据起到一个很好的保护作用。

10）网络病毒检测技术

网络监测法是一种检查、发现网络病毒的方法。根据网络病毒主要通过网络传播的特点，感染网络病毒的计算机一般会发送大量的数据包，产生突发的网络流量，有的还开放固定的 TCP/IP 端口。用户可以通过流量监视，端口扫描和网络监听来发现病毒，这种方法对查找局域网内感染网络病毒的计算机比较有效[41]。

5.3.4.3 恶意代码杀毒技术

根据恶意代码类型的不同，针对恶意代码杀毒的措施包括：

1）引导型病毒的清除

2）宏病毒的清除

3）文件型病毒的清除

4）病毒的去激活

5）使用杀病毒软件清除病毒

6）网络病毒的清除

而在一些极端情况，比如病毒刚刚发生还没有公开的或者商用的杀毒，甚至是查毒措施的时候，就不可避免地需要通过专业人士进行一些手工杀毒的方式进行处理。但是，基本的手工杀毒的方式大多数人其实还是可以比较容易掌握的。

这里针对手工杀毒的方式做下简单的介绍，最关键的前提是要对自己的检查对象有充分的了解，那这就需要我们去查看收集足够的系统信息，包括硬件状态、内存、日志信息、计划任务、网络连接、磁盘位、进程、注册表、启动项、系统文件、BIOS等，从这些收集到的信息中我们再进一步判断异常所发生的位置和被触发的原因和方式。然后通过手工或者借助工具的方式将这些发生异常位置的恶意代码文件、程序、连接等全部删除，然后将被修改的配置和相关信息进行复原。当然，如果不涉及到硬件和底层加载程序，直接重装系统也不失为一个快速省力的方式。

对于最主流的Windows系统，这里强调一下最需要关注的内容有查看日志、计划任务、查看进程、查看服务、查看启动项、查看网络连接、检查hook等。

5.3.5 蜜罐技术

提到蜜罐技术名称的由来，主要是基于对美好事物的诱惑而来的。在工业控制领域还有一个名称叫做威胁诱捕技术，所以蜜罐技术的应用更多的是故意想要被人探测、发现和攻击。类似于一种傀儡或者声东击西的技术，基本原理就是故意伪装成有安全漏洞的网络系统，诱使黑客对其进行攻击，在攻击者不知道的情况下，对其行为进行监视并记录。通过对这些记录数据的研究和分析，掌握到了攻击者采用的攻击方法、目的等信息，所以这是一种典型的行为分析安全技术。而蜜网通常包含一个或多个蜜罐主机，可以使用物理机或虚拟机来架设，是一个可控的复杂蜜罐网络系统。

工业控制系统蜜罐技术，主要模拟真实的运行的工业控制系统，有助于深入开展工业控制系统信息安全研究，及时了解当前工业控制网络安全态势，和新型的攻击特征，更好地方为国家、企业提供有效的防御方案、技术及应对方法。

工业控制系统蜜罐的数据采集一般有两种方式，分别为主机采集和网络采集。主机采集部署于蜜罐主机中，用于记录主机中的各类信息。网络采集部署于系统网络中，用于记录网络中的全部通信数据，一般为旁路监听的状态。数据采集内容包含蜜罐主机键盘输入、网络通信端口、系统日志、主机文件变化、网络通信数据包、PLC运行状态和远程操作日志。主要由五个模块构成：

1. 蜜罐主机模块

蜜罐主机模块系统中安有隐蔽的监控采集模块，该模块能够记录攻击者的键盘输入、打开的通信端口、系统的日志、文件的变化、建立的网络通信等功能，完整的记录了攻击者所进行的各类操作。

2. 旁路检测模块

网络数据旁路检测系统为一套专业的网络数据检测设备，通过采用旁路部署的方式将该网络数据检测系统部署于蜜罐系统中后通过配置交换机端口镜像功能将网络中所有的通信数据都发送给该系统进行分析记录从而发现攻击者的入侵及攻击数据包。

3. 工业控制系统状态监控模块

工业控制系统状态检测系统为一套定制化的监控系统。其功能为结合现场工艺，周期性的获取现场工业控制系统的寄存器数值，工业控制系统运行状态等数据从而判断工业控制系统的工作是否出现异常并进行报警。

数据篡改/工艺篡改检测，通过判断工业控制系统特定寄存器数值的变化是否超过指定区间来判断工业控制系统是否遭受数据篡改，工艺篡改等操作。

工业控制系统崩溃检测，通过查询工业控制系统的运行状态来判断工业控制系统是否遭受攻击后瘫痪。

工业控制系统状态监控系统具备工业控制系统部署功能。它预先存储了工业控制系统的正常工作状态，一次攻击完成后，监控系统将重新写入工业控制系统的寄存器，将其恢复到攻击前的状态。

4. 安全操作员模块

安全操作员站是部署于安全控制网中的一台主机，供用户查看蜜罐系统采集到的数据。

5. 工业控制环境模块

工业控制环境模块可以是由虚拟的软件系统构成，也可由真实的控制系统构成。其设计的核心就是需要尽量的真实，并且不容易被发现是伪装的。

5.3.6 态势感知技术

态势感知最早是军事名词，包括雷达、声纳、红外、激光探测等感知设备和技术侦查、不对侦查、卫星侦察等感知手段，主要进行各种情报的探测、获取和综合处理，以掌握战场内各方兵力部署、武器状态和战场环境等实时信息，是指挥信息系统的

"耳目"。

工业控制系统的威胁态势感知通过主动探测 IP 网络空间，在检索在线的工业控制系统、关键信息基础设施以及物联网设备的同时，获得设备详细的系统信息、地理分布以及安全隐患，是一种对区域内工业控制及物联网设备进行在线监控、威胁量化评级、网络安全态势分析以及预警的有效技术手段。

工业控制系统威胁态势感知技术中的关键技术主要体现为以下几点：

1. 工业控制数据挖掘技术

工业控制系统威胁态势感知的重点在于针对大量数据源的分析，因此工业控制数据挖掘技术至关重要，其目的是在大量的工业控制安全态势信息中找出有价值的数据信息，以便检测不确定的攻击因素和自动创建检测模型。我们从数据挖掘的定义中可以了解到它本身就是从大量的、不完全的、有噪声的、模糊的、随机的实际应用数据中发现隐含的、规律的、人们事先未知的，但又有潜在有用的并且最终可理解的信息和知识的非平凡过程。而工业控制的数据挖掘，以工业控制系统大数据为基础，从工业控制系统全网感知、工业控制威胁情报、工业控制节点安全入侵分析等多角度实现数据挖掘。

工业控制数据挖掘技术运用的分析方法主要包含 4 种，关联分析、聚类分析、分类分析以及序列模式分析。关联分析的作用是挖掘各种数据存在的某种联系，就是通过给定的数据，挖掘出支持度和可信度分别大于用户给定的最小支持度和最小可信的关联规则。序列模式分析与关联分析类似，但其分析更多的是数据之间的前后联系，通过给定的数据，找出最大序列，而这个序列必须是用户指定，且属于最小支持度。分类分析对集中的数据进行分析和归类，并根据数据的类别分别设置不同的分析模式，然后再分类其他数据库的数据或信息记。聚类分析与分类分析都是属于数据的分类，但两者的区别在于前者不需要对类进行提前定义，其分类是不确定的[42]。

2. 网络空间无状态扫描技术

该技术大多会采用多扫描节点的并行扫描方式，从而实现网络空间设备的快速挖掘，按照原始扫描方式效率太低实用性不高。通过多扫描节点的分布式调度实现负载均衡，整个过程包括主机存活判定、端口开放判定、协议识别判定、协议深度交互和设备识别判定、操作系统识别判定、漏洞发现判定。以上过程将实现细粒度的扫描任务，提高任务调度的并发度，而流水线作业式的探测技术还可以有效地穿透防火墙拦截。

网络空间无状态扫描技术，使用了类似于 TCP 半连接扫描和异步状态统计的模式，大幅度的提升了单次扫描的速度。将每个 TCP 连接标记唯一的特征，会话无需等待超时，通过异步状态统计来记录扫描结果。相比传统的采用记录 TCP 连接扫描状态，通过超时来判定目标主机是否存活的方式效率提高更为明显。

3. 态势信息融合技术

该技术也可称为多传感器数据融合技术，是处理多源数据信息的重要方法，其作用的原理是将各种数据源的数据结合在一起然后再进行形式化的描述。采用数据融合通用模型，该模型是目前数据融合过程的通用模型，有 4 个关于数据融合处理的过程，即目标提取、态势提取、威胁提取、过程提取。这些过程在划分上并不是根据事件的处理流程，每个过程也并没有规定的处理顺序，实际应用的时候，这些过程通常是处于并行处理的状态。目标提取就是利用各种观测设备，将不同的观测数据进行收集，然后把这些数据联合在一起作为描述目标的信息，进而形成目标趋势，同时显示该目标的各种属性，如类型、位置和状态等。态势提取就是根据感知态势的结果将目标进行联系，进而形成态势评估，或者将目标评估进行联系。威胁提取就是根据态势评估的结果，将有可能存在威胁的建立威胁评估，或者将这些结果与已有的威胁进行联系。过程提取就是明确怎样增强上述信息融合过程的评估能力，以及怎样利用传感器的控制获得最重要的数据，最后得出最大限度提高网络安全评估的能力[41]。

4. 威胁可视化技术

威胁可视化技术就是利用计算机图形图像处理技术，把威胁态势信息变为便于显示的图形图像信息，使其能够显示在 HMI 上，同时利用交互式技术实现网络信息的处理。

目前多数安全设备和技术措施在显示处理信息结果上，只是通过简单的文字或者图表形式，而其中的关键信息常常很难被提取出来，这一点并不便于真正的安全威胁控制和管理。工业控制威胁态势感知体系其中一个主要作用就是通过融合和分类多源信息数据，在进行决策和采取措施时能及时和找准切入点。这就需要将态势感知最后得出的结果用可视化的形式显示 HMI 上，充分发挥人类视觉中感知和处理图像的优势，从而保证工业控制系统的安全状态能得到有效地监控以及预测。

5.4 系统维护安全技术

主要针对用户的工业控制系统运维使用阶段中应用的安全技术，它包括整个信息安全系统的管理、人员和程序设计方面，是用户在建立其信息安全程序时需要考虑的。其中所涉及到的技术包括安全白名单技术、漏洞扫描与发现、补丁更新管理、安全监控技术、安全审计技术、安全加固技术等。

5.4.1 安全白名单技术

其实在系统结构设计中大量使用的防火墙技术所应用的访问控制功能就是一个最

有代表性的白名单技术应用，人工配置的每一条访问控制安全策略就是每一个访问路径的白名单规则。另外，还有之前介绍过的杀毒软件、蜜罐、可信计算、数据库安全中也都有所应用。在传统的信息系统环境中，针对未知威胁的发现通过简单的白名单技术肯定没有办法实现，但是从保障 ICS 的安全角度来看，它几乎可以做到最准确的防御。因为，白名单的未知威胁防御技术是一种与黑名单思路截然相反的安全防御方式，它本身不需要去分析和检测谁是威胁，只需要关心谁不是威胁就能做到安全防护的效果。

目前，工业控制系统中的数据泄密或破坏手段主要有四类：外网攻击、移动存储介质滥用、0day 病毒、人为操作。针对这几种情况，一定程度上，我们都能够通过白名单的技术应用来进行解决。例如杀毒软件基于黑名单的查杀方式所造成的误杀和业务影响在工业控制系统环境是无法被接受的，而工业控制系统环境中资产、人员、应用程序和业务的单一性，传统信息系统中因为环境的复杂性带来的白名单使用缺陷并不存在，所以采用白名单技术恰好可以解决这类安全需求。

5.4.1.1 资产白名单

随着“中国制造 2025”、“两化融合”的推进，越来越多新型设备进入工业控制网络，未知终端的安全越显重要，尤其是对于信息系统安全未全面覆盖的部分工业行业，未知终端的随意接入，便可访问整个控制系统网络，顺理成章地访问生产服务器和控制器，很多信息系统上承载着非常重要的生产数据，一旦信息或生产遭到系统受到攻击，给企业乃至国家都将造成巨大的损失。

“白名单”是与“黑名单”对应的一组概念，意指将一组对象按照风险等级进行分类，“白名单”是指设置规则中允许使用的名单规则，其意义是好的，被允许的，资产白名单即指在工业控制系统中被允许使用的资产，允许接入工业控制系统网络及可访问生产设备。

基于此，通过各工业控制行业的技术累积和现场扫描技术或手动生成常态的针对行业的设备资产库，并在调研大量国内国外的白名单技术后，形成适合工业控制各行业的资产库，包括现场生产设备、网络设备和网络安全设备以及便携式移动设备。

区别于对工业控制网络边界的防护，网络资产白名单适用于各区域内。如果一个设备信息被篡改后接入网络，也会被列出的资产清单报告检测出来，并且进一步采取相应措施。

除了现场的生产设备、网络设备，对工业控制系统造成极大威胁的是便携式设备 BYOD（Bring Your Own Device），如携带手机进入支持 Wi-Fi 的控制系统现场，或是在现场用笔记本控制现场设备，无论通过哪种方式，设备的 IP/MAC 地址等信息都会在网络交换机、网络监控器或其他监控设备上显现和记录，与最开始记录的白名单资产进行对比，最终识别出该接入设备的授权信息，如图 5－9 所示。

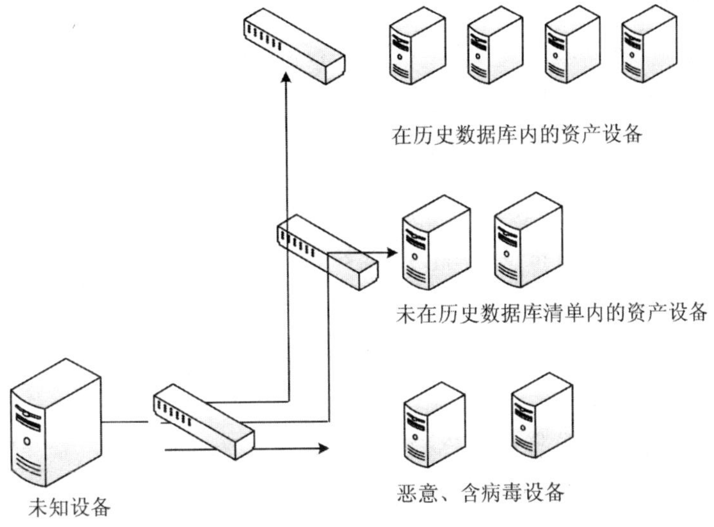

图 5－10　**未知设备接入过滤过程示意图**

在这个接口点隐含着一个很大的风险点，如果携带的笔记本在白名单资产清单内，并且一边通过 Wi－Fi 或 3G/4G 蜂窝网络连着外网，一边用网线连着现场控制设备，则该笔记本可将外网的攻击带到内网，从而将整个原本安全的区域暴露在攻击之下。

对于白名单资产清单而言——最好有一个可以查看工业控制网络全网的资产白名单宏图，介于安全高效的监控，白名单的建立可借助于监控产品产生的系统变量，随时查看全网资产情况，在界面上直观展示整个网络的设备指标，及时发现未知危险设备接入。

5.4.1.2　用户白名单

在计算机信息系统中，用户是一个不可或缺的重要元素。而在工业控制现场，由于用户有意/无意的操作导致安全事故的发生，其中，绝大多数的攻击事件是由用户发起，如生产数据泄密、非法访问和入侵等。加强对工业网络用户的管理，避免现场网络遭受因用户问题引起的攻击。

鉴于工业控制环境的特殊性，将关键功能授予管理员，严格遵循用户认证和访问控制，也就是如若关键系统发生的任何攻击均来自该管理员账号。在现场，由于管理账号的滥用和恶意用途，可能被劫持或用于其他恶意账号提升权限，从而轻易使得未授权用户获得管理员权限。

预设管理员各自权限后，除了阻止未知账号进入工业网络外，对自身的授权用户也进行监控和记录，避免发现攻击事件无法追溯。将可操控的管理员账号列入白名单清单，建立一个明确的指示器，一旦有账号请求登录，便与已知的白名单用户清单进行比对，如果用户在名单上，则允许登录，如果用户不在名单上，就会认为其为非法账号并生产报警发送给相关人员。此过程完成了辨别了所有用户可用性，限制资源被非法利用。工业设备部署之初，方便调试留存了不少默认账号和隐藏账号，如建立用户白名单时未添加到清单，用其登录一样被认为不在合法名单内，将产生报警。因此，建立白名单清单需考虑到默认账号和隐藏账号。

5.4.1.3 应用白名单

应用白名单在这里可以特指应用程序白名单（Application Whitelist，AWL），是指业务环境中对应用程序规则设置的允许使用的应用程序名单列表，其意义是被允许执行或允许被加载执行，不受控制的。对应的黑名单是指未经授权和不被允许的应用程序名单列表。

为理解应用程序白名单管理系统，我们先来了解防病毒软件。简单的说，防病毒软件所依赖的病毒库即是一个黑名单。当程序运行时，防病毒软件程序与对应黑名单中的内容进行匹配，如果匹配成功，就证明对应的程序可能是病毒、木马等具有危害的程序。而防病毒软件使用的这种黑名单技术有两个弊端。首先，黑名单的范围是确定的，当一类新的威胁程序不在这黑名单的列表中，同时又没有及时更新病毒引擎和病毒库，那么就会极易导致被攻击，这是黑名单机制的一大弊端。另一个问题是，随着病毒和木马等繁衍的越来越多，这种机制本身会导致黑名单的无限扩大，当其扩大到一定规模时，匹配检查将是一个异常耗时的工作，这就是现在我们的计算机安装杀毒软件后会变得相对缓慢的主要原因之一[43]。

但是说到阻止未知的新型威胁，黑名单技术可能就一筹莫展了，加上应用程序做黑名单控制也很难有可操作性，所以基于应用的安全白名单技术应运而生。在特定的应用场景下，需要针对场景中为了实现业务系统的正常运转所需要使用到的所有软件和应用程序进行统计，然后对其进行充分地代码审计、安全测试和分析，结合完整性检查方法的应用，一般为散列法，确保该应用是已认证安全通过的应用程序。国外已经有很多商用化的应用白名单安全服务，国内这一领域还刚刚起步，针对非常敏感的工业控制系统领域每一个管理也应该在内部去充分做一些这方面的安全校验工作，同时也要预防对此种安全技术针对性很强的水坑攻击的威胁。

5.4.1.4 行为白名单

网络攻击技术在不断进步和发展，攻击手段愈趋隐秘和复杂、攻击规模愈趋扩大，而现有安全防护体系强调外防，传统的基于规则、攻击特征的防火墙、入侵检测等单点安全保障措施在检测未知威胁和监测内部人员违规行为方面的效果很不理想，对未知威胁做到实时捕获基本不可能。因此，对未知威胁的发现亟需采取全新的技术思路。基于此，在调研了大量的国内外白名单技术后，专家提出了一种基于业务行为白名单的异常违规行为监测方法，目的是弥补传统安全防护措施的不足，围绕业务系统支撑的业务职能和业务数据，加强安全防护的内控，防止内部人员违规行为和泄密事件的发生，对现有安全防护体系形成有力的补充和完善。

在业务系统中，业务访问流程的网络行为轨迹是可以做到精确可寻的，可以通过对业务关键人员、关键业务访问路径、敏感资源等业务要素的白名单设定，有效监测任何攻击或操作在行为、流量、时间、路径等因素上表现出的异常，从而检测出传统技术手段无法发现的安全问题。基于业务白名单的异常违规行为监测方法的核心理念是通过对具体业务流全路径动态行为的综合分析，围绕业务安全需求，对关键业务路径、敏感数据资源进行动态综合监控和分析，实现对未知威胁的快速感知和深度分析，以及对未知安全事件的回溯评估、检测和取证。

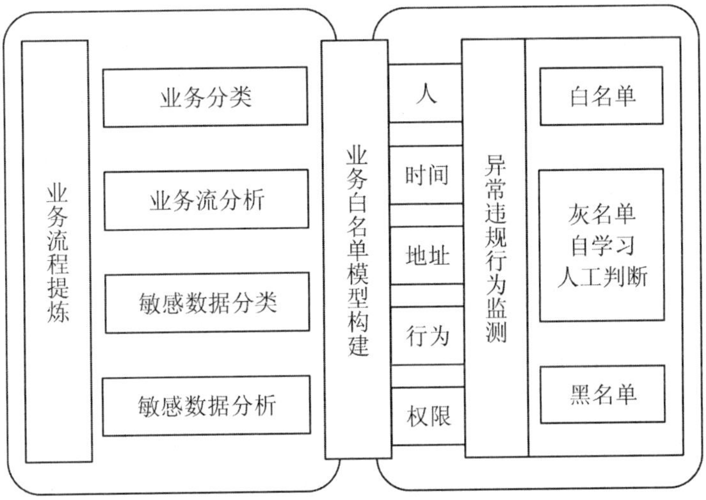

图 5-10　基于业务行为白名单的异常行为检测模型

基于业务白名单的异常违规行为监测方法以及一种用户行为序列模式的挖掘算法，通过对业务关键人员、关键业务 访问路径、敏感资源等业务要素的白名单设定，有效监测攻击或异常操作在行为、流量、时间、路径等因素上表现出的异常，及时发现异常违规行为，如图 5-10 所示。

基于业务行为白名单的违规行为检测流程整体技术处理思路如下：

1）从业务访问 URL 中抓取认证通过的账号，将姓名、身份证明和当前登录 IP 进行关联，形成动态字典表；

2）抓取网络访问流量信息和 URL 命令数据，若数据不在网络访问行为白名单之内则发出异常违规行为告警提示，否则进行 URL 监控；

3）建立角色-模块-URL 对应库和业务-账号-角色表，并动态维护 IP-用户-角色对应表；

4）发生URL访问后，根据URL判断URL与角色的权限符合情况，不符合则产生异常违规行为告警。

业务访问行为特征分析建模举例

业务访问包含3个维度：时间、空间、行为特征。

5）时间：指访问请求发生的时间。

6）空间：指访问请求的源地址/账号/访问对象，通过对空间信息的分析可以初步得到操作者的真实身份和意图。

7）行为特征：指访问方式和URL参数信息，用于辅助分析操作者意图，并提供解决问题的依据。因此，业务访问行为是一个多维数据集，访问分析的过程就是根据实际需要从时间、源地址、访问对象权限、访问频度和访问方式等角度透视数据集的时间、源地址、访问对象权限、访问频度和访问方式。

根据业务访问的3个维度，建立业务白名单访问模型，支撑基于业务白名单的异常违规行为监测[44]。

工业控制系统行为安全的目的是确保系统中重要资源，如关键工业控制设备等不被网络异常行为所威胁，常见异常行为包括设备被攻击、被入侵、设备被误操作等。通过综合利用安全监控技术、安全审计技术、态势感知技术、入侵检测技术和蜜罐技术确保工业控制系统的行为安全性。

5.4.2 漏洞扫描与挖掘技术

介绍漏洞扫描与挖掘技术之前，我们首先要对漏洞基本概念有一个准确的认识。工业控制网络安全漏洞是在其生命周期的各个阶段（包括需求、设计、实现、运维等过程）中引入的某类安全问题，比如在程序或者硬件设计之初，设计采用了一个强度比较低的加密算法设计。到了实现阶段，由于程序员开发时对内存调用和管理的不严谨，引入了缓冲区溢出的问题。运维管理阶段，系统管理员为了使用方便直接使用默认账号和口令维护关键的业务系统等等。这些都会最终成为工业控制系统环境下的安全漏洞，这些漏洞也必然会对工业控制网络的安全性（可用性、完整性、机密性）产生严重的影响。

分析工业控制网络所遭受的攻击方式，无论是攻击操作系统或底层控制器设备，还是利用网络协议和病毒进行攻击，归根结底都是利用各类工业控制网络安全漏洞的来完成的。而入侵的途径则可以通过办公环境的局域网、外部接入的互联网、城域网或者是VPN、现场环境的无线网络、短距离通信网（蓝牙、射频等）、公共通信设施等。即使现场设备不接入任何网络，是一个“孤岛”的状态，仍有可能受到通过可移动存储和工程师维护使接入设备所传播的恶意软件利用漏洞进行攻击。

工业控制漏洞分类按设备在工业控制系统的位置分为：上位机漏洞（操作系统漏洞、应用软件漏洞）、下位机漏洞（协议漏洞、后门、HMI 漏洞）；按设备、系统类型分为：软件漏洞、远程测控终端（RTU）漏洞、PLC 漏洞、网络设备（交换机、路由器等）漏洞、安全设备（防火墙、审计、网闸等）漏洞等；按漏洞产生原因分为：缓冲区溢出、dll 劫持、固件后门、提权、暴力破解、安全绕过、包回放攻击、明文密码传输、web 类安全漏洞（远程命令执行、sql 注入、代码注入、文件包含、任意文件上传、跨站脚本、XSS 跨站）等。

目前工业控制网络漏洞挖掘集中在操作系统、工业控制协议、Activex 控件、文件格式、web HMI、数据库、固件后门、移动应用等漏洞挖掘等几个方向。针对这些漏洞综合使用动态、静态测试方法进行漏洞挖掘研究。其中操作系统、工业控制协议、Activex 控件、文件格式、数据库这些漏洞的挖掘用到的主要是模糊测试技术。固件后门、移动应用等漏洞挖掘更多是静态分析技术和逆向技术。Web HMI 可以使用模糊测试和静态分析技术。

1. 工业控制漏洞扫描方法

优秀的工业控制漏洞扫描技术需要基于专业完整的工业控制网络安全漏洞库，依靠高效的漏洞扫描引擎和检测规则的自动匹配技术，从而实现扫描工业控制网络中的关键设备和软件，检测是否存在已知漏洞。扫描引擎的一系列核心功能至少包括工业控制通信协议支持、存活判断、端口扫描、服务识别和操作系统判断，同时具备 PLC、DCS、SCADA 等系统和软件资产的识别功能。

2. 工业控制漏洞挖掘方法

静态分析

静态分析漏洞挖掘方法，是指在程序非运行状态下，进行漏洞挖掘的技术，包括：静态代码审计，逆向分析，二进制补丁比对等漏洞挖掘方法。

静态代码审计：指使用静态代码审计工具结合人工代码审计的方法分析软件、系统源代码，从而发现软件、系统漏洞的方法。该方法只能用于公布源码的软件、系统。

逆向分析：指通过固件分析工具对固件解压，逆向汇编二进制代码，分析二进制代码函数及其逻辑，通过这些综合手段挖掘固件、二进制可执行程序安全漏洞的方法。此方法适合二进制可执行程序，设备固件。

二进制补丁对比：有些漏洞厂商发现了，并提供了修复漏洞的补丁，但并没有公布该漏洞。这个时候，可以使用二进制程序比对工具。通过比较补丁和原漏洞程序的不同点，可以发现原程序的漏洞。

动态分析

动态测试技术是指在程序运行状态下，进行漏洞挖掘的技术，主要通过格式分析、黑盒测试等方法，而最具有代表性的技术就是模糊测试，它本身也属于一种黑盒测试。

模糊测试的原理是通过向测试的目标对象输入大量非预期的数据，然后来观察是否会触发一些安全漏洞。比如设计之初我们只允许接受 0 和 1 两种信号指令，但是当系统接收到信号指令−1 的时候，是否会造成异常其实没有测试的时候我们并不知道。如果设计开发之初，并没有对负数的处理做特殊处理，或者数据类型使用的都是非负整型，但是又没有做有效地数据保护措施，就极有可能触发一些异常。当然模糊测试在实际应用中构造的输入远没有那么简单，并且整个过程也会通过工具自动化地快速运行。模糊测试的主要方式有如下两种：

基于预期数据进行变异：这种方法的思路是将原本设计的预期数据进行变异，进一步构造出大量特殊的数据作为输入。

基于生成规则进行构造：于前者正好相反，再拿不到预期数据或者数据标准的时候，这种方法需要对测试的目标所使用的文件和格式进行大量分析，从而了解到其具体规则特性反过来进行大量输入的设计构造。

在工业控制领域比较主要的模糊测试漏洞挖掘有文件格式漏洞挖掘、协议格式漏洞挖掘、activex 控件漏洞挖掘等。

文件格式漏洞挖掘：是指通过对文件按字节或按特定域进行突变，然后使用对应文件格式处理软件打开，通过突变的字节触发文件格式处理程序异常来挖掘软件安全漏洞。

协议格式漏洞挖掘：是指针对工业控制网络的通信协议进行突变或分析协议特点构造特定的包，然后发送给工业控制协议上位机服务器或下位机，监控被测目标响应，根据响应的异常来进行漏洞挖掘。基于工业控制协议的模糊测试是在深入理解各个工业控制协议规约特征的基础上生成输入数据和测试用例去遍历协议实现的各个方面，包括在数据内容，结构，消息，序列中引入各种异常。同时，引入了大数据分析和人工智能算法，将初始的变形范围主要集中在该厂商设备最容易发生故障的范围内进行密集测试，测试中动态追踪被测设备的异常反应，智能选择更有效的输入属性构造新样本进行测试，在迭代测试中不断更新模型参数和优化样本构造，使得同一类设备将来进行测试时能够自动选择更有效的样本优先进行测试，这样可以大大减少测试数据生成的盲目性和测试用例的无效性，提升关键代码的覆盖率和设备的异常检测能力。

Activex 控件漏洞挖掘：使用特定的工具，分析 activex 控件的导出函数及其参数，自动生成异常测试用例，并调用 IE 浏览器处理，通过监控 IE 的异常挖掘漏洞。

5.4.3 漏洞修补与补丁管理

一旦在工业控制网络及系统中发现漏洞，从安全角度出发就需要立刻进行漏洞修复。根据漏洞的性质及特点，可以采取打软件补丁、调整配置或者移除等方法进行漏洞修补。安装补丁和配置调整的修复方法需要小心操作，因为补丁严格地讲是一段用于修复已知漏洞的新代码，这段代码在安装前应该仔细进行测试。配置的变化也可以修复漏洞，但是可能会影响其他的工业控制系统及设备，因此，在做配置的调整之前需要做严格的可控测试。调整配置包括对漏洞系统自身的直接调整（如禁用脆弱的或不使用的服务、修改用户权限），以及对外部系统配置的调整（如修改工业防火墙等防护设备的策略）。获取补丁本身也是一个挑战，从供应商下载最新的软件需要连接到互联网，但由于有适当的安全区域，需要升级的系统不会进行这种连接。所以应该建立补丁管理区域，从而在在线补丁管理区域和需要升级的系统之间设置缓冲地带。当然，即便以这种方式获得的补丁通过存储设备和人工方式传送到需要升级的系统，这个过程也是一个潜在的攻击点，但一定程度上可以规避很多在线的威胁。

如果漏洞不能通过补丁或者更改配置来解决，则应该停止使用脆弱的服务。这个过程可能容易也可能非常困难，它取决于漏洞系统的关键性。如果 HMI 发现了 Microsoft Internet 信息服务（IIS）有漏洞，之后的过程会很简单：由于该服务在 SCADA 和控制网络中是不允许的，所以这个服务可以安全地停止使用。但是，如果相同的 HMI 核心 OPC 服务中存在漏洞，没有补丁可用，就不能简单地禁用该服务，因为禁用该服务将会禁用 HMI。在这种情况下，应该隔离攻击系统，有效地锁定其安全区域并防止在边界有任何异常访问。例如，如果有一个 HMI 系统存在 OPC 漏洞，所有通过 OPC 连接的系统都应该被分到一个区域中，然后与其他的具有很强防火墙策略的系统隔离。在这种情况下，应该考虑应用更高级的威胁和恶意软件检测手段，如在边界进行协议或应用程序检查，用以确保所有 OPC 协议流量是合法的和良性的。

在多数工业控制系统环境下，由于其业务的敏感度非常高，所以进行补丁验证的时候需要慎之又慎，在这里介绍三种相对安全和常用的现场补丁验证方方案：

原型验证：不少企业的工业控制系统，为了后期出现问题的分析定位或者进一步的研究，在为企业进行实施或者设计的合作单位处，还会单独有一套各方面都一比一进行设计建造的系统。如果有一些新的漏洞补丁需要验证进行测试的话，在这种系统下进行验证则是最为合适的。

停机验证：工业控制系统一般都会有一些时间点进行停机检修，在此期间也一般都会进行安全检测，此时就可以抓紧时间进行一些最新漏洞和缺陷的扫描及测试。

备件验证：在各种因素受限，短期内不具备前两者条件的情况下，那就会考虑使用工业控制系统的一些备用件进行单元测试。

获取和应用软件补丁最安全、最便利的方法是通过一个专门的补丁管理系统。因为这个系统将负责连接到互联网，并下载可能未经证实的软件，所以应该谨慎对待并与其他系统分离。由于补丁管理系统会引入大量风险，因此足够安全的“沙盒”是至关重要的。目前，通过商业补丁管理系统获取补丁时，存在以下风险：

1）无论是在补丁分发前还是在分发过程中，软件供应商的修补程序可能已经损坏或者被感染。

2）补丁管理工具可能会被攻击者作为一个攻击对象，利用补丁分发功能来攻击工业控制系统。

3）补丁管理系统可能被感染，会破坏接下来获得的补丁。

4）补丁管理系统可能被攻击者利用来进行识别正在使用的系统，以及那些补丁是否被应用到了正在使用的系统中。

5）一旦被破坏，补丁管理软件可用于提升系统权限，获得系统的管理访问权。

可以将补丁管理系统放置于开放互联网访问的安全区域之内，如业务网络。如果补丁管理系统需部署于 SCADA 或 DCS 网络中，则应该为补丁管理系统创建一个有真正边界的独立的物理隔离区域。补丁管理系统负责下载和测试补丁、配置文件、补丁升级以及管理其他第三方产品。

一旦补丁通过验证，应用补丁时也需要谨慎对待，即使是自身纯净的文件或者程序也可能会无意中影响目标系统的正常运行，特别是在工业设备上使用的旧版操作系统，而供应商只对新版本操作系统的软件更新进行测试和提供技术支持。为了确保新的补丁或配置不会影响目标系统，必须在功能识别测试系统上对应用程序进行完整的测试。理想情况下，应保持一个独立的测试网络，该网络包含所有系统的离线版本。由于操作系统的细微变化都可能会无意中影响第三方软件，因此若要给操作系统打补丁，就应该充分测试该主机上的所有使用中的应用程序。

许多较新的系统都支持自动更新，第三方商业解决方案也提供自动化的补丁分发与应用。自动分发有许多好处，包括保证获得的补丁能够成功应用。不过，用于获得和分发补丁的系统应被隔离，否则自动分发与应用机制会允许互联网攻击工业控制系统。如果需要，则实施补丁管理系统的两个实例：一是从隔离区中获取补丁；二是在补丁交付一个真正的物理隔绝系统后再分发有效的补丁。

5.4.4 安全监控技术

针对工业控制系统的安全监控，除了传统的物理环境、通信状态、终端主机、网络设备、安全设备、程序进程、用户行为之外，对于工业控制系统特有的组态环境、现场设备、现场控制器等也要进行监测和报警。而监控的具体对象类别包括有安全事件、软硬件资产、配置、应用程序、网络环境、用户信息、各类行为记录和其他相关信息。

根据实际的应用需求，目前安全监控的技术应用主要会完成以下功能：

1）从主机直接获取主机状态信息。在主机上收集信息一般需要在主机上安装代理软件，也可以通过标准的Syslog或SNMP等通信协议从主机上获取所需信息。获取的信息包含系统操作日志，安全日志，主机进程状态，数据库操作日志、硬件资源信息，如CPU和内存、磁盘利用率等。

2）从其他网络安全设备收集安全信息以及状态信息。工业控制系统的中的安全管理中心实时收集其它网络安全设备，如安全保护设备、安全审计设备等设备的安全信息以及状态信息。安全信息包括网络安全设备产生的各类安全事件，状态信息包括网络安全设备自身的运行状态信息，运行日志信息等。

3）对各类信息进行综合分析，将原始的安全信息经过关联分析，得到工业控制系统中存在的各类异常，如病毒、蠕虫、非法访问、攻击事件、网络安全设备运行异常等，并通过安全管理界面告警、手机短信息、电子邮件等方式通过安全管理人员。安全管理人员可在安全管理中心的网络拓扑图中明晰的看出安全事件所涉及到的范围，并能在安全管理中心所提供的处理流程建议的指导下，有针对性的做出及时响应。

4）根据运维人员的配置，提供不同周期，如每日、每周、每月、每年的网络安全分析报告，供安全管理人员进行进一步的分析。

监控技术的应用场景遍布所有工业控制生产应用和流程领域，例如：

1. 园区仓储物流

园区内仓储物流有三个环节：行驶在园区内的载货卡车、中转仓库、生产车间的物流存储。为了能保证仓库及生产车间的存货保证在一个合理水平，供应链管理需要实时了解这三个地方的物料情况。在传统人工场景下，需要人工检测并补给物料，由于没有完善的定位系统，需要依赖人工去查找物料位置，因此经常出现物料补给紧张导致产线暂停的情况，大大降低了效率。但通过监控技术，在物料箱上安装终端电子标签，可实时上报物料种类、及位置信息，这样可对园区仓储物流进行高效管理。

2. 智能装配

通过监控链路给生产线设备嵌入电子标签，可实时上传设备状态及定位信息，全面掌控设备健康信息，为企业预测性维护计划提供依据，提高了生产管理能力和效率，实现可视化生产；另外通过实时上传能耗数据，可动态掌握功耗情况，节能降耗。

3. 能源行业

通过监控网关可将钻井平台的油压、油温等参数实时传递到中控室，确保钻井平台的实时监控，保证生产作业安全；露天矿通常处于偏远区域，矿坑深，面积大，通过对车辆的运营状态进行监控、对车辆进行定位及控制，同时上报矿坑斜坡参数，进行远程安全生产。

4. 智能社区

通过在小区水表、电表、气表安装终端模组，可实时读取信息并检测小区环境参数。模组通过接收基站信号，可将终端数据无线上传，做到智能抄表。另外，还可用于家电等智能控制、以及停车位的检测。

在以上这些基本业务流程监控的基础上，针对应用系统可用性以及安全性监控，可以通过多条网络线路采用远程探测的方式（包括 Ping、Telnet、Tracert、DNS 查询等），对用户指定的应用系统域名或 IP 地址进行 7*24 小时互联网连通性检测，及时发现网络中断、DNS 解析故障等问题，并向用户进行预警，协助用户排查、定位故障原因。

5.4.5 安全审计技术

工业控制安全审计和传统信息安全审计技术措施，一般都直接采用监听模式，对工业控制系统进行实时地安全监测和审计，相对来说工业控制系统中的安全审计覆盖面会比传统的信息系统来的更加广泛，涉及到更多的工业控制设备、协议、网络和系统漏洞信息。加上多个历史和实时数据库的应用，审计取证的工作也会显得更加复杂。

5.4.5.1 安全审计系统应具有的功能

安全审计系统是实现工业控制网络安全的基础技术设施，基本功能是实现高效的网络数据采集，支持分布式的安全审计。与工业控制网络中其它安全设备和措施，如工业防火墙、入侵检测系统等进行实时地配合，有效的保障工业控制系统的整体网络安全。

系统主要功能一般包括：

1）工业控制网络行为审计：深度解析工业控制协议，生成协议审计的统计数据，通过模式匹配的技术，分析出不合规的工业控制网络数据，对合规的和不合规的数据生成审计记录。

2）工业控制网络流量审计：对工业控制网络中的流量进行实时审计，在工业控制设备流量异常时能进行实时告警，能对流量数据进行基本的分析和记录。

3）确保审计进程被保护：系统能确保审计自身的业务和审计的记录被有效保护。

4）未知设备接入记录：能对工业控制网内的未知设备地接入行为进行实时告警，迅速发现网络中存在的非法接入。

5）丰富的报表功能：对审计记录提供多维度的数据分析、展现方式，提高审计记录的可读性。

5.4.5.2 安全审计系统的实现

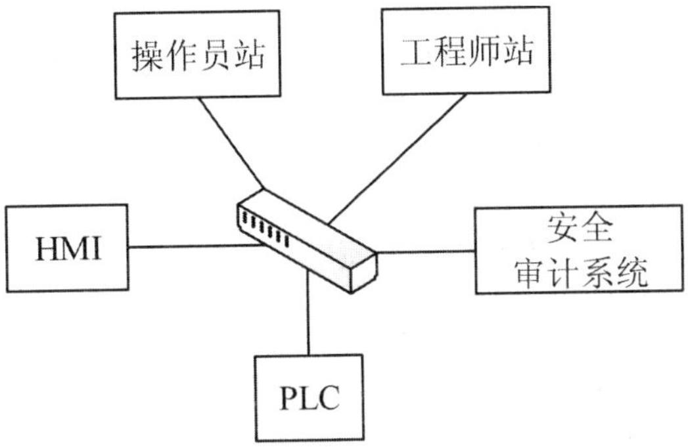

图 5－11 安全审计系统部署示意图

多数工业控制网络安全审计系统的部署都是旁挂于运维管理区域或者核心交换机的，如上图 5－11 所示。安全审计系统可直接连接至上位机（如 SCADA、HMI）与下位机进行数据交换的交换机镜像端口，就可以对上位机向下位机下发的各类控制指令以及下位机反馈的各类监控数据进行数据采集和安全审计。并联的旁路部署方式，也不会影响原有的工业控制系统的正常运作。

这里列举一个典型的工业控制安全审计系统的处理流程，如图 5－12 所示：

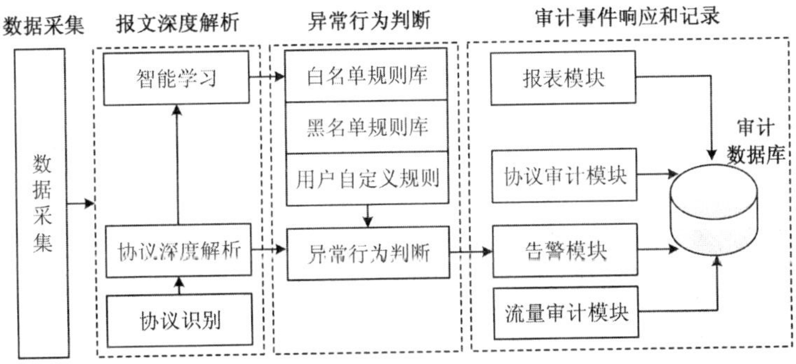

图 5－12 一个典型的工业控制安全审计系统处理流程

1．数据采集

数据采集模块的目的采集工业控制网络中的网络数据包，将安全审计系统的业务口连接至交换机的镜像端口，捕获所有的导出到交换机镜像端口的流量。注意由于安全审计系统的业务网口收到的是交换机的镜像端口导出的其它设备的流量，报文中的目的 MAC 地址不是安全审计系统业务网口的 MAC 地址，如果不将该网口设置为混杂模式，安全审计系统的网卡默认会丢弃该报文。为提高报文捕获效率，避免内核态和用户态之间的报文拷贝，一般会采取内核和用户态共享内存区域的方式，当内核捕获到数据包以后直接写到共享内存，减少了至少一次复制操作，能有效的提高系统性能。

报文写到共享内存后，后续的报文深度解析进程就可以开始进行报文深度解析了。

2. 报文深度解析

报文深度解析模块，主要完成工业控制协议识别和工业控制协议信息深度解析的过程。其主要步骤包括：

1）IP 分片重组，由于工业控制报文可能在传输路径中被 IP 层进行分片，经过分片的 IP 报文必须经过重组，得到完整的数据包。

2）TCP 重组，如果工业控制协议的传输层使用 TCP 协议，报文深度解析模块也必须完成 TCP 层的重组过程。

3）工业控制协议识别，工业控制协议识别是工业控制协议深度解析的基础，即识别网络报文的工业控制协议类型，如 MODBUS/TCP、S7、GOOSE 等。可根据端口识别方法、特征识别方法、或者两者结合的方法，如利用端口识别，再利用特征字节验证。

4）工业控制协议的深度解析，根据各个工业控制协议不同的报文格式，深度解析工业控制协议的内部结构，如命令字、子命令字等。

5）智能学习，其原理是将协议深度解析结果作为输入，将工业控制网络中所有的正常运作智能学习成规则，生成白名单规则库，避免了人工逐条编写规则的不方便和不准确性。

3. 工业控制异常行为判断

将工业控制网络报文进行深度解析后，与协议特征库进行模式匹配，关键点在于协议特征库的建立，其来源主要有以下几类：

1）黑名单规则库，即工业控制协议漏洞库。

2）白名单规则库，由智能学习模块通过机器学习得到。

3）用户自定义规则，作为前两种方式的补充。

4. 审计事件响应和记录

1）对于异常行为，进行实时告警。同时，还要对所有行为，包括正常行为以及异常行为都生成协议审计记录，协议审计的记录内容需要包含记录发生的日期、时间、类型、主体标识、客体标识、事件的结果等。

2）流量审计模块，要对工业控制网络流量进行多维度的记录与分析，如按协议记录，按 IP 记录，当流量异常，如工业控制设备流量为零时，要能实时进行告警。

3）报表模块，需要提供友好的、直观的分析报告以及自动报表生成机制来保证工业控制网络管理员及时的、清晰的了解网络中各种异常状况以及安全事件。

5.4.6 安全加固技术

安全加固是对工业控制系统中的主机、系统及设备的脆弱性进行分析并修补，强调针对主机、系统、设备的安全保护加强。安全加固通常建立在安全风险评估的结果基础之上，对评估的对象进行安全加固。

安全加固的目标是解决在安全评估中发现的技术性安全问题，对其中涉及的安全风险进行加固，加固之后，系统中不再存在高风险和中风险安全漏洞（根据 CVE 标准进行参考）。安全加固基本原则如下：

1. 安全加固不能影响目标系统所承载的业务的正常运行；
2. 安全加固不能严重影响目标系统的自身的性能；
3. 安全加固不能影响与目标系统相连的其他系统的安全性和性能的明显下降。

在工业控制网络中，工业控制系统、设备是互相关联和影响的，需要对工业控制网络作为一个整体进行安全加固，以下从网络边界、工业控制设备及系统、主机及服务器等几个方面介绍安全加固的技术及措施。

1）网络边界安全加固

在工业控制业务场景下主要的三套网络有：企业信息网、监控管理网、设备控制网，网络的边界处针对工业控制系统在数据采集过程中需要进行安全加固，可以采用数据采集隔离、网闸或者防火墙技术进行安全加固，加固的隔离措施需要具备对工业控制协议的深度解析和防护能力，可自由部署五元组防护策略，并对端口进行动态识别与控制，同时也成为数据中转缓冲的隔离区，有效防止不同网络间的数据透传。可以遵循以下几项原则：将流入和流出流量做区分制定不同的安全策略；只开放使用的正常业务端口；主要业务和普遍适用的安全策略放置于前面，从而减少无谓的消耗；根据安全告警信息和 SIEM 分析结果选择性地在某些时间段关闭一些业务端口或者地址等。

2）工业控制系统及设备安全加固

在工业控制网络中，存在众多的 PLC、DCS、SCADA 等设备及系统，针对工业控制设备和系统需要在上线及停机检修时进行漏洞检测，并对发现的漏洞进行漏洞修复。对于在线运行的工业控制系统及网络，可以进行整体的安全风险及威胁的评估，根据评估结果对其风险进行加固。如对于无法进行漏洞修复的设备，可以对其进行流量的审计，同时也可在其前端部署安全防护设备，实现多种工业控制网络协议数据的检查、过滤、报警、阻断功能，另外还有基于工业漏洞库的黑名单入侵防御、基于机器学习的白名单主动防御、以及大规模分布式实时网络部署和更新等功能，从而对 PLC 等工业控制设备及系统进行实时的全面保护。这样，通过各种方法快速识别出系统中的非法操作、异常行为及外部攻击，在第一时间执行告警和阻断，从而实现工业控制系统及设备的安全加固。

3）主机及服务器安全加固

信息系统的绝大多数安全威胁来自于内部，包括末授权的访问、有意或无意留下的安全漏洞和信息泄露、内部人员的恶意攻击。因此，有必要加强内部网络尤其是主机及服务器的安全，可以重点针对以下几个方面进行安全加固：主机的脆弱性、攻击类型、人员安全意识和行为习惯。

针对工业控制网络中主机及服务器安全加固，需要监控工业控制主机、服务器的进程状态、网络端口状态、USB 端口状态，并以白名单的技术方式，全方位地保护主机、服务器的资源使用。根据白名单的配置，会禁止非法进程的运行，禁止非法网络端口的打开与服务，禁止非法 USB 设备的接入，从而切断病毒和木马的传播与破坏路径。

针对工业控制网络中主机、服务器安全加固需要提供严格的 USB 存储设备管理，U 盘、USB 硬盘等存储设备在接入工业控制主机使用前，必须先经过使用授权。未经授权的 USB 存储设备不能使用，经过授权的设备，也不能进行超越其权限的操作。通过授权管理能够有效防止文件泄密。同时，还需要审计 USB 存储设备的文件操作行为，为事后追责提供依据。有条件的话数据存储建议不使用 USB 设备，使用光盘刻录。

目前大多数工业控制系统的计算机操作系统均基于微软公司的 Windows 平台。Windows 系统自身常见的组网的模式有工作组（Workgroup）和域（Domain）。如果没有做特殊配置的话默认多数都是处于工作组的模式，相比基于域模式的组网方式就显得有很多安全隐患。

除了上述网络边界、工业控制设备及系统、主机及服务器的主流安全加固技术，还需要根据加固目标的不同引入其他措施，如修补系统 Bug、严格账号策略、用户授权认证、登录口令认证、停止多余服务等通用的加固技术及措施。

安全加固前一般情况下都需要根据工业控制网络及系统的实际情况进行风险评估、漏洞检测、渗透、基线检查等，检测后细化加固的目标及现有系统的安全状况，收集被加固设备相关信息，根据收集信息及安全状况制定合理的加固方案。同时，为了防止加固可能引起的不良后果，需要制定回退方案和应急方案。回退方案用于加固导致系统不可用或者没有达到预期目标时将系统回退到加固前的状态，应急方案用于处理其他不可控的情况，比如加固失败后无法回退的情况，全部方案审核通过后方可进行安全加固。

5.5 常见工业控制系统网络安全工具

网络安全工具是我们在做安全工作中必不可上的组成部分，能够大大降低我们的重复工作量并降低系统型工作的复杂度。典型的安全工具可以协助安全人员实施端口扫描、指纹识别、流量分析、应用安全检测、木马分析、漏洞发现、漏洞利用等，根据工作方式，可以分为在线模式和离线模式，根据工具的商业运营模式，可以分为开源免费、开源收费、商业软件等。根据工作重点，可以分为流量分析、漏洞检测、端口探测等。目前很多网络安全检测工具也支持工业控制设备的安全检测，在这里仅对部分在工业控制系统中常用的安全工具进行基本介绍。

5.5.1 设备扫描及发现

设备扫描及发现类的安全工具主要目的是发现接入到网络环境中的各类软硬件资产，并初步收集到其相关的设备软硬件、网络拓扑、开源情报等信息，便于后期进一步分析使用，是整个安全检测的准备环节。

1. Nmap

NMAP也就是Network Mapper，最早诞生于Linux平台，专门用来扫描网络连接状态，推断业务开放情况和系统类别。现在加入了更多功能特性的优化和插件扩展，也支持了对工业控制系统中大量设备的识别、扫描和仿真的能力，并有良好的自我隐蔽能力。

NMAP几乎可以说是所有安全工作者的必备网络安全工具，在渗透过程中一般都是在进行网络服务和系统状态信息收集阶段被使用，然后进一步计划后续的攻击或者测试手段。

2. Shodan

首先，Shodan是一个搜索引擎，但它与Google这种搜索网址的搜索引擎不同，Shodan是用来搜索网络空间中在线设备的，你可以通过Shodan搜索指定的设备，或者搜索特定类型的设备，其中Shodan上最受欢迎的搜索内容是：webcam，linksys，cisco，netgear，SCADA等等。

和其它搜索引擎一样，Shodan每天都在互联网上不断的爬行和抓取信息。其名字取自风靡一时的电脑游戏“System Shock”中的邪恶主机。其保存的搜索项之一是“Server：SQ-WEBCAM”，它可以为我们显示出当前连接的多个IP摄像机。

Shodan之所以被认为是对黑客友好的搜索引擎，主要是因为利用它可以搜索到许多对黑客有利的信息（例如：banner信息，连接类型等）。虽然这些信息也可以在像

Google 这样的搜索引擎上找到，但前提是你必须得知道正确的 Google 搜索语法。

通常，Shodan 还将揭示设备的指纹，密钥交换（kex）算法，服务器主机密钥算法，加密算法，MAC 算法和压缩算法。

如果无意中你的一个设备被显示在了 Shodan 搜索结果中，并公开了你一些不想被公开的信息。那么，这将会是你弥补漏洞的好机会，对于渗透测试者来说，任何数据都有可被利用的价值。

5.5.2 漏洞扫描及发现

漏洞扫描及发现工具是在了解目标环境的基本信息和状态的情况下，有针对性地测试目标系统可能存在的漏洞缺陷，以有利于找到可能被攻击者所利用的问题，尽早进行弥补和防范。由于漏洞扫描通常包含很多错误结果，导致测试人员误入歧途，特别是不同的操作系统和版本控制，产生的错误比例有的时候超过 50%。为了减少这种这种错误，一般测试的时候至少会选择两个漏洞扫描器。

1. Nessus

Nessus 作为知名的漏洞扫描分析工具被全球超过 75，000 个机构所使用，虽然从当年的免费软件现在转为商用化软件，但是仍然有大批的拥趸。不同于一般 C/S 架构的漏洞扫描工具，Nessus 还支持 B/S 的方式部署使用，不论从资源调度还是使用方式上都来的更加灵活。然后，Nessus 针对每一个漏洞都有一个对应的插件，实现漏洞库的模块化，这种插件同 NMAP 类似使用的是 Nessus 自己的脚本代码实现的，这种形式大大的方便了漏洞库的维护管理。而在所有扫描结束之后 Nessus 也有多种格式支持的专业数据报告会输出，详细呈现并分析了统计扫描的结果，以及对应的防御方式。

2. APPscan

APPScan 是业界第一款并且领先的 Web 应用安全测试工具包，也是唯一一个在所有级别应用上提供全面纠正任务的工具。APPScan 扫描 web 应用的基础框架，进行安全漏洞测试并提供可行的报告和建议。APPScan 的扫描能力，配置向导和详细的报表系统都进行了整合，简化使用，增强用户使用效率，有利于安全防范和保护 Web 应用基础架构。

另外，在国际最知名的商用安全扫描工具中，提供简体中文支持的也只有 APP-Scan 一个。

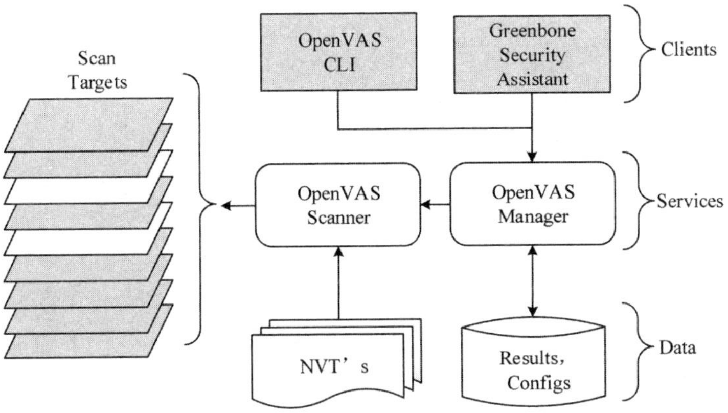

图 5-12 OpenVAS 架构模型

3. OpenVAS

OpenVAS 是一个提供全面而强大的漏洞扫描和漏洞管理解决方案的服务和工具框架，号称是世界上最先进的开源漏洞扫描器和管理器。支持实时地更新漏洞库，截止到本书编辑为止漏洞数大约 5 万个。

5.5.3 漏洞利用及渗透

通过自动化或者手工的方式对脆弱的目标系统进行扫描之后，所掌握的漏洞信息其实并不一定都是可以被直接利用的。我们可能需要借助一些工具进行漏洞利用的测试，或者直接模拟攻击者进行渗透测试。

渗透攻击到目标系统后，紧接要做的就是对系统的服务特征和本地环境进行快速评估，进一步进行资产识别、提权、留后门、删除痕迹等操作。

1. Metasploit

Metasploit 是业界最知名的安全工具之一，多年被安全工作者评为最伟大的安全工具，并且其还是完全开源免费的，千千万万的安全工作人员常常使用这个工具来对漏洞进行安全检测和利用测试。Metasploit 本身也有一个漏洞库，可以在线查看其如何生成对应的漏洞，最新版本已经支持 IOT 模块，为工业控制系统和物联网领域的安全工作做了必要的安全支持和补充。

不过也正因 Metassploit 的这种开放性和良好的架构，使得其也常常是网络攻击者的强力武器，类似的工具还有 Core Impact、Canvas 等。

2. BurpSuit

BurpSuite 是一款信息安全从业人员必备的集成型的 Web 渗透测试工具，它采用自动测试和半自动测试结合的方式，本身是专门用于攻击 web 应用程序的集成平台。工具中包含了包含了 Proxy，Spider，Scanner，Intruder，Repeater，Sequencer，Decoder，Comparer 等许多功能模块，并为它们设计了许多接口，以促进加快攻击应用程序的过程。

其基本原理就是通过拦截 HTTP/HTTPS 的 web 数据包，充当浏览器或相关应用程序的中间人，进行拦截、修改、重放数据包进行测试，是 web 安全人员的一把必备的瑞士军刀。

5.5.4 流量分析

不论是在业务运维、安全分析、审计取证等阶段，针对流量和业务分析都是必备的手段，而这种类型的分析工作几乎没有办法纯粹依靠人工完成。下面介绍几个不论在传统信息系统环境还是工业控制系统环境都比较知名和常用的工具。

1. Wireshark

Wireshark 是目前全世界最广泛使用的一个免费开源的网络数据包分析工具，主要功能是劫取到网络中转发的数据包，并尽可能显示出最为详细和便于分析的数据包信息，有非常强大的可视化呈现和数据分析统计功能。Wireshark 可以支持不同的系统平台，但是依赖于底层网络的驱动包，例如 Windows 的 WinPCAP、Linux 的 libpcap，USB 无线网卡环境下需要用到的 usbpcap 等。

2. Snort

Snort 是通过 C 语言开发的一个跨平台实时流量分析工具，同样是免费开源的流量分析工具，相比 Wireshark 其在深度分析和自定义规则方面有十分出色的能力和扩展性，所以渐渐也被用作入侵检测和防御领域，尤其是国内大量安全企业都是基于 Snort 的框架进行的相关安全产品开发。

随着多年的发展，目前 Snort 在数据包嗅探和协议分析上的地位已经被 Sniffer、wireshark 所替代，但是网络入侵检测模块的价值则广受好评，不仅包含了众多规则库，还支持用户自定义一些规则并做相应的防御动作。

3. TCPDUMP

TCPDUMP 是在 BSD 下发布的自由软件，是一款运行在命令行下的嗅探分析工具，同样是开源的分析工具，不同于其他工具的最大问题可能是它自身并不支持图形化的方式进行使用，但是如果我们熟悉了其使用命令之后也会发现其使用的便捷和高效。另外相对于另外几个流量分析工具，TCPDUM 可能更多的是被系统和网络管理人员所使用。TCPDUMP 有良好的接口支持，因此具备很好的扩展性，对于网络维护和入侵者都是非常有用的工具。

4. Beeswarm

蜜罐系统一般不会主动产生流量，而是被动的等待攻击流量。Beeswarm 则是一款主动诱骗攻击者的蜜罐，可以模拟客户端与服务器的通信（诱饵通信），诱骗黑客攻击蜜罐，以对付企图通过网络监听获取敏感信息的攻击者。诱饵通信中，包括大量攻击者可能非常感兴趣的信息，如用户名口令、管理后台等。如果有攻击者在网络中进行窃听，获取了诱饵通信的内容，并使用这些敏感信息（如使用诱饵登录凭证）登录系统，Beeswarm 就能发现网络攻击。此外，Beeswarm 也做了很好的细节处理，如对于交互式的协议（如 ssh 和 telnet），诱饵会话的流量模式将会匹配人类的打字速度，目的是使诱饵会话流量看起来合法而且能够吸引黑客。

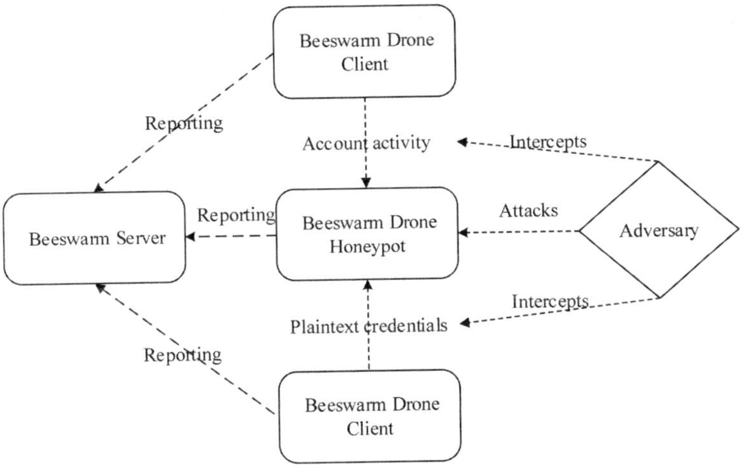

图 5－13　Beeswarm 欺骗框架示意图

5.5.5　漏洞挖掘

针对工业控制厂商和研究机构，安全工作的投入很大一部分其实都花在了安全测试和漏洞挖掘上，这是一项需要深厚技术积累和技巧的工作，但是也有一些可以辅助技术人员进行安全分析研究的工具，这里简单介绍两个比较知名的分析工具。

1. Kitty

Kitty 是一个用 Python 编写开源的模块化和可扩展的模糊框架，专门进行静态分析，比很多商用工具来的更加出色，不仅简化了数据的呈现，对于数据的传输、目标的监视等方面都有很好地支持。为了更好地进行模糊测试工具，kitty 具有模块化、可扩展性、丰富的数据建模、有状态的测试、客户端和服务器模糊化、跨平台性等特性。

它的框架大致如下：

```
Fuzzer+———Model＊———Template＊———Field
  |
  +———目标+———控制器
  | |
  | ＊———监视器
  |
  +———接口
```

2. OllyDbg

OllyDbg 是一种动态反汇编分析调试工具，拥有很好的可视化用户体验和插件扩展能力，结合了 IDA Pro 和 SoftICS 的很多出色特性，并且是免费的。

5.5.6 固件分析

工业控制系统环境下，大量的工业控制设备、网络设备、移动设备等使用一些嵌入式系统运行，其加载的固件自身的安全性在工业控制系统中的重要性相对其他行业来看也就显得尤为重要。而针对固件分析的工具也就变成了工业控制安全维护和研究人员必须掌握的基本技能之一。

1. binwalk

Binwalk 是一个快捷并易于使用的工具，工具本身非常小巧但是功能强大，主要用于分析逆向工程和提取固件镜像。并通过自定义签名，提取规则和插件模块，还有比较重要一点的是可以轻松地进行扩展，支持脚本自动化。

2. IDA Pro

IDA Pro，全称是 Interactive Disassembler Professional，是一个同时支持 Windows，Linux 和 Mac OS X 平台的多处理器反汇编调试工具软件，它提供了非常丰富的功能。是由编程天才 Ilfak Guilfanov 在多年前开发而成，目前是 Hex－Rayd 公司旗下的王牌产品，是广大安全分析工作者手头最重要的工具之一。

IDA 本身就是一种通过递归下降实现的反汇编器?，但是其优秀的实现方式使得其效率非常高。例如 IDA 不仅做到了数据与代码的简单区分，还能针对数据的类型进行识别，派生相应的变量信息、函数名称等，极尽所能使得结果更接近原始代码，显著提升了安全分析工作者的可读性。

5.5.7 无线渗透分析

在工业控制环境以及日常的办公环境下，无线网络的应用变的越来越多，这种技术在方便业务运作和日常办公的情况下，也彻底打破了原先认为相对安全的物理隔离措施。因此，无线安全的问题以及渗透测试在近几年变的越来越迫切和重要。

1. WiFi－Pumpkin

WiFi－Pumpkin 是一款无线安全检测工具，利用该工具可以伪造接入点完成中间人攻击，同时也支持一些其它的无线渗透功能。旨在提供更安全的无线网络服务，该工具可用来监听目标的流量数据，通过无线钓鱼的方式来捕获不知情的用户，以此来达到监控目标用户数据流量的目的。其主要功能如下：

1）Rouge Wi－Fi 接入点功能

2）Deauth 攻击目标客户端 AP 功能

3）探测请求监测功能

4）Crendentials 凭证监视功能

5）DHCP 攻击

6）虚假的 MAC 地址广播 DHCP 请求攻击

7）HSTS 劫持攻击功能

8）支持 airodump 扫描检测功能

9）支持 mkd3 洪水攻击

10）支持 beef hook 功能

11）可生成 html 日志

12）支持 Mac 地址变换功能

13）支持 ARP 攻击

14）支持 DNS 欺骗功能

2. Aircrack

Aircrack 是目前最流行的 WiFi 密码破解工具。市面上能破解 WiFi 加密的工具有很多，不外乎利用 WEP 安全漏洞或者暴力字典攻击的方式破解 WPA/WPA2 PSK 密码。WPA2 AES/CCMP 加密依然是相对安全的选择。如果采用 WPA2 PSK 模式，那么你的密码长度最好是 13 位以上混合字符。在你的 Wi－Fi 网络被入侵或者“蹭网”之前，最好先用破解工具自我攻击一下。Aircrack 是一个开源的 WEP/WPA/WPA2 PSK 破解工具，可以运行在 windows、Mac OS X、Linux 和 OpenBSD 上。可以下载到 Vmware 镜像文件或 Live CD 文件。

5.5.8 社会工程

在渗透测试和真实攻击中，尤其是传统的工业控制系统环境，社会工程学是最有效的攻击方法之一，特别是与目标系统发生了物理隔离的时候。作为一种渗透攻击的辅助手段（有的时候则是成败关键），社会工程关注的是非技术方面的攻击，具体来说就是利用人的信任关系或者内部人员的帮助，通过欺骗的手段入侵一个网络及其资源，这里重点介绍社会工程工具包 SEToolkit（Social－Engineer Toolkit）。

SEToolkit 是 David Kennedy 基于 Python 开发的工具包，主要协助社会工程攻击而设计，它的一个重要特性就是可以和前文提到的 Metasploit 框架进行相互连接。其中社会工程的主要功能包括：

1）鱼叉式网络钓鱼攻击

2）网页攻击（钓鱼）

3）传染媒介式（俗称木马）

4）建立 payloaad 和 listener

5）邮件群发攻击（夹杂木马啊 payload 的玩意发给你）

6）Arduino 基础攻击

7）无线接入点攻击

8）二维码攻击（我喜欢）

9）Powershell 攻击

10）第三反模块

而其中针对钓鱼网页攻击就包含 7 种方式：

1）java applet 攻击

2）Metasploit 浏览器漏洞攻击

3）钓鱼网站攻击

4）标签钓鱼攻击

5）网站 jacking 攻击

6）多种网站攻击方式

7）全屏幕攻击

5.6 本章小结

通过本章的学习我们在第三章和第四章中涉及到的很多内容有了切实有效的技术手段支持，通过从开发者、建设者、使用者三个维度的技术内容，结合成熟的工具和使用经验，可以将很多理论和实践应用到实际的工作场景之中。本章为工业控制系统的安全防御手段提供了直接有效地技术实践基础。

5.7 本章习题

1. 为什么说结构安全了就解决了大部分安全问题？
2. 通过商业补丁管理系统获取补丁时，存在哪些风险？
3. 如何实现工业控制协议的识别？
4. 简述可信计算的基本思想、系统组成和目标？
5. 请设计一张适用于操作员站的应用白名单。

第6章

工业控制系统安全典型应用

本章节主要以电力行业和石油化工行业为例，说明了其工业控制系统安全现状、发展趋势，以及基于工业控制系统安全防护技术的工业控制安全解决方案，帮助读者结合行业更好地理解工业控制系统网络安全防护体系。

6.1 电力行业应用

本节介绍了电力行业工业控制系统安全现状及发展趋势，通过结合电力行业工业控制系统在结构、行为、设备与主机以及管理方面的问题，提出电力行业工业控制安全解决方案思路，并以火电厂为例，展示具体的防护方案。

6.1.1 电力行业工业控制系统安全现状

电力系统是一套由发电厂、送变电线路、供配电所和用电等环节组成的电能生产与消费系统。整体的运行过程是由电源（发电厂）的升压变电站升压到一定等级后，经输电线路输送到负荷中心变电站，通过变电站降压至一定等级后，再经配电线路与用户连接。其中发电是电能的生产环节，一般分为火力发电、水利发电、风力发电、太阳能发电和核能发电。不同类型的发电方式有不同的控制形态，以火电为例，整个发电控制系统多是以DCS系统为核心辅以PLC作为辅机控制，形成对发电机组的任务下达和停机等控制，同时通过DCS与PLC反馈的数据了解机组整体运行状况，通过仪器仪表安全系统，如继电保护、故障录波等实现对机制安全运行的监控。

鉴于电力控制系统的重要性，36号文就指出了电力监控系统网络总体框架，如下图6-1所示，整个电力监控系统分为生产控制大区和管理信息大区。

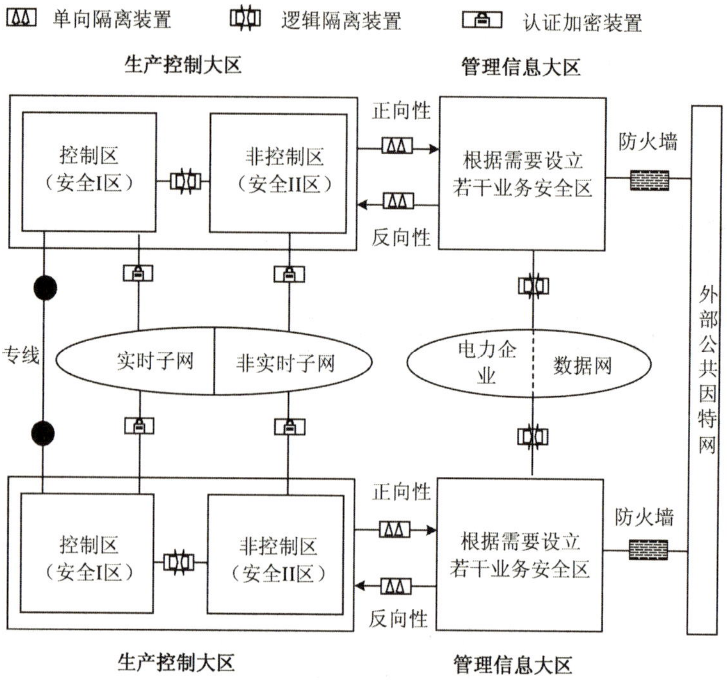

图 6－1　电力监控系统安全防护总体框架结构示意图

生产控制大区分为控制区（又称安全 I 区）和非控制区（又称安全 II 区）。

控制区中的业务系统或其功能模块（或子系统）的典型特征：直接实现对电力一次系统的实时监控，上下级之间通信使用电力调度数据网络或专用通道。以火电为例，控制区主要包括火电机组分布式控制系统（DCS）、火电机组辅机控制系统、自动发电控制系统（AGC）、自动电压控制系统（AVC）等。

非控制区中的业务系统或其功能模块的典型特征为：是电力生产的必要环节，在线运行但不具备控制功能，通过网络与控制区的业务系统或其功能模块联系紧密。火电企业非控制区包括火电企业厂级信息监控系统的优化功能、电能量采集装置、电力市场报价终端、故障录波信息管理终端等。

管理信息大区是指生产控制大区以外的电力企业管理业务系统的集合。火电企业的管理信息大区主要包括火电企业厂级信息监控系统的管理功能、雷电监测系统、报价辅助决策系统、检修管理系统和管理信息系统（MIS）等。

目前各电力企业生产大区（控制区、非控制区）与管理大区之间的边界都按照要求做了横向隔离；纵向与电网之间也有纵向认证装置；辅控系统近年进行了整体集中化的改造，实现了集中控制。因此电力各边界层面安全防护基本上满足政策、自身安全运行的要求。

由于历史的原因，我国的发电系统使用了大量的国外进口工业控制设备，由于电力生产的重要性，设备往往需要远程维护，因此这些设备都留有后门，这就给网络攻击埋下了潜在隐患。一些发电集团已经在考虑如何构建工业控制系统管控措施。由于信息化建设水平不同，以及技术方面的差异，在技术和管理措施上还存在不足，例如发电企业对于电力二次系统的安全防护，普遍集中在专用装置的部署上，在边界的入侵检测、审计手段、基于工业控制协议的深度数据包分析程度等方面还存在普遍不足，使得电力行业生产内外部仍然面临着严峻的复杂形势。

6.1.2 电力行业安全发展趋势

国家非常重视电力工业控制系统网络安全问题，相继制定和颁布的安全规定如下：

2005 年电监会发布的 5 号令，关于电力行业二次系统的安全防护相关规定和要求。

2014 年发改委发布的 14 号令，关于电力行业监控系统安全防护的相关规定和要求。

2015 年国家能源局发布的关于电力行业监控系统安全防护的总体安全相关防护方案和评估的相关规范要求。

发改委的第 14 号令要求明确提出，随着电力行业的生产技术和管理水平提升，监控系统安全防护工作也提出了更高的要求，要完善并加强相关管理规定和技术措施。技术方面，一是提出了在生产控制大区内实现“安全接入区”，明确相关的技术规定和具体要求，加大了电力二次系统安全防护体系的覆盖范围；二是针对生产控制大区内的部分品牌的 PLC 设备和工业交换机等二次设备，要从设备选型和配置、存在的漏洞和风险整改等方面要满足相关安全标准的要求，电力行业的监控系统安全防护工作重点应转向“纵深防御”。管理方面，一是要落实公安部和工信部关于信息系统、工业控制系统安全防护的相关规定和具体要求；二是根据机构改革、职责调整以及相关工作开展情况，明确了相关职能单位和机构，例如“国家能源局”、“国家能源局及其派出机构”、“上级信息安全主管部门”、“本企业上级专业管理部门、信息安全管理部门”等。

国家能源局的第 36 号文，确定了电力行业监控系统安全防护体系的总体框架，细化了电力行业监控系统安全防护总体的原则，通用和专用的安全防护技术与设备被明确定义，对于省级以上电力调度中心、电力地（县）级调度中心、发电厂、变电站、配电等的电力行业监控系统安全防护方案和安全防护评估的相关规范。包括了 7 个附件，分别是：

1）电力监控系统安全防护总体方案；

2）省级以上调度中心监控安全防护方案；

3）地（县）级调度中心监控系统安全防护方案；

4）发电厂监控系统安全防护方案；

5）变电站监控系统安全防护方案；

6）配电监控系统安全防护方案；

7）电力监控系统安全防护评估规范。

能源局继续坚持管理和技术并重，不断强化安全督查管理工作，开展了多轮安全专项督查的高级督查工作，继续落实电力信息安全等级保护，并形成了常态化。

近几年来，电力行业也采取了安全规划、标准制定、定期安全检查和持续整改等系列措施，部分网省做了业务系统的升级整改，并且按照相关要求进行周期性测评，电网也提出了“自主可控”的实践要求，目前已经由普遍的国外设备软件系统向国产设备过渡，一些电力企业和研究院就工业控制系统的安全问题和防护技术进行了研究。目前在国内电力行业较其他行业的安全意识最高，所采取的安全措施包括技术和管理方面都走在最前列，随着相关标准、国家政策的推出以及工业控制系统安全研究的进一步进展，电力行业的工业控制安全防护会越来越严谨、规范。

6.1.3 电力行业工业控制安全解决方案

下面我们来针对电力行业工业控制系统进行问题分析和解决方案的探究，通过问题分析我们会剖析电力行业所存在的漏洞，通过解决方案的探究，我们将阐述使用哪些加固手段可以解决电力行业所存在的问题。

1. 需求分析

从整个电力行业现状看，主要存在以下几个方面的问题：

1）结构安全方面：虽然电力行业初步解决了电力工业控制系统边界防御的问题，边界部署了防火墙或单项隔离装置，但是控制系统内不同区域之间的安全防御没有建立起来，某一子系统一旦遭受到攻击很快就会扩散到整个系统中。例如与DCS系统同在一个控制区的还有如脱硫DCS、化水系统、辅机系统等各种辅控系统，这些系统与DCS系统的边界模糊不清，但与DCS系统又有着数据通信，其安全措施相对薄弱，很容易作为跳板入侵DCS系统，却无法对攻击源头进行追溯。

2）行为安全方面：发电企业对于电力二次系统的安全防护要求的执行，普遍集中在专用装置的部署上，在边界的入侵监测、审计、记录等技术手段上普遍存在不足，这将导致在发生故障后不能快速、有效地对关键设备的操作进行溯源以及无法及时对故障进行定位。

3）设备与主机安全方面：PLC设备存在未修复的系统漏洞；操作员和工程师站的权限普遍缺乏相关的管理，存在弱口令等配置问题；对于外部的介质连接等尽管已经从管理角度制定了相关要求，但因缺乏相关的安全技术手段，无法进行有效监控。

4）管理方面：电力工业控制系统存在着专业人员相对不足或运维人员专业素质参差不齐、工业控制网络安全意识仍显薄弱等问题，其重要系统的运维往往依赖于第三方单位（或原厂商），尤其是网络安全设备，维护人员对系统的配置、策略情况不熟悉，也缺少监管和有效验收的手段。

结合电力行业现有的技术措施和管理措施，企业则需要从产品、服务等多个角度来弥补不足。其中安全防护产品和技术则需要从工业控制系统自身的特色考虑，如对工业控制协议的深度数据包解析、工业控制软件白名单等。服务方面则主要是弥补电力企业现有管理的不足，如通过培训来提高人员的安全意识和安全技能，通过风险评估找到问题所在进而采用加固的方式等。

2. 解决方案设计思路

鉴于电力行业工业控制系统所面临的问题以及需求，以火电厂为例，火电厂工业控制安全解决方案设计如下：

第一步，对整个电力系统工业控制网络进行全面的风险评估，找出从结构安全到管理和运维安全的风险点；

第二步，对电力工业控制系统网络架构进行结构上安全防护，从生产控制大区的边界防护到生产控制大区内部系统间的区域防护，同时在生产控制大区边界与控制大区内部的核心数据汇集处进行网络安全审计；

第三步，针对工业控制系统中的软、硬件自身进行本体安全防护，到现场层关键控制器（PLC）和执行单元的设备层防护以及从上位机操作系统、组态软件、移动介质的使用进行本体安全防护；

第四步，对电力工业控制系统网络的行为安全防护，主要从入侵行为检测、应用控制两个方面进行防护；

第五步，从电力工业控制系统网络安全管理制度和运维管理角度对现有制度进行优化，对现有工业控制网络安全管理制度的不足进行完善。

3. 方案实效

以火电厂为例，对火电工业控制系统的风险评估是制定全面解决方案的前提条件。通过收集的相关资料，对控制系统信息安全进行分析，发现系统中可能存在的威胁、脆弱点，然后结合具体的安全防护产品和技术来解决安全问题。

结合解决方案的设计思路，火电的安全防护解决方案如下图 6-2 所示：

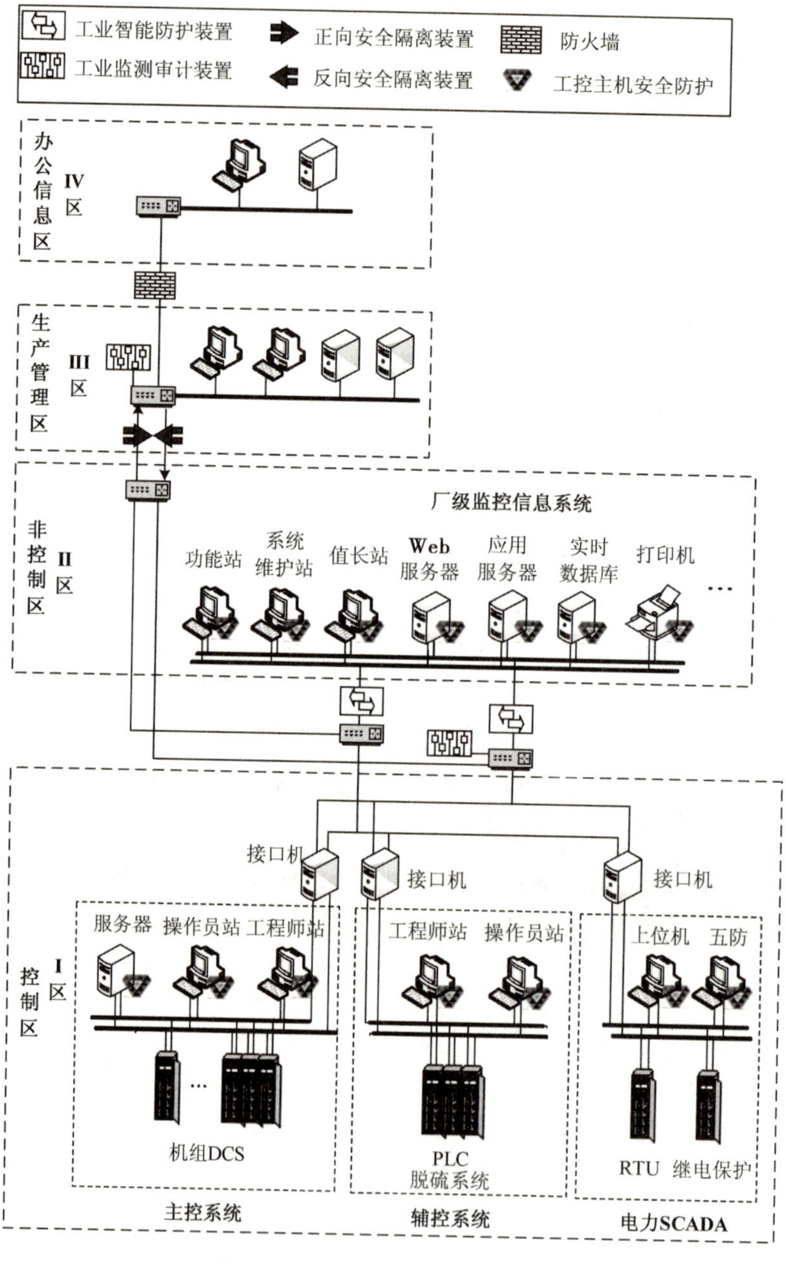

图 6－2　火电安全防护解决方案

方案实现的主要功能如下：

1）结构安全防护

生产控制大区与管理信息大区的边界防护：根据火电企业的网络结构情况，生产控制大区与管理信息大区的边界是实际拓扑图中监控层与操作管理层的网络边界，该区域边界部署单向隔离防护设备。单向隔离的安全防护强度应高于硬件防火墙，考虑到性能问题以及实际应用环境，将由内网（I，II 区）到外网（III，IV 区）传输和由外网到内网传输的功能分开，分别构造正向隔离装置和反向隔离装置。

控制区（安全 I 区）与非控制区（安全 II 区）边界防护：根据火电监控系统安全防护要求，安全 I 区和安全 II 区的横向隔离需满足逻辑的数据隔离。安全区 I 作为整个电力监控系统的防护重点，主要防范来自其他区域的网络攻击，故部署智能防护设备实现逻辑隔离防护。

控制区内部各个子系统的边界防护：控制区内各个监控子系统并无数据交互需求，为了防止网络风暴以及病毒的蔓延，在交换机上通过 VLAN 和 ACL 控制各接入业务系统间的访问控制，对不同的子系统进行二层隔离，确保不同的业务在数据转发过程中不会相互影响，限制系统间的直接互通。

生产管理区与办公信息区的边界防护：为了满足电力监控系统的安全防护要求，在生产管理区和办公信息区之间部署防火墙实现网络隔离。

2）行为安全防护

通过在生产控制大区和生产管理大区旁路部署监测审计装置，实现边界数据交互的安全检查与审计记录。通过特定的安全策略，快速识别出非控制区和控制区之间以及管理信息大区和生产控制大区之间流量中的所有应用，进而识别出非法操作、异常事件、外部攻击等，并实时报警。

3）主机安全防护

通过在非控制区和控制区的工程师站、操作员站、Web 服务器以及其他各类服务器上部署工业控制主机安全防护，通过应用程序、网络、USB 移动存储的白名单策略，防止用户的违规操作和误操作，阻止不明程序、移动存储介质和网络通信的滥用，有效提高工业控制网络的综合“免疫”能力。

6.2 石油化工行业应用

介绍了石油化工行业工业控制系统安全现状及发展趋势，通过结合石油化工行业工业控制系统存在的安全风险，从结构安全、行为安全、设备与主机安全以及可持续性安全防护角度提出解决方案思路，并以炼化板块为例，展示具体的方案时效。

6.2.1 石油化工行业工业控制系统安全现状

早期工业控制系统相对封闭，与信息管理网络基本上处于隔离状态。因此，石化企业的信息化建设首先从信息层开始，并未考虑控制网络，经过 10 多年的建设积累，石油、化工行业的信息化建设已经有了一定的基础，涉及勘探、开发、化工、炼油、存储和运输、销售等多个研究领域。随着两化融合的深入发展，石油化工企业开始采用基于 SCM/ERP、MES、PCS 三层架构的信息系统管控一体化思想，有效提升了企业管理层的指挥、协调以及监控能力，工业控制网络和企业管理网络的联系越来越紧密。然而，由于工业控制系统在设计之初关注的更多的是稳定性和功能性，并未考虑安全性，随着两化融合技术的深入，企业的工业控制系统采用通用协议和通用软、硬件设备越来越普遍，以多种方式与企业的管理网络、互联网连接，使工业控制系统面临入侵、拒绝服务攻击、病毒与恶意代码、后门、漏洞等安全隐患。

6.2.2 石油化工行业安全发展趋势

近几年随着震网等安全事件的不断报道，引起了全世界范围内对工业控制系统信息安全的关注。石油化工企业是资金和技术并重的典型企业，对生产的稳定性和连续性要求极高，系统和核心设备的意外停机都会给企业带来经济损失，还会造成人身安全的影响，因此工业控制系统网络安全引起了企业和国家的高度重视，希望通过设计具体可执行的措施，最大程度地提升石油化工企业工业控制系统安全管理和技术防护水平，从而防范黑客及恶意代码等对企业生产网的攻击及侵害，防止企业生产控制系统的崩溃或瘫痪，以及由此给企业、给国家带来的生命财产损失。中石油、中石化等用户还组织研讨会就工业控制系统网络安全在石油化工行业的实际应用推广方案进行了探讨、论证和优化，随着国内工业控制系统相关政策的出台以及安全防护技术、产品和解决方案的推出，届时工业控制系统网络安全在石油化工行业的推行将越来越快落地。

6.2.3 石油化工行业工业控制安全解决方案

下面我们来针对石油化工行业工业控制系统进行问题分析和解决方案的探究，通过问题分析我们会剖析石油化工行业所存在的漏洞，通过解决方案的探究，我们将阐述使用哪些加固手段可以解决石油化工行业所存在的问题。

1. 需求分析

石油化工行业主要工业控制系统包括 DCS（分布式控制系统）、CCS（压缩机控制系统）、SIS（安全仪表系统）、GDS（可燃气报警系统）以及各种 PLC（可编程逻辑控制器）等。现场的主要控制功能都是由 DCS 系统来完成的，其他系统的集中控制在某种程度上可以完全由 DCS 系统监控，DCS 系统含有大量的数据接口，是构建企业信息化的数据来源与执行机构。大型石油化工企业生产网络通常包含基础控制网、生产网、管理网等，典型的网络结构如下图 6－3 所示：

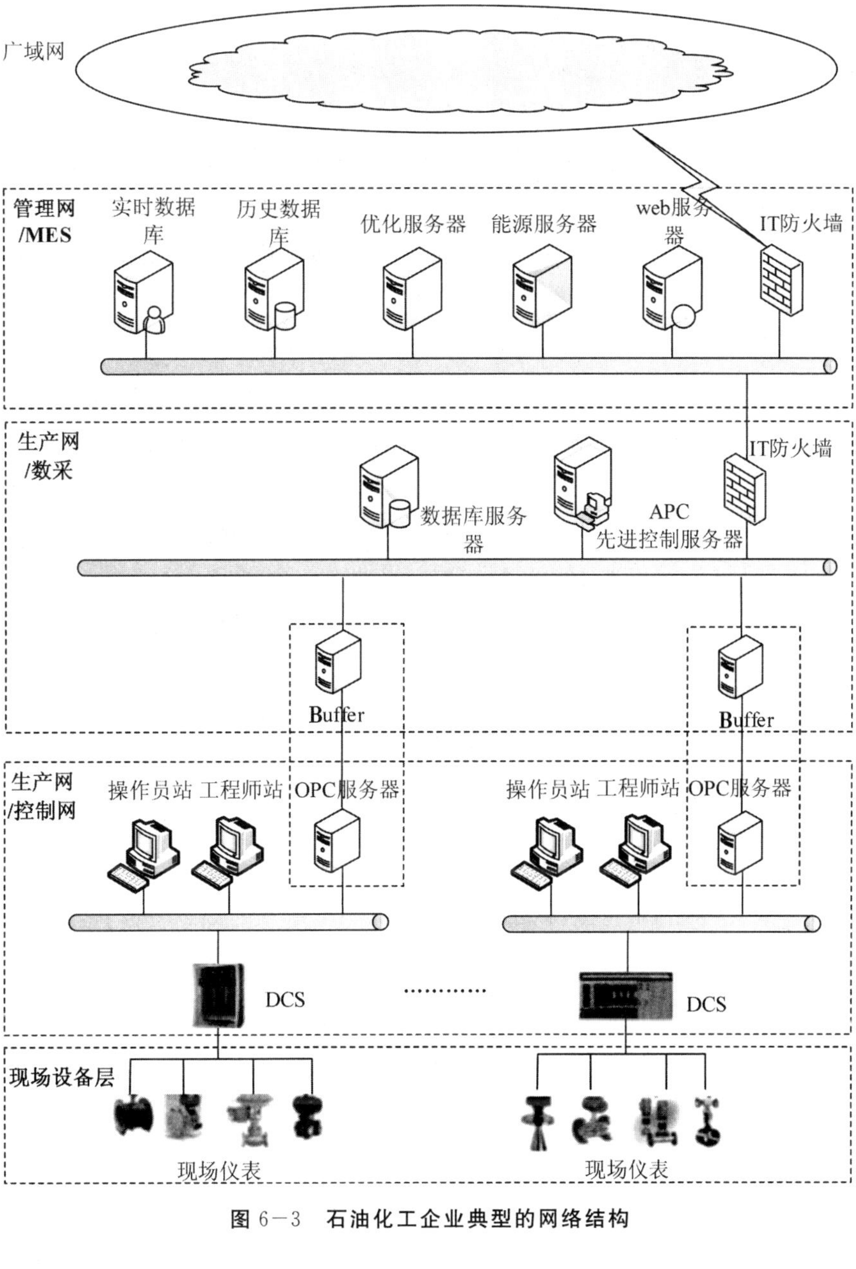

图 6－3 石油化工企业典型的网络结构

目前石油化工行业工业控制系统存在的安全风险主要有以下几个方面：

1）生产企业普遍采用国外品牌的工业控制系统，无法自主可控，且工业控制协议、操作系统、监控软件、控制设备存在大量未修复的漏洞，也缺乏补偿性防护措施。例如石化企业 PCS 与 MES 层通信多采用 OPC 协议，由于缺少安全认证，给企业的核心数据带来被窃取、被篡改、被破坏的安全风险。

2）大部分生产企业的工业控制系统网络与管理或者互联网（远程运维）边界未采取有效的安全防护措施，同时在控制系统网络内部未进行区域划分和采取隔离防护措施，容易导致病毒的蔓延、未授权的访问。

3）生产企业普遍缺乏必要的技术手段对工业控制系统的网络行为和操作行为进行监控和审计，导致无法做到事中监测审计和事后溯源。

4）几乎所有的生产企业都未建立专门针对工业控制系统的安全防护管理机制，缺乏有效的管理制度、管理流程以及相应的安全策略，例如未对内网系统升级、设备维护等USB设备及其他外来设备的接入缺乏有效的监管手段，给工业控制系统埋下了安全隐患。

随着两化融合技术在石油化工行业中加速发展，石油化工企业普遍采用了高度自动化的生产技术装备和高度信息化的运营管理手段，一方面有效地提升了企业生产效率，另一方面同时也给企业带来了更多的网络安全风险。一旦间谍组织、敌对组织、敌对政府以及企业内部和外部非法人员利用管理上、系统上的漏洞入侵了企业生产控制系统，都有可能造成系统停车、机密信息泄露甚至系统的运行被恶意控制等问题，因此，如何解决石油化工企业面临的工业控制系统安全问题刻不容缓。

2. 解决方案设计思路

综上分析，我国石油化工行业工业控制网络面临各种风险，仅仅采用被动防御和修补是不可靠的，需要整体解决方案，包括采用结构安全、设备与主机安全、行为安全、和可持续性的防护方案。

结构安全防护方案：石油化工企业工业控制系统包含多个不同功能的子系统，每个系统业务需求、操作流程、实现的功能以及对自动化生产和人员安全的影响程度也各不相同，因此，需要先从结构上划分不同的区域和层次，并根据区域内系统的业务特点和影响程度，采取有针对性的隔离、认证等安全防护措施，例如在信息网和控制网边界通过工业控制防护设备构建DMZ区的方式实现强隔离。

行为安全防护方案：以威胁评估、监测审计为方案设计思路，通过专门针对石油化工工业控制系统安全检测产品对系统进行全方位的威胁评估，发现系统存在的脆弱性和风险，并给出有针对性的防御措施建议。通过部署实时监测审计设备，对控制网内的所有行为进行全面监控和审计，基于行为模型的识别技术，主动发现控制网内部和外部的异常行为，并为事件追溯提供依据。

设备和主机安全防护方案：以漏洞挖掘、主机防护、设备防护、USB防护为设计思路，从主机安全、设备安全和移动介质安全三个维度进行持续监测与防护。通过基于工业控制系统业务模型的漏洞挖掘设备，有针对性的漏洞挖掘，发现石油化工行业工业控制系统、工业控制设备和工业控制协议自身未知的漏洞，防患于未然；通过工业控制卫士软件，以白名单方式构建安全环境，从系统层面解决恶意代码对主机的入侵，提高主机本体的风险抵御能力；通过在核心控制器部署智能防护设备，对应用程序和协议进行深度解析，阻止控制设备及工业协议漏洞被利用、内部人员误操作等现象的发生，保证工业协议通信的可控性和准确性；通过专用的 USB 防护设备，切断工业控制入侵路径，提高系统本体的防御能力。

可持续性安全防护方案：以风险评估、安全监管、态势感知、风险控制为设计思路，通过有计划的风险评估定期对工业控制系统进行体检，掌握工业控制系统风险的变化趋势，提供全面的安全建设方案；通过安全监管设备，将部署的安全产品进行统一管理、持续运维和关联分析，形成安全防御合力，真正实现纵深防御的安全工业控制系统；通过态势感知平台，探测互联网工业控制系统威胁态势的发展变化，实时感知工业控制系统的威胁状态的转变，为安全策略的制订和安全决策提供现实依据；通过风险控制中心，做到事前预警、事中应急、事后溯源的整体风险控制手段，实现全方位、全天候的工业控制系统风险控制，保障工业控制系统持续稳定运行。

从技术到管理，从单一产品到纵深联动，方能形成石油化工行业全方位的工业控制系统安全解决方案，基于不同的项目现场及客户需求，可以选择结构安全、行为安全、主机和设备安全以及可持续安全四大部分中的某些模块组合的方式来完成具体可落地的方案。

3. 方案实效

以石油炼化板块为例，对炼化厂生产系统的风险评估是制定全面解决方案的前提条件。通过收集的相关资料，对炼化厂控制系统信息安全进行分析，发现系统中可能存在的威胁、脆弱点，然后结合具体的安全防护产品和技术来解决安全问题。

结合解决方案的设计思路，石油炼化的安全防护解决方案如下图 6-4 所示：

部署说明及意义：

1）安全管理产品

通过部署安全管理产品，可以实现对整个系统中安全防护设备进行集中监控与管理，完成设备实时信息收集，实时监测终端设备的通信流量和安全事件。

2）网络审计产品

通过在管理网、生产网旁路部署网络审计产品，通过特定的安全策略，快速识别出炼化企业控制系统中非法操作、异常事件、外部攻击等，并实时报警。

3）隔离防护与交换产品

通过在 OPC 服务器与数据汇聚层之间部署隔离防护与交换产品，对 DCS 系统管理的关键区域部署安全策略，实现分层级的安全防护，抵御已知威胁。

工业控制网络防护系统通过在控制层的 DCS、工程师站前部署工业控制网络防护系统，对工业控制专有协议进行深度分析，确保数据包的合法性，实现工业控制网络的深度防护。

工业控制主机安全防护通过在管理网、生产网、控制网的工程师站、操作员站、OPC 服务器以及其他各类服务器上部署工业控制主机安全防护，通过应用程序、网络、

USB移动存储的白名单策略，防止用户的违规操作和误操作，阻止不明程序、移动存储介质和网络通信的滥用，有效提高工业控制网络的综合“免疫”能力。

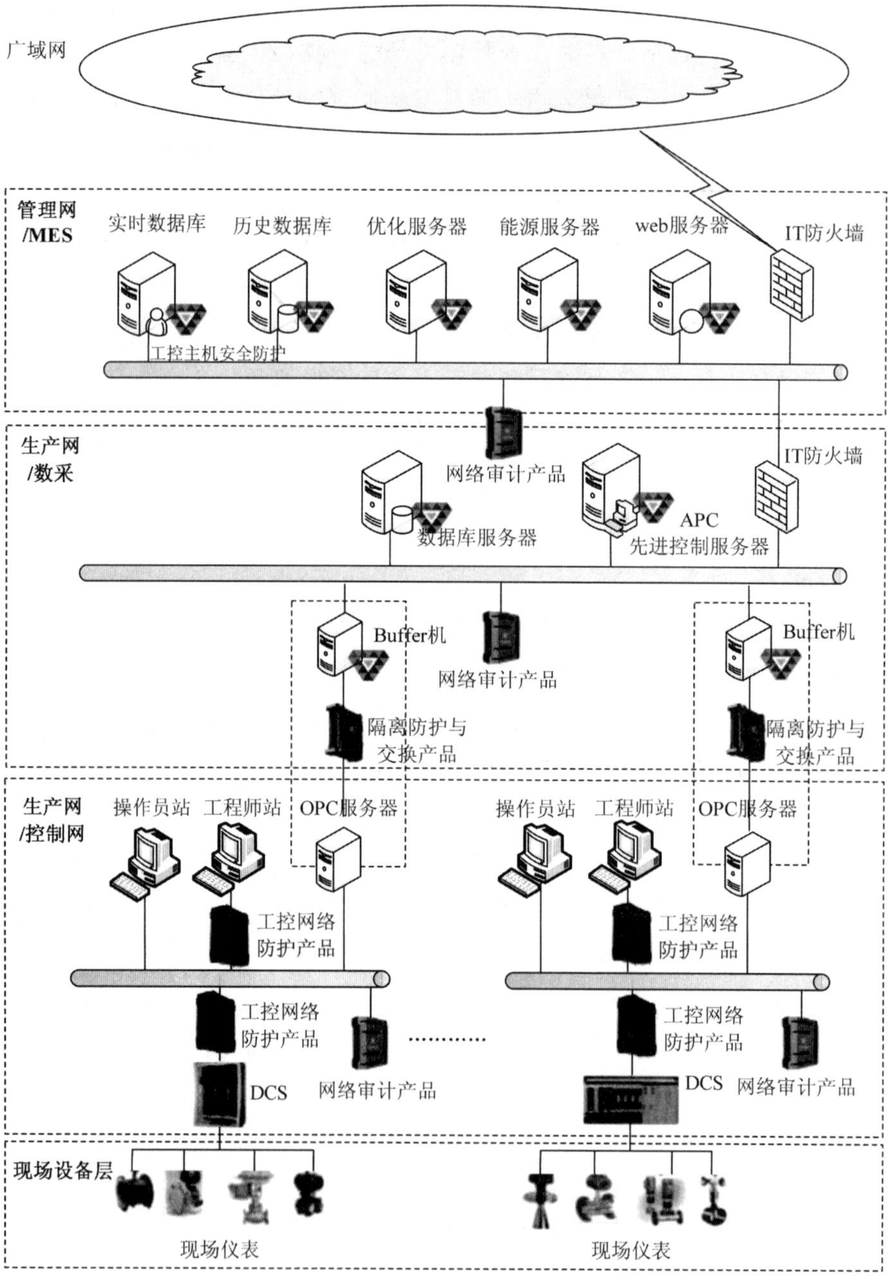

图6-4 炼化厂整体安全防护解决方案示意图

6.3 本章小结

本章是对前面章节理论内容的实际呈现，通过对电力行业和石油化工行业的行业安全现状、行业安全发展趋势和行业工业控制安全解决方案的三个模块的阐述，让读者能够更加清晰地了解目前国内工业控制行业安全的实际状态、企业中的工业控制网络架构以及对架构安全该如何进行安全防护，本章对读者将理论付诸实践具有非常重要的意义。

6.4 本章习题

1. 简述国内电力行业目前存在的主要安全隐患。
2. 电力工业控制系统安全方面有哪些重要的指导性文件?
3. 描述电力行业工业控制系统安全问题解决方案。
4. 简述国内石油化工行业工业控制安全现状。
5. 描述石油化工行业工业控制安全解决方案。

第7章 工业控制系统法律法规与标准

法律法规，指中华人民共和国现行有效的法律、行政法规、司法解释、地方法规、地方规章、部门规章及其他规范性文件以及对于该等法律法规的不时修改和补充，代表国家的意志，任何行业在工作中首先应对行业涉及法律法规进行深刻全面的了解。

标准是对重复性事物和概念所做的统一规定，它以科学、技术和实践经验的综合为基础，经过有关方面协商一致，由主管机构批准，以特定的形式发布，作为共同遵守的准则和依据，相比较于法律法规，标准能更轻松地指导工作，因此对标准的深入解读能够指导我们更轻松地工作。

7.1 工业控制系统安全法律法规

法律、行政法规、地方性法规、自治条例和单行条例、部门规章和地方规章，共同构成了在宪法统领下的统一的中国社会主义法律体系。

全国人民代表大会和全国人民代表大会常务委员会行使国家立法权。

全国人民代表大会制定和修改刑事、民事、国家机构的和其他的基本法律。

全国人民代表大会常务委员会制定和修改除应当由全国人民代表大会制定的法律以外的其他法律，在全国人民代表大会闭会期间，对全国人民代表大会制定的法律进行部分补充和修改，但是不得同该法律的基本原则相抵触。

全国人民代表大会主席团可以向全国人民代表大会提出法律案，由全国人民代表大会会议审议。

全国人民代表大会常务委员会、国务院、中央军事委员会、最高人民法院、最高人民检察院、全国人民代表大会各专门委员会，可以向全国人民代表大会提出法律案，由主席团决定列入会议议程。

国务院根据宪法和法律，制定行政法规。

省、自治区、直辖市的人民代表大会及其常务委员会根据本行政区域的具体情况和实际需要，在不同宪法、法律、行政法规相抵触的前提下，可以制定地方性法规。

较大的市的人民代表大会及其常务委员会根据本市的具体情况和实际需要，在不同宪法、法律、行政法规和本省、自治区的地方性法规相抵触的前提下，可以制定地方性法规，报省、自治区的人民代表大会常务委员会批准后施行。省、自治区的人民代表大会常务委员会对报请批准的地方性法规，应当对其合法性进行审查，同宪法、法律、行政法规和本省、自治区的地方性法规不抵触的，应当在四个月内予以批准。

省、自治区的人民代表大会常务委员会在对报请批准的较大的市的地方性法规进行审查时，发现其同本省、自治区的人民政府的规章相抵触的，应当作出处理决定。

国务院各部、委员会、中国人民银行、审计署和具有行政管理职能的直属机构，可以根据法律和国务院的行政法规、决定、命令，在本部门的权限范围内，制定规章。

部门规章规定的事项应当属于执行法律或者国务院的行政法规、决定、命令的事项。

涉及两个以上国务院部门职权范围的事项，应当提请国务院制定行政法规或者由国务院有关部门联合制定规章。

省、自治区、直辖市和较大的市的人民政府，可以根据法律、行政法规和本省、自治区、直辖市的地方性法规，制定规章。

宪法具有最高的法律效力，一切法律、行政法规、地方性法规、自治条例和单行条例、规章都不得同宪法相抵触。

法律的效力高于行政法规、地方性法规、规章。

行政法规的效力高于地方性法规、规章。

地方性法规的效力高于本级和下级地方政府规章。

省、自治区的人民政府制定的规章的效力高于本行政区域内的较大的市的人民政府制定的规章。

自治条例和单行条例依法对法律、行政法规、地方性法规作变通规定的，在本自治地方适用自治条例和单行条例的规定。

经济特区法规根据授权对法律、行政法规、地方性法规作变通规定的，在本经济特区适用经济特区法规的规定。

部门规章之间、部门规章与地方政府规章之间具有同等效力，在各自的权限范围内施行。

同一机关制定的法律、行政法规、地方性法规、自治条例和单行条例、规章，特别规定与一般规定不一致的，适用特别规定；新的规定与旧的规定不一致的，适用新的规定。

法律、行政法规、地方性法规、自治条例和单行条例、规章不溯及既往，但为了更好地保护公民、法人和其他组织的权利和利益而作的特别规定除外。

法律之间对同一事项的新的一般规定与旧的特别规定不一致，不能确定如何适用时，由全国人民代表大会常务委员会裁决。

行政法规之间对同一事项的新的一般规定与旧的特别规定不一致，不能确定如何适用时，由国务院裁决。

第八十六条地方性法规、规章之间不一致时，由有关机关依照下列规定的权限作出裁决：

（一）同一机关制定的新的一般规定与旧的特别规定不一致时，由制定机关裁决；

（二）地方性法规与部门规章之间对同一事项的规定不一致，不能确定如何适用时，由国务院提出意见，国务院认为应当适用地方性法规的，应当决定在该地方适用地方性法规的规定；认为应当适用部门规章的，应当提请全国人民代表大会常务委员会裁决；

（三）部门规章之间、部门规章与地方政府规章之间对同一事项的规定不一致时，由国务院裁决。

根据授权制定的法规与法律规定不一致，不能确定如何适用时，由全国人民代表大会常务委员会裁决。

7.1.1 《中华人民共和国网络安全法》

中华人民共和国网络法经过多年努力，于2016年11月7日发布，标志着我国信息安全法制建设迈向了一个新台阶。

7.1.1.1 立法历程

经过十多年的发展，目前我国现行法律法规及规章中，与网络安全有关的已有近百部，里面涉及网络与信息系统安全、信息内容安全、信息安全系统与产品、保密及密码管理、计算机病毒与危害性程序防治、金融等多个领域。随着网络信息化发展，互联网+、工业4.0、大数据的到来，缺乏一部网络安全基本法的顶层设计，已经严重影响我国新时代的信息化发展。2014年2月27日，中央网络安全和信息化领导小组成立，习近平主席亲自担任组长，加快了网络安全法立法进程。

2015年6月，第十二届全国人大常委会第十五次会议初次审议了《中华人民共和国网络安全法（草案）》。

2015年7月6日至2015年8月5日，草案在中国人大网公布，向社会公开征求意见。之后，对草案作了修改，形成了《中华人民共和国网络安全法（草案二次审议稿）》。

2016 年 6 月，第十二届全国人大常委会第二十一次会议对草案二次审议稿进行了审议。将《中华人民共和国网络安全法（草案二次审议稿）》在中国人大网公布。

2016 年 7 月 5 日至 2016 年 8 月 4 日，草案二次审议稿，向社会公开征求意见。

时隔一年，网络安全法草案二次审议稿向公众征集意见。二次审议稿在初次审议的基础上进行了十大项修改。此外，还对草案作了一些文字修改。对于网络安全爱好者的行为也有了一些具体的界定，对危害网络安全的行为增大惩戒力度，增加记入信用档案、从业禁止等惩戒措施。“向社会发布系统漏洞、计算机病毒、网络攻击、网络侵入等网络安全信息，应当遵守国家有关规定。”“对故意从事危害网络安全的活动受到治安管理处罚或者刑事处罚的人员，终身不得从事网络安全管理和网络运营关键岗位的工作”。

网络运营者同时有义务维护网络系统的安全，并保证用户的个人信息的安全存储，并增加对法定代表人约谈等措施。“网络运营者留存网络日志不得少于六个月”、“网络运营者为用户提供即时通信等服务，应当要求用户提供真实身份信息”、“国家实施网络可信身份战略”，“对网络存在较大安全隐患或者发生安全事件的运营者，有关部门可以按照规定的权限和程序对其法定代表人或主要负责人进行约谈”，“增加大数据应用必须对公民个人信息进行无法识别特定个人处理的规定，进一步明确公民个人信息使用规则”。

另外对于安全服务等行业来说，国家“推广安全可信的网络产品和服务”是一个利好消息。“国家推进网络安全社会化服务体系建设，鼓励企业、机构开展网络安全认证、检测和风险评估等服务；国家鼓励开发网络数据安全保护和利用技术，促进公共数据资源开放，推动技术创新和经济社会发展”。

网络安全法草案三次审议稿于 2016 年 10 月 31 日提请全国人大常委会审议。全国人大法律委员会在关于草案审议结果的报告中表示，三审稿在二审稿基础上作了部分修改，包括拟进一步界定关键信息基础设施范围；对攻击、破坏我国关键信息基础设施的境外组织和个人规定相应的惩治措施等。

二审时，一些常委会组成人员建议，明确关键信息基础设施涉及的主要行业和领域，进一步界定关键信息基础设施的范围。

对此，三审稿规定，国家对公共通信和信息服务、能源、交通、水利、金融、公共服务、电子政务等重要行业和领域，以及其他一旦遭到破坏、丧失功能或者数据泄露，可能严重危害国家安全、国计民生、公共利益的关键信息基础设施，在网络安全等级保护制度的基础上，实行重点保护。关键信息基础设施的具体范围和安全保护办法由国务院制定。

二审稿审议及之后征求意见中，一些常委会组成人员和社会公众、专家提出，对攻击、破坏我国关键信息基础设施的境外组织和个人，应规定相应的惩治措施。

对此，三审稿规定，境外的个人或者组织从事攻击、侵入、干扰、破坏等危害中华人民共和国的关键信息基础设施的活动，造成严重后果的，依法追究法律责任；国务院公安部门和有关部门并可以决定对该个人或者组织采取冻结财产或者其他必要的制裁措施。

二审时，一些常委会组成人员提出，当前网络诈骗特别是新型网络违法犯罪呈多发态势，广大人民群众迫切希望加大惩治力度，建议作出有针对性的规定。

对此，三审稿增加规定：任何个人和组织不得设立用于实施诈骗，传授犯罪方法，制作或者销售违禁物品、管制物品等违法犯罪活动的网站、通信群组；不得利用网络发布与实施诈骗，制作或者销售违禁物品、管制物品以及其他违法犯罪活动有关的信息，并增加规定相应的法律责任。

二审时，一些常委会组成人员建议，进一步充实推进网络互联互通、培养网络安全人才等内容，促进网络安全标准化建设。

对此，三审稿增加推进网络基础设施互联互通、支持培养网络安全人才的规定；增加支持研究机构、高等学校参与网络安全标准制定的规定。

同时，根据一些常委会组成人员的审议意见，三审稿增加保障未成年人上网安全的原则规定，为制定相应的配套法规提供依据，营造有利于未成年人健康成长的网络环境；根据一些互联网企业的意见，将二审稿中“留存网络日志不少于六个月”的规定，修改为“按照规定留存相关的网络日志不少于六个月”。

2016 年 11 月 7 日第十二届全国人民代表大会常务委员会第二十四次会议通过。该法将于 2017 年 6 月 1 日起施行。

7.1.1.2 立法定位

科学的立法定位是搭建立法框架与设计立法制度的前提条件。立法定位对于法的结构确定起着引导作用，为法的具体制度设计提供法理上的判断依据。

该法是网络安全管理的法律：《网络安全法》与《国家安全法》、《反恐怖主义法》、《刑法》、《保密法》、《治安管理处罚法》、《关于加强网络信息保护的决定》、《关于维护互联网安全的决定》、《计算机信息系统安全保护条例》、《互联网信息服务管理办法》等法律法规共同组成我国网络安全管理的法律体系。因此，需做好网络安全法与不同法律之间的衔接，在网络安全管理之外的领域也应尽量减少立法交叉与重复。

该法是基础性法律：基础性法律更多注重的不是解决问题，而是为问题的解决提供具体指导思路，问题的解决要依靠相配套的法律法规，这样的定位决定了不可避免会出现法律表述上的原则性，相关主体只能判断出网络安全管理对相关问题的解决思路，具体的解决办法有待进一步观察。

该法是安全保障法：面对网络空间安全的综合复杂性，特别是国家关键信息基础设施面临日益严重的传统安全与非传统安全的“极端”威胁，网络空间安全风险“不可逆”的特征进一步凸显。在开放、交互和跨界的网络环境中，实时性能力和态势感知能力成为新的网络安全核心内容。

7.1.1.3 立法架构

在上述背景下，传统上将风险预防寄托于惩治的立法理念面临挑战。为实现基础性法律的“保障”功能，网络安全法需确立“防御、控制与惩治”三位一体的立法架构，以“防御和控制”性的法律规范替代传统单纯“惩治”性的刑事法律规范，从多方主体参与综合治理的层面，明确各方主体在预警与监测、网络安全事件的应急与响应、控制与恢复等环节中的过程控制要求，防御、控制、合理分配安全风险，惩治网络空间违法犯罪和恐怖活动。

法律界定了国家、企业、行业组织和个人等主体在网络安全保护方面的责任，设专章规定了国家网络安全监测预警、信息通报和应急制度，明确规定“国家采取措施，监测、防御、处置来源于中华人民共和国境内外的网络安全风险和威胁，保护关键信息基础设施免受攻击、入侵、干扰和破坏，依法惩治网络违法犯罪活动，维护网络空间安全和秩序”，已开始摆脱传统上将风险预防寄托于事后惩治的立法理念，构建兼具防御、控制与惩治功能的立法架构。

7.1.1.4 网络安全的关键控制节点

美国大法官霍姆斯说过“法律的生命不在于逻辑，而在于经验”。无论从霍姆斯时代出发，还是从网络社会领域来探索，在“坚持问题导向”的立法原则下，经验之于网络安全法的作用比逻辑更加根本，更加精髓，更加有推动力。全国人大发布的《关于〈中华人民共和国网络安全法（草案）〉的说明》明确表示，“该法将近年来一些成熟的好做法作为制度确定下来”。

《网络安全法》关注的安全类型是网络运行安全和网络信息安全。网络运行安全分别从系统安全、产品和服务安全、数据安全以及网络安全监测评估等方面设立制度。网络信息安全规定了个人信息保护制度和违法有害信息的发现处置制度。法律制度设计基本能够涵盖网络安全中的关键控制节点，体系较为完备。除了网络安全等级保护、个人信息保护、违法有害信息处置等成熟的制度规定外，产品和服务强制检测认证制度、关键信息基础设施保护制度、国家安全审查制度等都具有相当的前瞻性，成为该法的亮点。从制度具体内容来看，部分规范性内容较为细化，打破了传统“原则性思路”的束缚，具有较强的可操作性。

《网络安全法》规定了网络安全等级保护、关键信息基础设施安全保护、网络安全监测预警和信息通报、用户信息保护、网络信息安全投诉举报等制度，以及网络关键设备和网络安全专用产品认证、关键信息基础设施运营者网络产品和服务采购的安全审查、关键信息基础设施运营者信息/数据境内存储、关键信息基础设施运营者信息/

数据境外提供安全评估、关键信息基础设施运营者年度风险检测评估、网络可信身份管理、建设运营网络或服务的网络安全保障、网络安全事件应急预案/处置、漏洞等网络安全信息发布、网络信息内容管理、网络安全人员背景审查和从业禁止、网络安全教育和培训、数据留存和协助执法等制度。可以看出，一部切合网络安全战略，关注技术、管理与规范的网络安全保障基本法，由十多套（部）配套制度共筑框架的法律体系已悄然成型。

7.1.1.5 关键信息基础设施安全保护办法

关键信息基础设施保护制度是网络安全法若干制度设计的核心之一。近年来，世界主要国家和地区都陆续出台了国家层面的关键信息基础设施保护战略、立法和具体的保护方案。以美国为主的西方国家都将关键信息基础设施的保护视为网络安全的最核心部分。

《网络安全法》在“网络运行安全”一般规定的基础上设专节规定了关键信息基础设施保护制度，首次从网络安全保障基本法的高度提出关键信息基础设施的概念，并提出了关键信息基础设施保护的具体要求。

第一，《网络安全法》中明确界定了关键信息基础设施概念的本质，即“一旦遭到破坏、丧失功能或者数据泄露，可能严重危害国家安全、国计民生、公共利益”，并规定关键信息基础设施的具体范围由国务院另行制定。这表明，作为网络安全领域的基本法，应当尽可能确保网络安全法的稳定性而不宜进行过于细化的条款设定这一立法需求。而关键信息基础设施的范围将基于国家安全和社会运行的风险评估进行不断调整，即其认定范围遵循动态调整机制。

第二，《关键信息基础设施安全保护办法》是《网络安全法》中预留接口的下位法，也是法律中唯一明确规定“由国务院制定”的行政法规。我国关键信息基础设施法律制度在法律调整的社会关系及调整对象上更具复杂性。政治、法律传统等国情的差异导致我国关键信息基础设施保护制度的构建不能简单照搬外国的经验，应坚持国内经验总结和国外经验借鉴，建立符合我国国情且具有较强可操作性的关键信息基础设施保护制度，同时也科学合理地推动网络安全等级保护制度的演进与变革，有效融合等级保护评测和关键信息基础设施的风险评估等，实现制度间的互补和融合，降低关键信息基础设施运营者的守法成本和行政执法成本。

第三，为了鼓励网络运营者自愿参与国家关键信息基础设施保护体系，促进网络运营者、专业机构和政府有关部门之间的网络安全信息共享，并加强对这些信息的保护，《网络安全法》规定，“国家鼓励关键信息基础设施以外的网络运营者自愿参与关键信息基础设施保护体系；国家网信部门和有关部门在关键信息基础设施保护中取得的信息，只能用于维护网络安全的需要，不得用于其他用途。”这在一定程度上鼓励了网络运营者，尤其是承担重要社会职能的网络运营者能够利用其自有的技术能力和资源优势更加积极地投入关键信息基础设施保护的工作中，促进政府和企业双方共同保障关键信息基础设施安全运行。

7.1.1.6 结语

网络安全法对维护网络空间主权，规范网络安全实践，指导下位法的制定完善等意义重大，影响深远。为持续推动我国网络空间的法制化发展进程，落实顶层设计，一方面亟需有效梳理基础性法律与现行法律法规之间的关系，开始部门、地方立法和政策的制定、调整和完善工作；另一方面也亟需出台系列配套规定，不仅包括《关键信息基础设施安全保护办法》等下位法的制定，也包括更为详细的制度规定、具体行业的网络安全规划和网络安全标准体系等，实现与基础性法律的有效衔接。

7.1.2 《信息安全等级保护》

信息安全等级保护是对信息和信息载体按照重要性等级分级别进行保护的一种工作，在中国、美国等很多国家都存在类似信息安全的工作方法。

7.1.2.1 等级保护相关政策及基本概念

在中国，信息安全等级保护广义上为涉及该工作的标准、产品、系统、信息等均依据等级保护思想的安全工作；狭义上一般指信息系统安全等级保护，是指对国家安全、法人和其他组织及公民的专有信息以及公开信息和存储、传输、处理这些信息的信息系统分等级实行安全保护，对信息系统中使用的信息安全产品实行按等级管理，对信息系统中发生的信息安全事件分等级响应、处置的综合性工作。

国家通过制定统一的信息安全等级保护管理规范和技术标准，组织公民、法人和其他组织对信息系统分等级实行安全保护，对等级保护工作的实施进行监督、管理。等级保护最重要的目的在于遵循客观规律、加强安全建设和管理、平衡安全建设与成本。

国家网信部门负责统筹协调网络安全工作和相关监督管理工作；公安机关负责信息安全等级保护工作的监督、检查、指导；国家保密工作部门负责等级保护工作中有关保密工作的监督、检查、指导；国家密码管理部门负责等级保护工作中有关密码工作的监督、检查、指导；涉及其他职能部门管辖范围的事项，由有关职能部门依照国家法律法规的规定进行管理。国务院信息化工作办公室及地方信息化领导小组办事机构负责等级保护工作的部门间协调。

7.1.2.2 等级保护工作的主要内容

信息安全等级保护工作包括定级、备案、安全建设和整改、信息安全等级测评、安全自查与监督五个阶段，如图 7-1 所示：

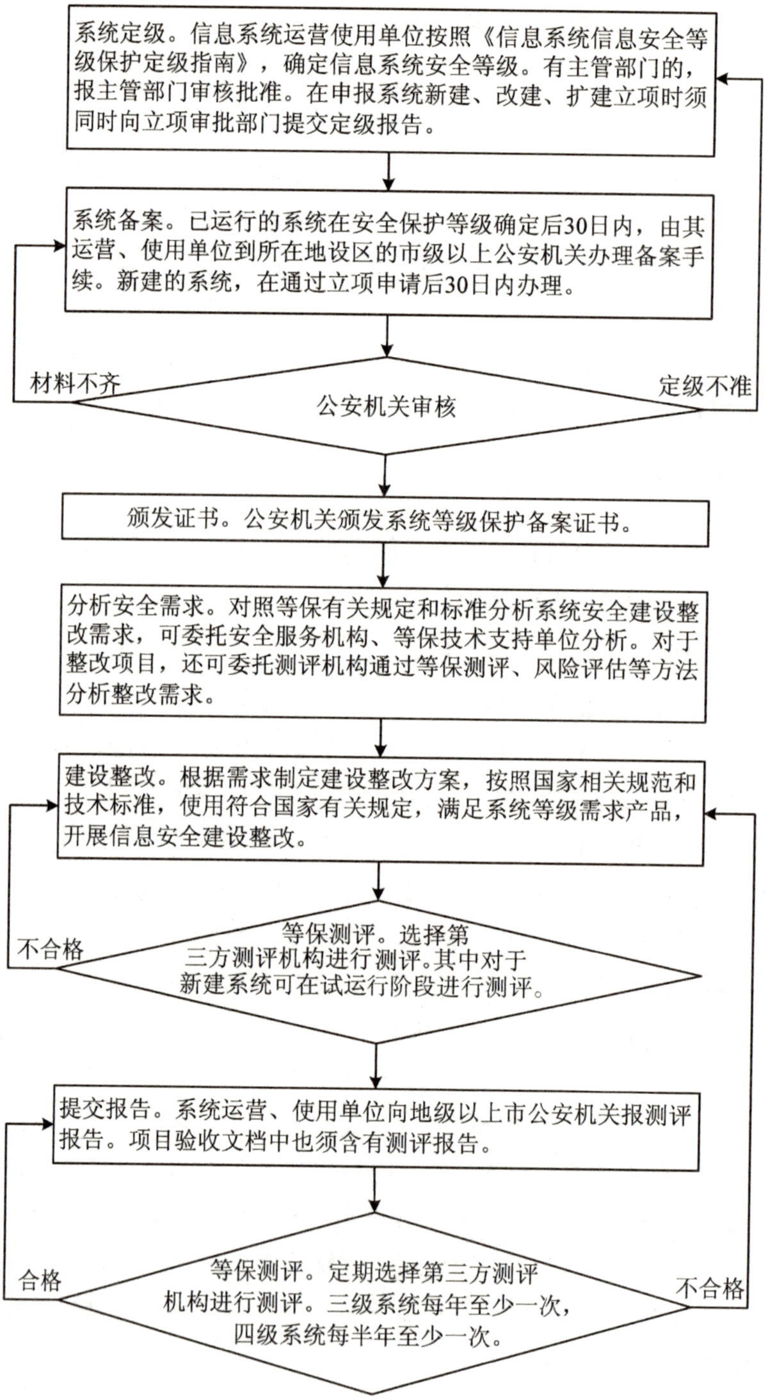

图 7-1　信息安全等级保护工作流程

1. 定级与等级划分

国家信息安全等级保护坚持自主定级、自主保护的原则。信息系统的安全保护等级应当根据信息系统在国家安全、经济建设、社会生活中的重要程度，信息系统遭到破坏后对国家安全、社会秩序、公共利益以及公民、法人和其他组织的合法权益的危害程度等因素确定。

《信息安全等级保护信息安全等级保护管理办法》规定信息系统的安全保护等级分为以下五级：

第一级，信息系统受到破坏后，会对公民、法人和其他组织的合法权益造成损害，但不损害国家安全、社会秩序和公共利益。

第二级，信息系统受到破坏后，会对公民、法人和其他组织的合法权益产生严重损害，或者对社会秩序和公共利益造成损害，但不损害国家安全。

第三级，信息系统受到破坏后，会对社会秩序和公共利益造成严重损害，或者对国家安全造成损害。

第四级，信息系统受到破坏后，会对社会秩序和公共利益造成特别严重损害，或者对国家安全造成严重损害。

第五级，信息系统受到破坏后，会对国家安全造成特别严重损害。

2. 备案

第二级以上信息系统，由信息系统运营使用单位到所在地设区的市级以上公安机关网络安全保卫部门办理备案手续，填写信息系统安全等级保护备案表。

隶属于中央的地方单位，其跨省或者全国统一联网运行并由主管部门统一定级的信息系统，由主管部门向公安部备案；其他信息系统向地方公安备案。

跨省或者全国统一联网运行的信息系统在各地运行、应用的分支系统，应当向当地设区的市级以上公安机关备案。

各部委统一定级信息系统在各地的分支系统，即使是上级主管部门定级的，也要到当地公安网络安全保卫部门备案。

公安机关对备案材料进行审核，定级准确、材料符合要求的颁发由公安部统一监制的备案证明。发现定级不准的，通知备案单位重新审核确定。定级完成后将备案信息系统录入重要信息系统安全管理系统进行管理。

3. 安全建设和整改

已备案的第二级（含）以上信息系统纳入安全建设整改的范围。

尚未开展定级备案的信息系统，要先定级备案，定级不准的要先纠正，再开展安全建设整改。

新建系统要同步开展安全建设工作。

整改步骤为：

第一步：制定安全建设整改工作规划，对安全建设整改工作进行总体部署。

第二步：开展信息系统安全现状分析，从管理和技术两方面确定安全建设整改需求。

第三步：确定安全保护策略，制定信息系统安全建设整改方案。

第四步：开展信息系统安全建设整改工作，建立并落实安全管理制度，落实安全责任制，建设安全设施，落实安全措施。

第五步：开展安全自查和等级测评，及时发现问题并进一步整改。

4. 信息安全等级测评

等级测评工作是指测评机构依据国家信息安全等级保护制度规定，按照有关管理规范和技术标准，对非涉及国家秘密信息系统安全等级保护状况进行检测评估的活动。

等保测评由专业测评机构完成。等级测评机构是指具备本规范的基本条件，经能力评估和审核，由省级以上信息安全等级保护工作协调小组办公室（等保办）推荐，从事等级测评工作的机构。

通过信息安全等级评测机构对已完成的等级保护建设的信息系统定期进行等级测评，确保信息系统的安全保护措施符合相应等级的安全要求。

信息系统安全建设整改完成后要进行等级测评，在工程预算中应当包括等级测评费用。对第三级（含）以上信息系统每年要进行等级测评，并对测评费用做出预算。

在公安部备案的信息系统应选择国家信息安全等级保护工作协调小组办公室推荐的等级测评机构实施等级测评；在省（区、市）、地市级公安机关备案的信息系统，备案单位应选择本省（区、市）信息安全等级保护工作协调小组办公室或国家信息安全等级保护工作协调小组办公室推荐的等级测评机构实施等级测评。目前国家级16家（截止到2017年4月）。

建设整改后开展等级测评，检验整改效果。第三级每1年测评一次；第四级每半年测评一次，第二级参照执行，以自评为主。

通过测评能够掌握信息系统安全状况、排查系统安全隐患和薄弱环节、明确信息系统安全建设整改需求，并能够衡量出信息系统安全保护措施是否符合等级保护基本要求，是否具备了相应等级的安全保护能力。

测评工作分为测评准备、方案编制、现场测评、分析与报告几个活动阶段，详细测评过程见如图7-2所示：

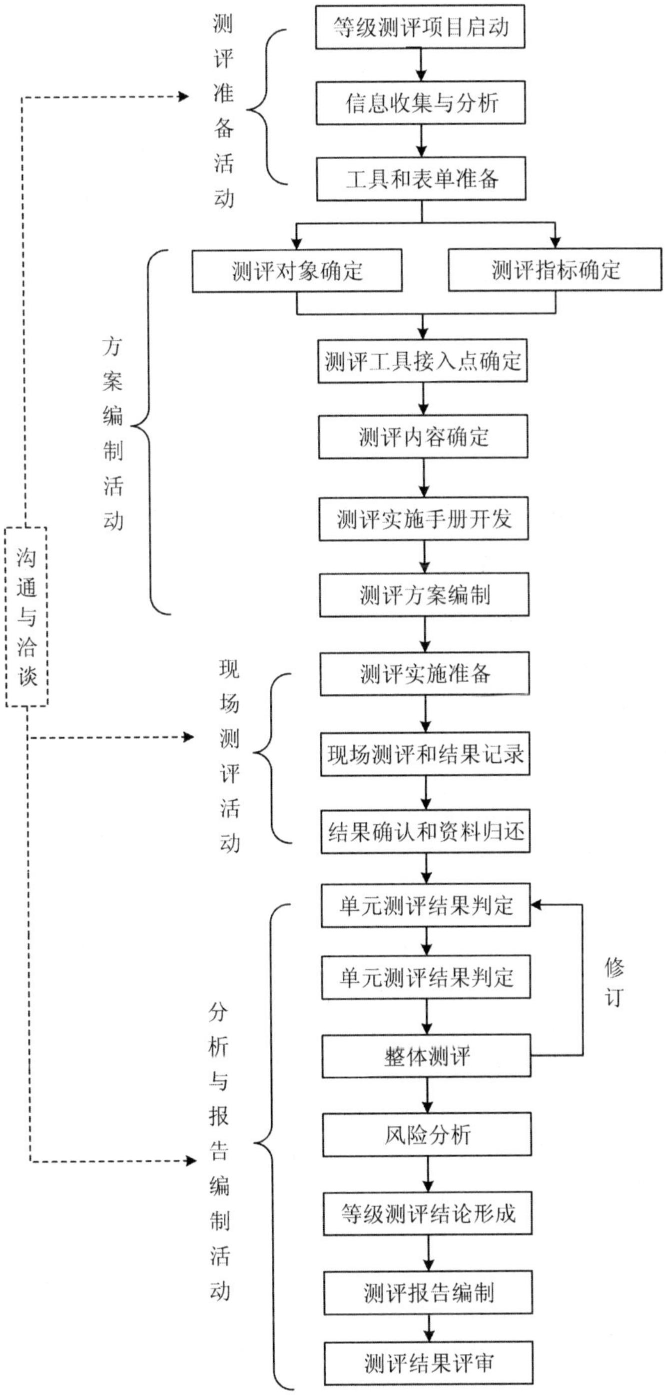

图 7－2　信息安全等级保护测评工作流程

5. 安全自查与监督

备案单位应定期开展自查，掌握信息系统安全状况、安全管理制度及技术保护措施的落实情况等。

行业主管部门定期组织对本行业、本部门等级保护工作开展情况进行检查，督促落实信息安全等级保护制度，达到重点督促，以点带面的目的。

第三级、第四级信息系统，由受理备案的公安机关进行检查。对第三级信息系统每年至少检查一次，对第四级信息系统每半年至少检查一次。对跨省或者全国统一联网运行的信息系统的检查，应当会同其主管部门进行。

公安机关监督检查内容包括但不限于：

- 等级保护工作部署和组织实施情况
- 信息系统安全等级保护定级备案情况
- 信息安全设施建设情况和信息安全整改情况
- 运营、使用单位信息安全管理制度建立和措施落实情况
- 信息安全产品选择和使用情况
- 聘请测评机构开展技术测评工作情况
- 运营、使用单位对信息系统安全状况定期自查情况及其主管部门督导检查情况

7.1.2.3 信息安全等级保护政策体系和标准体系

从国务院的 147 号令、中办 27 号文对等级保护提出要求后，公安机关作为信息安全等级保护工作的监督、检查、指导负责单位，陆续出台，并已经形成了以定级、备案、安全建设整改、等级测评、检测的流程化政策文件。标准在基础标准、安全要求、信息等级、方法指导等方面已经完善。

1. 信息安全等级保护政策文件

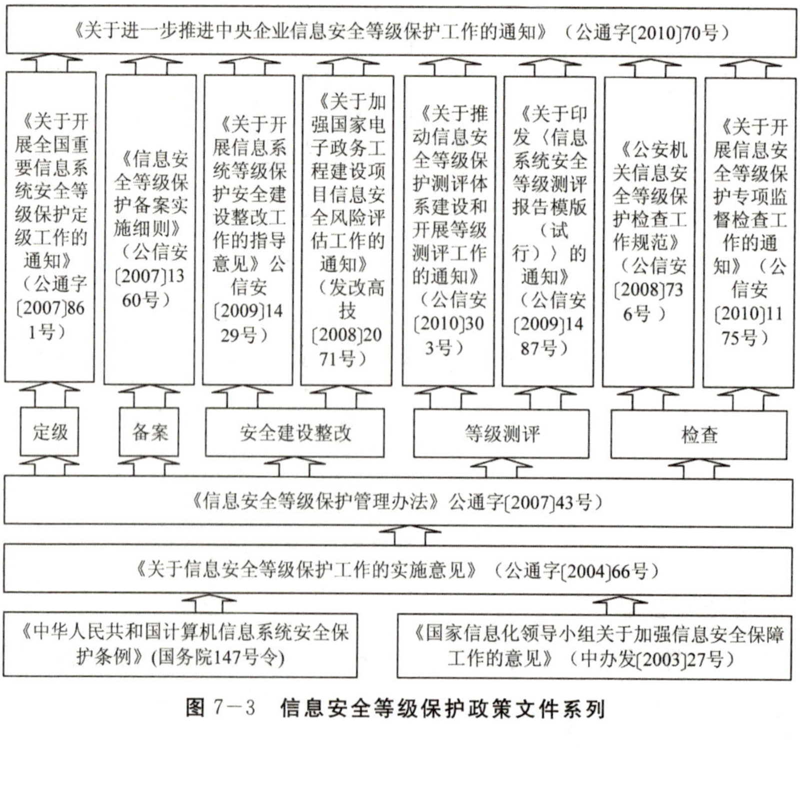

图 7－3 信息安全等级保护政策文件系列

• 《关于信息安全等级保护工作的实施意见》(公通字〔2004〕66 号)

• 《信息安全等级保护管理办法》公通字〔2007〕43 号)

• 《关于开展全国重要信息系统安全等级保护定级工作的通知》(公通字〔2007〕861 号)

• 《信息安全等级保护备案实施细则》(公信安〔2007〕1360 号)

• 《关于开展信息系统等级保护安全建设整改工作的指导意见》公信安〔2009〕1429 号)

• 《关于加强国家电子政务工程建设项目信息安全风险评估工作的通知》(发改高技〔2008〕2071 号)

• 《关于推动信息安全等级保护测评体系建设和开展等级测评工作的通知》(公信安〔2010〕303 号)

• 《公安机关信息安全等级保护检查工作规范》(公信安〔2008〕736 号)

2. 信息安全等级保护标准体系

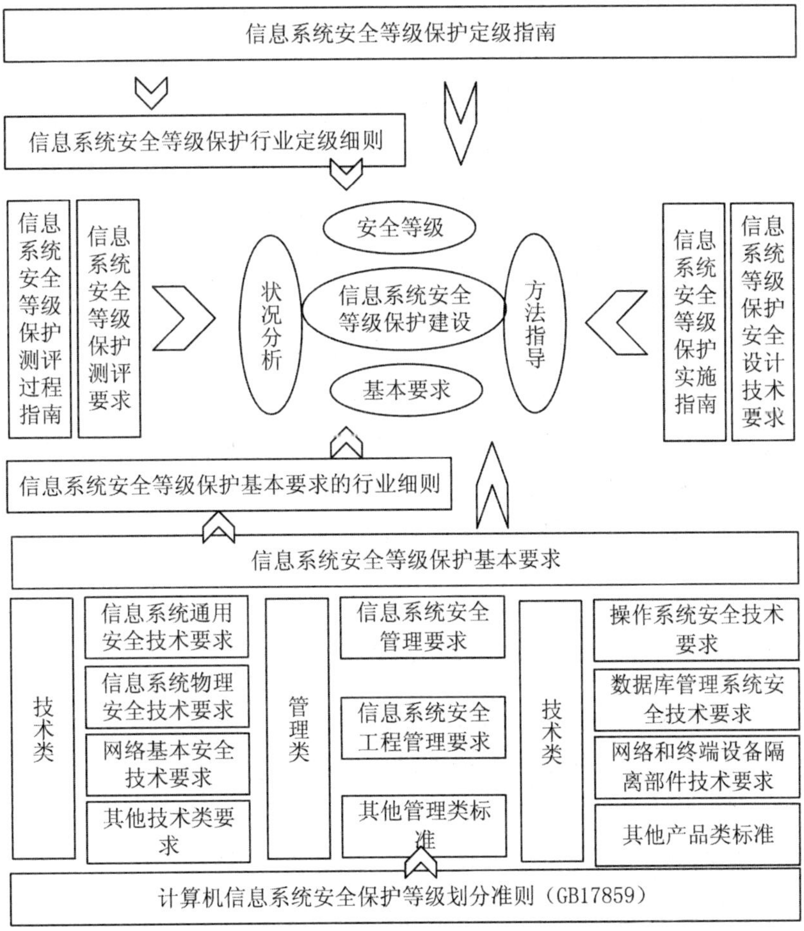

图 7-4 信息安全等级保护标准体系

基础标准：

《计算机信息系统安全保护等级划分准则》

安全要求：

《信息系统安全等级保护基本要求》

信息系统安全等级保护的行业规范

系统等级：

《信息系统安全等级保护定级指南》

信息系统安全等级保护行业定级细则

方法指导：

《信息系统安全等级保护实施指南》

《信息系统等级保护安全设计技术要求》

现状分析：

《信息系统安全等级保护测评要求》

《信息系统安全等级保护测评过程指南》

7.1.2.4 信息安全等级保护 2.0

等级保护在网络安全保障、网络强国建设方面起着至关重要的作用。但随着信息技术的不断发展，特别是云计算、物联网等新技术的不断涌现和应用，开展等级保护工作面临着越来越多的新情况、新问题。基础信息网络与重要信息系统面临着日益严峻的威胁与挑战。为适应新技术的发展，解决云计算、物联网、移动互联和工业控制领域信息系统的等级保护工作的需要，从 2014 年 3 月开始，由公安部牵头组织开展了信息技术新领域等级保护重点标准申报国家标准的工作，等级保护正式进入了 2.0 时代。

全新的《网络安全等级保护基本要求》涵盖了 6 个部分的内容：安全通用要求、云计算安全扩展要求、移动互联安全扩展要求、物联网安全扩展要求、工业控制安全扩展要求以及大数据安全扩展要求。随着 2016 年 11 月 7 日《网络安全法》的发布，等级保护加快了进入 2.0 时代。

7.1.3 《通信网络安全防护管理办法》

《通信网络安全防护管理办法》（以下简称《办法》）于 2009 年 12 月 29 日中华人民共和国工业和信息化部第 8 次部务会议审议通过，通过中华人民共和国工业和信息化部令第 11 号发布，自 2010 年 3 月 1 日起施行。旨在针对新情况新问题，进一步提高我国通信网络安全保障整体水平，增强网络安全事件预防保护能力，最大限度地减少重大网络安全事件发生。

通信网络安全防护工作是指为防止通信网络阻塞、中断、瘫痪或被非法控制，以及通信网络中传输、存储、处理的数据信息丢失、泄露或被篡改等而开展的工作。

在工作方法上，综合运用分级保护、风险评估、容灾备份、安全监控等科学方法，在深入分析通信网络可能面临的各种威胁和风险的基础上，通过事先落实有针对性的管理和技术防护措施，强化监督检查，提高防范水平，尽可能减少重大安全事件的发生。

在工作范畴上，凡是可能影响电信业务经营者网络和业务系统的正常运行，或可能影响数据的保密性、完整性、可用性的因素，都是通信网络安全防护工作需要考虑和防范的。例如网络攻击、网络病毒、黑客入侵、非法远程控制，以及各种形式的物理破坏、自然灾害等。其中，网络攻击、网络病毒、黑客入侵、非法远程控制问题，是互联网发展和传统网络 IP 化、网络融合过程中出现的新情况新问题。这类问题技术性强，防范难度大，目前电信业务经营者在这些方面的认识和工作基础普遍较为薄弱，因此是通信网络安全防护工作的重点。

从管理针对的主体来说，《办法》适用于“电信业务经营者”和“互联网域名服务提供者”。其中“电信业务经营者”不仅包含中国电信、中国移动、中国联通等基础电信业务经营者，而且包括众多的 ICP、IDC、SP 等增值电信业务经营者；“互联网域名服务提供者”不仅包括互联网域名注册管理和服务机构，而且包括目前社会上存在的专门为域名持有者提供权威解析服务的经营性或非经营性主体。从管理针对的客体来说，包括公用通信网、互联网以及承载在公用通信网、互联网上的电信业务系统和域名系统等的安全防护工作。从管理针对的行为来说，包括为防止通信网络阻塞、中断、瘫痪或被非法控制，以及为防止通信网络中传输、存储、处理的数据信息丢失、泄露或被篡改等所进行的相关活动。

《办法》明确了如下安全防护制度：

- 通信网络单元的分级和备案制度。《办法》规定通信网络运行单位应当对本单位已正式投入运行的通信网络进行单元划分，并按照各通信网络单元遭到破坏后可能对国家安全、经济运行、社会秩序、公众利益的危害程度，由低到高分别划分为五级。为便于电信管理机构掌握有关情况，通信网络运行单位应当将通信网络单元的划分和定级情况向电信管理机构备案。

- 安全防护措施的符合性评测制度。为确保通信网络单元安全防护措施落实到位，《办法》规定通信网络运行单位应当按照标准落实与通信网络单元级别相适应的安全防护措施，并进行符合性评测。其中三级及三级以上通信网络单元应当每年进行一次符合性评测，二级通信网络单元应当每两年进行一次符合性评测。

- 通信网络安全风险评估制度。《办法》规定通信网络运行单位应当组织对通信网络单元进行安全风险评估，及时发现并消除重大网络安全隐患。其中三级及三级以上通信网络单元应当每年进行一次安全风险评估，二级通信网络单元应当每两年进行一次安全风险评估。

• 通信网络安全防护检查制度。《办法》规定电信管理机构要对通信网络运行单位开展通信网络安全防护工作的情况进行检查，并明确了检查工作方式和有关要求。

• 此外，《办法》还对通信网络运行单位开展容灾备份、事件监测和演练等工作提出了明确要求。

7.1.4 《关于加强工业控制系统信息安全管理的通知》(〔2011〕451号)

2011年9月29日，工业和信息化部日前印发《关于加强工业控制系统信息安全管理的通知》，要求各地区、各有关部门、有关国有大型企业充分认识工业控制系统信息安全的重要性和紧迫性，切实加强工业控制系统信息安全管理，以保障工业生产运行安全、国家经济安全和人民生命财产安全。明确了重点加强核设施、钢铁、有色、化工、石油石化、电力、天然气、先进制造、水利枢纽、环境保护、铁路、城市轨道交通、民航、城市供水供气供热以及其他与国计民生紧密相关领域的工业控制系统信息安全管理，落实安全管理要求。

• 加强连接管理，严格管理工业控制系统与公共网络之间连接，严格控制移动设备的交叉使用。

• 加强组网管理，同步规划、同步建设、同步运行安全防护措施，采用虚拟专用网络、冗余备份、数据加密、身份认证等措施，加强关键工业控制系统通信网络的防护。

• 加强配置管理，建立服务器等关键设备安全配置和审计制度，严格账户、口令以及端口和服务的管理。

• 加强设备选择与升级管理，严格设备采购、技术服务的安全管理，严格软件升级、补丁安装管理。

• 加强数据管理，通过采取访问权限控制、数据加密、安全审计、灾难备份等措施加强对地理、矿产、原材料等国家基础数据以及其他重要敏感数据的保护，切实维护个人权益、企业利益和国家信息资源安全。

• 加强应急管理，制定信息安全应急预案，落实应急支撑队伍，视情采取必要的备机备件等容灾备份措施。

《通知》提出，要建立工业控制系统安全测评检查和漏洞发布制度。工业和信息化部要适时对重点领域工业控制系统信息安全进行抽查。同时，要进一步加强工业控制系统信息安全工作的组织领导。加强对工业控制系统信息安全工作的指导和督促检查。加强对重点领域工业控制系统信息安全管理工作的指导监督结合行业实际制定完善相关规章制度，提出具体要求，并加强督促检查确保落到实处。

7.1.5 《关于大力推进信息化发展和切实保障信息安全的若干意见（国发〔2012〕23 号)》

大力推进信息化发展和切实保障信息安全，对调整经济结构、转变发展方式、保障和改善民生、维护国家安全具有重大意义。近年来，各地区、各部门认真贯彻落实党中央、国务院决策部署，加快推进信息化建设，建立健全信息安全保障体系，有力地促进了经济社会发展。当前，世界各国信息化快速发展，信息技术的应用促进了全球资源的优化配置和发展模式创新，互联网对政治、经济、社会和文化的影响更加深刻，围绕信息获取、利用和控制的国际竞争日趋激烈，保障信息安全成为各国重要议题。但是，我国信息化建设和信息安全保障仍存在一些亟待解决的问题，宽带信息基础设施发展水平与发达国家的差距有所拉大，政务信息共享和业务协同水平不高，核心技术受制于人；信息安全工作的战略统筹和综合协调不够，重要信息系统和基础信息网络防护能力不强，移动互联网等技术应用给信息安全带来严峻挑战。必须进一步增强紧迫感，采取更加有力的政策措施，大力推进信息化发展，切实保障信息安全。为此，提出本意见，主要目标在于：

重点领域信息化水平明显提高。信息化和工业化融合不断深入，农业农村信息化有力支撑现代农业发展，文化、教育、医疗卫生、社会保障等重点领域信息化水平明显提高；电子政务和电子商务快速发展，到“十二五”末，国家电子政务网络基本建成，信息共享和业务协同框架基本建立；全国电子商务交易额超过 18 万亿元，网络零售额占社会消费品零售总额的比重超过 9%。

下一代信息基础设施初步建成。到“十二五”末，全国固定宽带接入用户超过 2.5 亿户，互联网国际出口带宽达到每秒 6500 吉比特（Gbit），第三代移动通信技术（3G）网络覆盖城乡，国际互联网协议第 6 版（IPv6）实现规模商用。

信息产业转型升级取得突破。集成电路、系统软件、关键元器件等领域取得一批重大创新成果，软件业占信息产业收入比重进一步提高。

国家信息安全保障体系基本形成。重要信息系统和基础信息网络安全防护能力明显增强，信息化装备的安全可控水平明显提高，信息安全等级保护等基础性工作明显加强。

同时详细指导说明了实现如下目标：

- 实施“宽带中国”工程，构建下一代信息基础设施；
- 推动信息化和工业化深度融合，提高经济发展信息化水平；
- 加快社会领域信息化，推进先进网络文化建设；
- 推进农业农村信息化，实现信息强农惠农；
- 健全安全防护和管理，保障重点领域信息安全；

• 加快能力建设，提升网络与信息安全保障水平；
• 完善政策措施。

7.2 国外工业控制系统信息安全标准

欧美发达国家主导了传统信息安全的标准体系，同时也决定了工业控制信息系统也走在前面。因此，国外有相对更完善的安全标准值得我们学习。

7.2.1 IEC 62443

2007 年，IEC/TC65/WG10 与 ISA99 成立联合工作组，共同制定 IEC 62443 系列标准。2011 年 5 月，IEC/TC65 年会决定整合 IEC 62443 标准结构，并从 14 个部分文档调整到 12 个，以优化工业控制系统信息安全标准体系。同时，为与 IEC/TC65 的工作范围相对应，IEC 62443 系列标准名称由《工业通信网络网络与系统信息安全》改为《工业过程测量、控制和自动化网络与系统信息安全》。

IEC 62443 系列标准目前分为通用、信息安全程序、系统技术和部件技术 4 个部分，共包含 12 个文档，每个文档描述了工业控制系统信息安全的不同方面。IEC 62443 标准结构如图 7－5 所示：

图 7－5　IEC 62443 系列标准

第 1 部分描述了信息安全的通用方面，作为 IEC 62443 其他部分的基础：

• IEC 62443－1－1 术语、概念和模型：为其余各部分标准定义了基本的概念和模型，从而更好地理解工业控制系统的信息安全；

• IEC 62443－1－2 术语和缩略语：包含了该系列标准中用到的全部术语和缩略语列表；

• IEC 62443－1－3 系统信息安全符合性度量：包含建立定量系统信息安全符合性度量体系所必要的要求，提供系统目标、系统设计和最终达到的信息安全保障等级；

第 2 部分主要针对用户的信息安全程序。它包括整个信息安全系统的管理、人员和程序设计方面，是用户在建立其信息安全程序时需要考虑的：

• IEC 62443－2－1 建立工业自动化和控制系统信息安全程序：描述了建立网络信息安全管理系统所要求的元素和工作流程，以及针对如何实现各元素要求的指南；

• IEC 62443－2－2 运行工业自动化和控制系统信息安全程序：描述了在项目已设计完成并实施后如何运行信息安全程序，包括量测项目有效性的度量体系的定义和应用；

• IEC 62443－2－3 工业自动化和控制系统环境中的补丁更新管理；

• IEC 62443－2－4 对工业自动化控制系统制造商信息安全政策与实践的认证。

第 3 部分针对系统集成商保护系统所需的技术性信息安全要求。它主要是系统集成商在把系统组装到一起时需要处理的内容。它包括将整体工业自动化控制系统设计分配到各个区域和通道的方法，以及信息安全保障等级的定义和要求：

• IEC 62443－3－1 信息安全技术：提供了对当前不同网络信息安全工具的评估、缓解措施，可有效地应用于基于现代电子的控制系统，以及用来调节和监控众多产业和关键基础设施的技术；

• IEC 62443－3－2 区域和通道的信息安全保障等级：描述了定义所考虑系统的区域和通道的要求，用于工业自动化和控制系统的目标信息安全保障等级要求，并对验证这些要求提供信息性的导则；

• IEC 62443－3－3 系统信息安全要求和信息安全保障等级：描述了与 IEC 62443－1－1 定义的 7 项基本要求相关的系统信息安全要求，及如何分配系统信息安全保障等级。

第 4 部分针对制造商提供的单个部件的技术性信息安全要求。它包括系统的硬件、软件和信息部分，以及当开发或获取这些类型的部件时需要考虑的特定技术性信息安全要求：

• IEC 62443－4－1 产品开发要求：定义了产品开发的特定信息安全要求；

• IEC 62443－4－2 对 IACS 产品的信息安全技术要求：描述了对嵌入式设备、主机设备、网络设备等产品的技术要求。

• IEC 62443 系列标准通过四个部分，涵盖了所有的利益相关方，即资产所有者、系统集成商、组件供应商，以尽可能地实现全方位的安全防护。其中，IEC 62443 第1-1部分、第2-1部分、第 3 部分、第 3-1 部分已发布 IEC 标准；第 3-3 部分目前处于委员会投票草案（CDV）阶段；第 2-4 部分已通过新工作项目（NP）投票；其余部分都在起草过程中。

为了避免标准冲突，IEC 62443 同时涵盖了业内相关国际标准的内容，例如来自荷兰石油天然气组织 WIB 标准和美国电力可靠性保护协会标准 NERC CIP 标准，它们包含的附加要求也被整合在 IEC 62443 系列标准中。

7.2.2 SP800－82

NIST SP800－82《工业控制系统（ICS）安全指南》于 2010 年 10 月发布，是 NIST 依据 2002 年《联邦信息安全管理法》（FISMA）、2003 年国土安全总统令 HSPD－7 等编制而成。该指南为工业控制系统 ICS 的安全保障提供指南，包括数据采集与监视控制（SCADA）系统、分布式控制系统和其他完成控制功能的系统。该指南概述了 ICS 典型的系统拓扑结构，指出了这些系统的典型威胁和脆弱点所在。

NIST 于 2011 年发布了 SP800－82《工业控制系统安全指南》最终版，在一定程度上对工业控制系统的安全防护也提出了指导意见。SP800－82 是依据 FISMA 法案、2003 年国土安全总统令 HSPD－7 等编制而成。它遵循《OMB 手册》的要求“保障机构信息系统”，为联邦机构使用，同时允许非政府组织自愿使用。SP800－82 为保障包括数据采集与监视控制（SCADA）系统、分布式控制系统（DCS）和其他控制系统组件（如 PLC）在内的工业控制系统安全提供指南。SP800－82 描述了典型工业控制系统的组成结构，对这些系统中可能存在的安全漏洞、威胁和风险进行了分类分析，给出了一系列规避相关风险的推荐性的安全对策。同时，根据工业控制系统的潜在风险和影响水平的不同，指出了保障工业控制系统安全的不同方法和技术手段。SP800－82 给出了工业控制系统安全保护的建议和指导，但是在实际应用中，不应把其仅仅作为一个检查表，而是应以其为指导，对系统执行基于风险的评估，在满足原有控制措施目标的前提下对建议进行裁剪/补充，给出满足特定安全需求、业务需求和运行需求的安全解决方案并实施。

它适用于电力、水利、石化、交通、化工、制药等行业的 ICS 系统。该指南主要包括以下内容：

- 主要 ICS 系统概述及其典型的系统拓扑；
- ICS 与 IT 系统之间的区别；
- 标识 ICS 的典型威胁、漏洞以及安全事件；
- 如何开发和部署 SCADA 系统的安全程序；
- 如何考虑建设网络体系结构；

• 如何把 SP800－53 中“联邦信息系统与组织安全控制方法”部分提出的；
• 管理、运营和技术方面的控制措施运用在 ICS 中。

7.2.3 NERC CIP

目前在全美强制推广的 CIP 标准最初名称是 NERC 1300，2005 年 NERC 对 NERC1300 进行了更新并更名为 CIP，分为 CIP002－009 共 8 个部分草案。CIP 编制的目标是保证电网的可靠运行，覆盖对象包括供电公司、发电厂、电网运营商等电力企业。2006 年 4 月，在经过 4 个版本的讨论与修改后，CIP 标准第 1 版发布，同时发布了符合性实施计划，实施截止日期根据企业的不同定在 2009—2010 年之间。2007 年 7 月 20 日，FERC 针对 NERC CIP 标准发布了一份《公共制定规则通知》，将 NERC CIP 作为强制性标准进行推行，但对标准的 8 个部分提出了 59 项修改内容，要求 CIP 在 2009 年前进行修改。2008 年末，CIP 的修改进入了实质性阶段，在 2009 年 9 月末发布了 CIP 第 2 版，即 CIP－002－2 至 CIP－009－2。但在标准的执行过程中，针对 CIP 执行效果不佳的问题，NERC 对 CIP 标准要求进行了细化和调整，2011 年 1 月发布了 CIP 第 4 版。

NERC CIP 标准的核心部分是 CIP－002 至 CIP－009，8 个要求部分分别覆盖资产识别、安全管理、人员管理、访问控制、物理安全、系统安全、应急响应与灾难恢复。在提出要求的基础上，NERC 制定了符合性实施计划，将标准的执行分为了资产评估、基本符合、符合和通过审计 4 个阶段，对不同的电力企业制定了不同的执行时间表和审计截止日期，电力企业在审计截止日期之前将 CIP 中要求的材料提交到 NERC 或州代理权威机构。

尽管 CIP 作为全美强制推行的第一个电力系统信息安全标准，已经在管理层面取得了重大突破，但是 CIP 在内容上仍存在很多不足。

首先，CIP－002《关键网络资产识别》中只要求电力企业自己选用风险评估方法识别重要的信息资产，而且倾向于防护基于通用网络技术的信息系统主机、终端，但对于继电保护装置、测控装置、变压器等重要的电力系统组件，CIP 中却没有提到。电力企业可以根据自己的评估方法接受一定的信息安全风险，自主确定需要保护的资产。但是在实际操作中，很多电力企业都声称在进行了风险评估之后，没有需要保护的重要资产。比如在美国东南最大的一个区域，所有电力企业（包括核电在内），都认为他们的发电系统对电网的可靠性没有影响，系统满足 $N-1$ 定律，单一故障并不影响整个系统的稳定性，所以这些系统不属于重要资产。但是他们并没有考虑到安全故障同时发生的情况。试想如果多个电站控制系统中都被植入了木马，而且同时发作，出现的状况将不亚于 2003 年的东北大停电。2009 年 4 月，NERC 的副主席兼首席安全官向 NERC 提交了一封信，信中称 70％的美国电厂都认为自己的系统不是 NERC 的关键系统，30%的输电资产也被所属电力公司认为是非关键资产，而由于CIP没有覆盖配电，所以100%配电系统都不属于关键资产。FERC在《公共制定规则通知》中对CIP的宽松条款表示不满，要求NERC重新考虑修改事宜，经过多版更新，目前的CIP第4版中虽然对资产进行了更近一步的定义，但是发电厂的资产基线设定值高达1500 MW，仍有很多的发电设备将在防护要求之外，而且标准依旧没有考虑配电设施。

其次，CIP标准中要求的安全机制都是适用于商用信息系统的防病毒、安全配置等通用措施，主要用于解决调度中心的服务器和工作站的安全问题，而不是防护电厂和变电站的现场设备的。但对于目前美国变电站和电厂中的大部分现场控制器和可编程逻辑控制器（PLC）等众多计算机处理能力低、结构简单的设备，这些措施则无法实施。而且，随着智能电网的推行，底层设备的智能化而引入的信息安全风险也是CIP标准必须面对的问题。

再次，CIP标准没有考虑配电系统和电力市场交易系统。配电的监控系统也是连接在NERC的调度通信网上的，配电监控系统的安全同样影响电网的安全。开放接入实时信息系统（OASIS）作为市场交易系统的一种，就在CIP的管理范围之外，它们一边连着EMS/SCADA系统，另一边就连着互联网，对电网的安全构成极大威胁。根据NERC2011年3月发布的标准符合度情况统计数据，从2010年起，各电力企业和机构的CIP不符合项以每月100个的速度增长，而且这些不符合项中超过一半都还没有整改。CIP标准本身的缺陷和推行不力问题，使得美国国内很多专家对CIP是否真的能够提升全美电力系统的信息安全水平产生了巨大质疑。

7.2.4 ISO27000系列

ISO/IEC27001源于英国标准BS7799的第二部分，即BS7799-2《信息安全管理体系规范》。

1998年英国公布标准的第二部分《信息安全管理体系规范》，它规定信息安全管理体系要求与信息安全控制要求，它是一个组织的全面或部分信息安全管理体系评估的基础，它可以作为一个正式认证方案的根据。BS7799-1与BS7799-2经过修订于1999年重新予以发布，1999版考虑了信息处理技术，尤其是在网络和通信领域应用的近期发展，同时还非常强调了商务涉及的信息安全及信息安全的责任。

2000年12月，BS7799-1：1999《信息安全管理实施细则》通过了国际标准化组织ISO的认可，正式成为国际标准。ISO/IEC17799：2000《信息技术—信息安全管理实施细则》。2002年9月5日，BS7799-2：2002草案经过广泛的讨论之后，终于发布成为正式标准，同时BS7799-2：1999被废止。2004年9月5日，BS7799-2：2002正式发布。

2005年，BS7799-2：2002终于被ISO组织所采纳，于同年10月推出ISO/

IEC27001：2005。

2005 年 6 月，ISO/IEC17799：2000 经过改版，形成了新的 ISO/IEC17799：2005，新版本较老版本无论是组织编排还是内容完整性上都有了很大增强和提升。ISO/IEC17799：2005 已更新并在 2007 年 7 月 1 日正式发布为 ISO/IEC27002：2005，这次更新只是在标准上的号码，内容并没有改变。

现版的信息安全管理系统 ISO27001：2005 标准已经使用了 8 年，ISO 组织（国际标准化组织）终推出新版 ISO27001：2013。在新版公布后的 18 至 24 个月内是转换缓冲期，即原有已取得证书的企业最迟需要在 2015 年 10 月 19 日前转换到新版标准。

此次改版与旧版相比主要有三大差异：一、管理体系更容易整合；二、融入企业面临的新挑战；三、更多指引延伸参考。说明如下：

1）易整合：以前各管理系统对管理制度面的要求有不太一致的描述方式，且章节不一。例如管理制度的 PDCA（Plan，Do，Check，Act）、政策与高级支持等管理制度面要求不同。在新版当中采取 AnnexSL 做结构性要求，让不同管理系统易于接轨、整合。AnnexSL 的高级结构是 ISO 组织未来所有管理制度制定时的重要依据，目前已经有 ISO22301（前 BS25999 营运持续管理系统）和 ISO/IEC 27001：2013、ISO 9001：2015 都已采此结构进行调整，预计已颁布的标准如 ISO/IEC 20000：2011 等未来的改版也将以相同的思路进行调整。

2）新要求：ISO/IEC27001：2005 原本有 11 个领域（domain）、133 项控制措施，新版 ISO/IEC 27001：2013 调整为 14 个领域（A. 5－A. 18）、114 个控制措施。新增的领域是将原分散在各领域中的部分控制目标级别提升，组成新领域，如加密与供应链管理因其重要性而被独立出来成为新领域；或是将原有领域分拆，如将通信与作业管理分开成两个独立的领域，以反映目前信息安全的发展趋势。而控制措施的减少则是通过合并重复的项目来进行，像变更管理在不同的领域中有重复就予以合并。也有新增的控制项目比如对智能型装置的管理、强化 ICT 供应链的委外管理以及系统开发项目管理的信息安全要求等。

3）更多参考：此次 ISO 也新增许多指引供企业参考，组织可以通过不同的面以及风险进行深度的强化，通过 ISO27001 验证只是基本要求。目前 ISO27000 系列指引编号已超过 44 号（001－044），例如金融服务、数字鉴识、供应链管理（4 本）、软件开发测试等，主管机关可参考这些指引做升级的要求。

ISO 27001 的特点在于定义了包括风险评估、风险处理和管理决策的风险管理方法持续改进的模型，有效性的衡量以及内部和外部可审计的规范。

ISO 27001 定义了“6 步过程”并使用了“PDCA 方法”。

其中的 6 步过程为：

a）定义信息安全策略；

b）定义信息安全管理体系的范围；

c）进行信息安全风险评估；

d）管理标识出的风险；

e）选择控制措施以供实施和应用；

f）准备一份适用性声明。

PDCA 方法就是 Plan—Do—Check—Act 循环源自 20 世纪 50 年代的 W. Edwards Deming. 故又称做“戴明环”。它说明应将业务过程看作连续的反馈循环，以便管理者能够标识和变更过程那些需要改进的部分或对过程的改进，首先应计划，然后实施并衡量效果，然后应根据计划的具体细节检查衡量结果并标识和向管理者报告所有偏离和潜在的需改进点，以使管理者可以做出采取什么行动的决策。

7.3 国内工业控制系统网络安全标准

国内工业控制系统网络安全标准已经初具一个完成的体系架构，但是由于起步较晚，大量的标准还处于在研、待研阶段。

7.3.1 工业控制系统安全标准体系架构

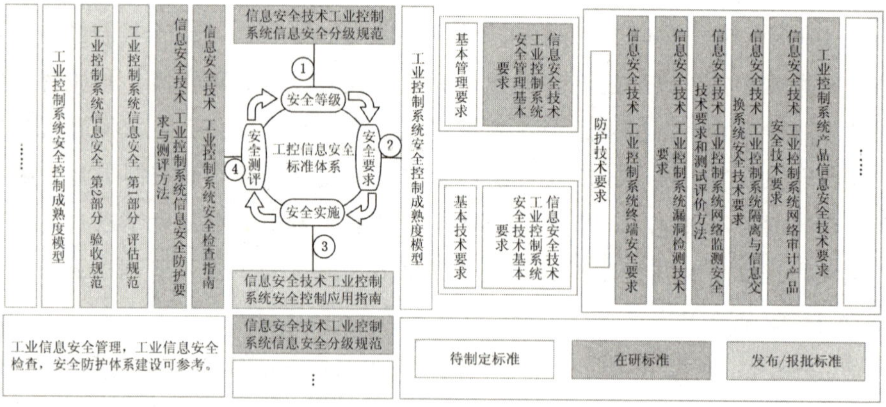

图 7-6 工业控制系统安全标准架构

工业控制安全标准架构如图 7-6 所示，通过安全等级、安全要求、安全实施、安全测评四个方向形成一个安全闭环，其中：

安全等级标准有《信息安全你技术工业控制系统信息安全分级规范》一个标准规范，该标准尚处于在研状态；

安全要求分为基本管理要求、基本技术要求、防护技术要求三个方面，旗下规范基本处在在研状态；

安全实施主要标准已经发布《信息安全技术 工业控制系统安全控制应用指南》，当然要完善实施规范，单一的标准是不够的，分级规范等标准可以作为重要辅助参考，其他的实施标准体系尚处于待研中；

安全测评方面已经发布了《评估规范》、《验收规范》，而《检查指南》与《防护要求与测评指南》尚在研发中，《成熟模型》尚在待研状态。

7.3.2 《工业控制系统信息安全分级规范》

为加强工业控制系统信息安全管理，对工业控制系统信息安全采取等级化管理。该标准规定了基于风险分析的工业控制系统信息安全等级划分规则和定级方法，提出了等级划分模型和定级要素，包括工业控制系统资产重要程度、存在的潜在风险影响程度和需抵御的信息安全威胁程度，并提出了对工业控制系统信息安全划分四个等级的特征。该标准目前还处于征集意见中。

7.3.2.1 工业控制系统定级对象

对工业控制系统划分信息安全等级，其定级对象是一个具体的完整的工业控制系统，也可以是这个工业控制系统中相对独立的一部分。

一个具体的完整的工业控制系统：应以企业工业自动化生产过程为基础，属于企业的一个自动化生产全过程或一个工业自动化生产装置（如聚苯乙烯生产装置）的工业控制系统；

工业控制系统中相对独立的一部分：是以企业工业自动化生产过程的局部环节为基础，属于企业的一个自动化生产全过程或一个工业自动化生产装置的工业控制系统中的相对独立的且物理边界清晰的某个安全区域或通信网络。

通常，对一个具体的完整的工业控制系统定级可偏重于信息安全管理的需要，对工业控制系统中相对独立的一部分定级可偏重于信息安全防护设计的需要。根据具体需要可对一个具体的完整的工业控制系统和其中相对独立的一部分分别定级，一般情况下工业控制系统中相对独立的一部分的信息安全等级不应高于其整体的工业控制系统的信息安全等级。

7.3.2.2 工业控制系统等级划分

该标准规定的工业控制系统信息安全等级是基于工业控制系统存在的信息安全风险划分的，由工业控制系统资产重要程度、受侵害后潜在影响程度、需抵御的信息安全威胁程度等三个定级要素决定。

1）工业控制系统资产重要程度

反映了工业控制系统所在工业生产行业领域的重要性，工业控制系统在企业生产过程中业务使命的重要性，工业控制系统及其相关生产装置以及相关生产总值等资产综合价值。

2）工业控制系统受侵害后潜在影响程度

反映了工业控制系统信息安全受到侵害后产生的直接损失和间接损失，包括对工业控制系统及其相关生产装置的影响，对工业生产运行安全的影响，以及对其他受侵害对象（如公民、企业、其他组织的合法权益及重要财产安全，环境安全、社会秩序、公共利益和人员生命安全，国家安全、国家经济安全）的影响。

3）工业控制系统需抵御的信息安全威胁程度

反映了对工业控制系统信息安全可能进行侵害的主要威胁及其强度；在工业控制系统客观存在的众多威胁中，依据工业控制系统、相关生产装置以及所属企业或行业本身的固有脆弱性及其可利用性，信息安全事件发生的可能性，确定实际需要抵御的信息安全威胁，并选择其中最高的威胁程度。

这三个定级要素之间既具有相对独立性，也具有一定的相互叠加效应。定级要素的相对独立性是指在一个侧面或一定程度上可表示工业控制系统的信息安全等级。定级要素的相互叠加效应是指，一个工业控制系统的资产重要程度越高，对受侵害后潜在影响程度的考虑会越多，对需抵御的信息安全威胁程度也会更敏感，反之亦然。基于信息安全风险的考虑，有必要对工业控制系统资产重要程度、受侵害后潜在影响程度、需抵御的信息安全威胁程度进行综合评价，得出工业控制系统信息安全等级。

工业控制系统信息安全等级特征值 N_{SL} 计算公式为：

$N_{SL}=F$（〔S，资产重要程度特征值〕，〔I，潜在影响程度特征值〕，〔T，信息安全威胁程度特征值〕）

为便于计算，该标准根据工业控制系统资产重要程度特征值、受侵害后潜在影响程度特征值、需抵御的信息安全威胁程度特征值，可在该标准中查出工业控制系统信息安全等级特征值，及其对应的工业控制系统信息安全的四个等级，分别如下：

1）第一级：工业控制系统信息安全受到破坏后，会对一般领域的工业生产运行造成损害，或者对公民、企业和其他组织的合法权益及重要财产造成损害，但不会损害国家安全、国家经济安全、环境安全、社会秩序、公共利益和人员生命；

2）第二级：工业控制系统信息安全受到破坏后，会对一般领域的工业生产运行造成重大损害，或者对重点领域的工业生产运行造成损失，或者对公民、企业和其他组织的合法权益及重要财产造成严重损害，或者对环境安全、社会秩序、公共利益和人员生命造成损害，但不会损害国家安全、国家经济安全；

3）第三级：工业控制系统信息安全受到破坏后，会对重点领域的工业生产运行造成重大损害，或者对关键领域的工业生产运行造成损失，或者对环境安全、社会秩序、公共利益和人员生命造成严重损害，或者会对国家安全、国家经济安全造成损害；

4）第四级：工业控制系统信息安全受到破坏后，会对关键领域的工业生产运行造成重大损害，或者对环境安全、社会秩序、公共利益和人员生命造成特别严重损害，或者对国家安全、国家经济安全造成严重损害。

定作为定级对象的工业控制系统信息安等级的一般流程如图 7－7 所示：

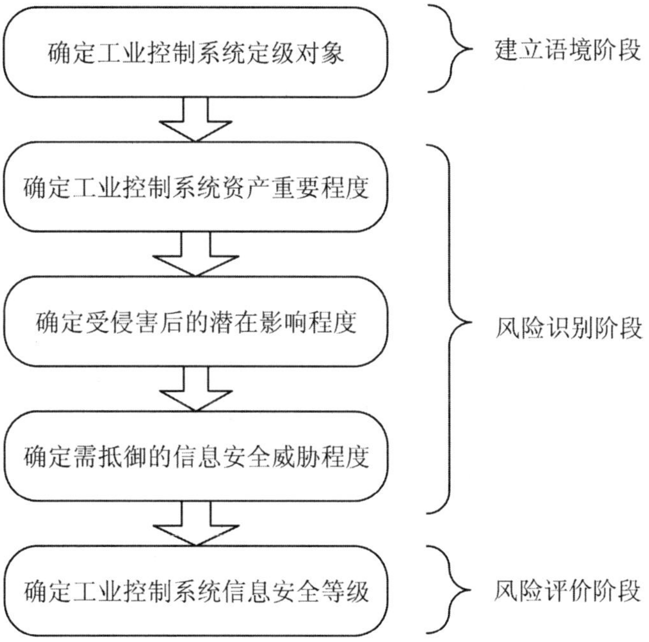

图 7－7 工业控制系统定级流程

7.3.3 《工业控制系统信息安全检查规范》

依据《关于加强工业控制系统信息安全管理的通知》（工信部协［2011］451 号）文件要求制定该标准。该标准还处于工作讨论稿阶段。

该标准制定的目的是使用工业控制系统的行业进行信息安全建设以及国家政府机构对国家重点行业进行信息安全检查中选择和指定的安全控制提供准则。该标准制定的目标是指导我国国家关键基础设施中相关工业控制系统行业用户开展工业控制信息安全自评估工作，及时有效发现工业控制系统存在的突出问题，为国家对重点行业工业控制信息安全检查等工作提供支撑，为实现更安全的工业控制信息系统并在其内部进行有效的风险管理提供帮助。主要通过以下几点实现：

• 提供工业控制系统安全检查的分类建议；

• 提供一种稳定但有弹性的工业控制信息系统安全检查要求目录以满足组织机构的自查保护需求，并能够满足未来变化的需求和改进的技术所提出的安全要求；

• 为用于制定工业控制系统信息安全检查有效性的评估方法、流程和过程创建基础；

• 该标准系统规范了工业控制系统信息安全的检查流程，规定了 SCADA 系统信息安全检查内容，对工业控制系统，尤其是 SCADA 系统的信息安全检查工作具有普遍的指导意义。

该标准研究关于工业控制系统安全检查内容及要求的广泛定义及概况，研究主要包括工业控制系统信息安全检查的关键安全要求，以及工业控制系统信息系统安全评估的方法、流程和方案。为安全检查要求的实施提供一般性指导，适用于工业控制系统环境下加强信息系统安全自查及管理；为使用工业控制系统的行业进行信息安全建设以及国家政府机构对国家重点行业进行信息安全检查中选择和制定的安全控制提供准则。

该标准从技术和管理两个层面对安全检查要求进行分类扩展，为国家工业控制系统信息安全的类似标准提供补充。每一个检查项包括多个检查要点，每一个检查要点包含多个检查内容。主要包括如下内容：

• 技术类包括：控制网网络安全、网络设备安全、工业控制主机安全、工业控制应用软件安全、数据与通信安全、物理安全、控制设备安全。

• 管理类包括：工业控制系统信息安全规划管理、工业控制系统信息安全制度管理、工业控制系统信息安全组织建设、工业控制系统人员安全管理、工业控制系统开发管理、工业控制系统运维管理、工业控制系统信息安全应急管理、工业控制系统信息安全风险评估。

7.3.4 《工业控制系统测控终端安全要求》

现场测控设备是工业控制系统的基本功能执行设备，直接对工业生产过程进行监视与控制，对于生产的安全稳定运行至关重要。

随着信息通信技术在工业控制系统中的应用，现场设备的智能化程度逐渐增加，网络化和处理能力的增加使得这些设备所面临的信息安全风险较传统现场设备面临的风险种类更多，范围更大，层次更为深入，一旦遭受攻击，将直接导致设备所辖区域内甚至连锁性的生产事故，因此其信息安全不仅与生产安全和经济安全密不可分，而且电力、化工、天然气等重要基础设施的现场安全水平直接关系到国计民生、社会稳定与公众利益。因此，制定该标准规定了工业控制系统现场测控设备的安全功能要求，适用于指导设备的安全设计、开发、测试与评估。目前该标准还处于征求意见稿阶段。

为提高现场设备的信息安全能力，该标准提出针对现场测控设备的安全功能要求，用于设备的安全设计、开发、测试与评估。典型设备包括 RTU、IED、DPU 等。某些内容因涉及设备功能实现原理、工业控制系统整体管理和运行或仅仅是信息安全的外围技术，因此不在该标准范围之内。

工业控制系统现场测控设备安全功能要求主要有以下六类：

1）FIA 类：标识与认证控制；

2）FUC 类：使用控制；

3）FDI 类：数据完整性；

4）FDC 类：数据保密性；

5）FDF 类：受限的信息流；

6）FRA 类：资源可用性。

详细要求如下表：

表 7-1　工业控制系统现场测控设备安全功能要求

要求类（6）	要求族（18）	要求项（58）
FIA 类：标识与认证控制	FIA _ IAM 族：标识与认证方式	FIA _ IAM. 1 标识及方式
		FIA _ IAM. 2 认证及方式
	FIA _ IDM 族：标识符管理	FIA _ IDM. 1 用户 ID 管理
	FIA _ ARM 族：认证码管理	FIA _ ARM. 1 口令修改
		FIA _ ARM. 2 口令更换周期
		FIA _ ARM. 3 口令强度控制
		FIA _ ARM. 4 口令失效机制
		FIA _ ARM. 5 证书及公私钥管理
		FIA _ ARM. 6 对称密钥管理
		FIA _ ARM. 7 密码学服务失效
	FIA _ LGM 族：登录管理	FIA _ LGM. 1 登录失败管理
		FIA _ LGM. 2 登录成功记录
		FIA _ LGM. 3 展示登录历史
		FIA _ LGM. 4 多次登录失败行为
		FIA _ LGM. 5 认证反馈
FUC 类：使用控制	FUC _ ACA 族：访问控制授权	FUC _ ACA. 1 授权项管理
		FUC _ ACA. 2 基于角色的访问控制
		FUC _ ACA. 3 管理员用户
		FUC _ ACA. 4 最小权限原则
		FUC _ ACA. 5 分权管理
	FUC _ SEC 族：会话控制	FUC _ SEC. 1 本地会话超时锁定
		FUC _ SEC. 2 网络会话超时终止
	FUC _ ATC 族：审计内容的产生	FUC _ ATC. 1 审计事件
		FUC _ ATC. 2 审计记录的内容
		FUC _ ATC. 3 审计的时间戳
		FUC _ ATC. 4 用户关联

续表

要求类（6）	要求族（18）	要求项（58）
	FUC _ ATS 族：审计信息的存储	FUC _ ATS. 1 审计容量
		FUC _ ATS. 2 审计故障告警
		FUC _ ATS. 3 审计信息保护
	FUC _ ATR 族：审计信息的查阅	FUC _ ATR. 1 读取审计信息
		FUC _ ATR. 2 系统范围审计
		FUC _ ATR. 3 审计报告的生成
FDI 类：数据完整性	FDI _ DSI 族：数据存储完整性	FDI _ DSI. 1 安全功能检测
		FDI _ DSI. 2 错误处理
		FDI _ DSI. 3 应用特定语法验证
		FDI _ DSI. 4 数据的非可执行性
		FDI _ DSI. 5 静态数据防篡改保护
		FDI _ DSI. 6 写入保护
	FDI _ DTI 族：数据传输完整性	FDI _ DTI. 1 数据包插入
		FDI _ DTI. 2 数据包删除
		FDI _ DTI. 3 数据包过分延迟
		FDI _ DTI. 4 数据包重放
		FDI _ DTI. 5 数据防篡改
		FDI _ DTI. 6 会话保护
FDC 类：数据保密性	FDC _ CRM 族：加密机制	FDC _ CRM. 1 加密机制
	FDC _ DSC 族：存储数据的保密性保护	FDC _ DSC. 1 存储数据的保密性保护
	FDC _ DTC 族：传输数据保密性	FDC _ DTC. 1 传输数据的保密性保护
FDF 类：受限的信息流	FDF _ NAC 族：网络访问控制	FDF _ NAC. 1 禁用不使用端口
		FDF _ NAC. 2 信息流控制
		FDF _ NAC. 3 无线访问
	FDF _ DFP 族：功能分区	FDF _ DFP. 1 应用分区
		FDF _ DFP. 2 安全功能隔离
FRA 类：资源可用性	FRA _ DSP 族：拒绝服务保护	FRA _ DSP. 1 数据泛洪保护
		FRA _ DSP. 2 协议 fuzz 保护
	FRA _ BUC 族：业务连续性	FRA _ BUC. 1 关键服务连续性
		FRA _ BUC. 2 设备备份
		FRA _ BUC. 3 设备恢复
		FRA _ BUC. 4 紧急电源

7.3.5 《工业控制系统安全管理基本要求》

该标准规定了工业控制系统安全管理基本框架及该框架包含的各关键活动，并提出为实现该安全管理基本框架所需的工业控制系统安全管理基本控制措施，在此基础上，给出了各级工业控制系统安全管理基本控制措施对应表，用于对各级工业控制系统安全管理提出安全管理基本控制要求。

该标准适用于工业控制系统建设、运行、使用、管理等相关方进行工业控制系统安全管理的规划和落实，也可供工业控制系统安全测评与安全检查工作参考依据。

工业控制系统（ICS）与传统的信息技术（IT）系统存在的诸多重要差异决定了应在规划和管理 ICS 信息安全过程中考虑 ICS 自身的特点。参考传统信息安全管理体系，结合 ICS 自身特点，将安全性需求整合到 ICS 中，形成了 ICS 安全管理基本框架（如图 7－8 所示）。该框架在确定 ICS 安全管理具体意图，理解需求期望并明确 ICS 体系范围的基础上，将 ICS 安全管理活动分为领导、规划、支持、运行、绩效评价和持续改进六个方面。其中，领导阶段需要组织获得管理层的承诺，确定 ICS 安全管理的方针，明确组织各相关成员在 ICS 管理活动中的角色和权责；规划阶段中组织应确定规划总则，开展 ICS 安全风险评估和处置，明确目标和实现规划；在支持阶段组织应保障 ICS 安全所需的资源，提供能力和意识培训，确定沟通机制并建立文档化制度；运行阶段组织应规划、实现和控制满足 ICS 安全管理活动要求的具体过程，定期开展 ICS 安全风险评估和处置工作；在绩效评价阶段，组织对 ICS 开展监视、测量、分析和评价，定期开展内部审核和管理评审；持续改进阶段组织应对 ICS 的安全开展持续监控，在发生 ICS 安全异常等情况下，开展纠正措施并持续改进。

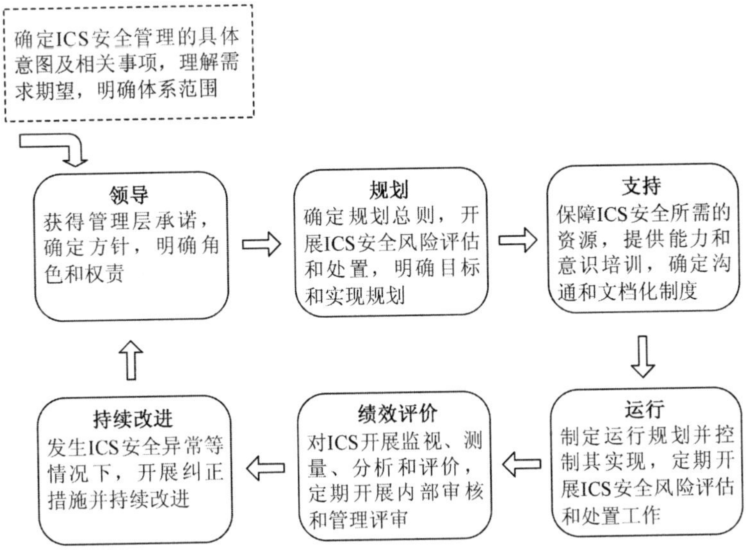

图 7－8 ICS 安全管理基本框架图

为具体实现ICS安全管理基本框架各阶段的安全功能，该标准在第6章给出了ICS安全管理基本框架各阶段所需的基本控制措施，并在附录A中给出了针对不同级别的工业控制系统安全管理要求对应表，用以指导组织根据自身工业控制系统的不同安全级别选择安全管理基本控制措施，并根据工业控制系统安全控制应用指南、安全分级等相关标准，对所选安全管理基本控制措施进行剪裁、选择等操作。

为便于对不同安全级别的工业控制系统进行适于其级别的安全管理，下表7－2给出了各级ICS安全管理基本对应表，具体分级依据参见ICS安全分级相关标准。针对ICS安全管理基本控制措施的裁剪方式参见相关ICS控制应用指南。

表7－2　各级ICS安全管理要求对应表

要求	安全级			
	第一级	第二级	第三级	第四级
6.1 安全评估和授权（CA）				
6.1.1 安全评估和授权方针策略及规程（CA－1）	a）～c）	a）～c）	a）～c）	a）～c）
6.1.2 安全评估（CA－2）	a）～c）	a）～d）	a）～f）	a）～f）
6.1.3 ICS连接管理（CA－3）	a）～c）	a）～c）	a）～e）	a）～e）
6.1.4 行动计划与里程碑（CA－4）	a）～b）	a）～b）	a）～c）	a）～c）
6.1.5 安全授权（CA－5）	a）～c）	a）～c）	a）～c）	a）～e）
6.1.6 持续监控（CA－6）	a）	a）～b）	a）～c）	a）～f）
6.1.7 渗透测试（CA－7）	—	—	a）	a）～c）
6.1.8 内部系统的连接（CA－8）	a）～b）	a）～b）	a）～b）	a）～c）
6.2 系统和服务获取（SA）				
6.2.1 系统及服务获取的方针策略及规程（SA－1）	a）～c）	a）～c）	a）～c）	a）～c）
6.2.2 资源配置（SA－2）	a）～c）	a）～c）	a）～c）	a）～c）
6.2.3 系统开发生命周期（SA－3）	a）～c）	a）～c）	a）～c）	a）～c）
6.2.4 采购过程（SA－4）	a）～b）	a）～e）	a）～f）	a）～l）
6.2.5 ICS信息系统文档（SA－5）	a）～c）	a）～f）	a）～f）	a）～j）
6.2.6 外部信息系统服务（SA－6）	a）～c）	a）～c）	a）～e）	a）～f）
6.2.7 开发者配置管理（SA－7）	—	a）～c）	a）～e）	a）～e）
6.2.8 开发者安全测评（SA－8）	—	a）～c）	a）～f）	a）～f）
6.2.9 供应链保护（SA－9）	—	a）	a）～i）	a）～l）
6.2.10 开发过程、标准及工具（SA－10）	a）	a）～d）	a）～d）	a）～d）

续表

要求	安全级			
	第一级	第二级	第三级	第四级
6.2.11 网络服务安全（SA－1）	—	a)	a)	a)
6.3 人员安全（PS）				
6.3.1 人员安全的方针策略及规程（PS－1）	a）～c)	a）～c)	a）～c)	a）～c)
6.3.2 岗位风险（PS－2）	a）～d)	a）～d)	a）～d)	a）～d)
6.3.3 人员审查（PS－3）	a）～b)	a）～b)	a）～b)	a）～d)
6.3.4 人员离职（PS－4）	a）～e)	a）～e)	a）～e)	a）～e)
6.3.5 人员调动（PS－5）	a)	a)	a)	a)
6.3.6 访问协议（PS－6）	a）～c)	a）～c)	a）～c)	a）～e)
6.3.7 第三方人员安全（PS－7）	a）～d)	a）～d)	a）～d)	a）～d)
6.3.8 人员处罚（PS－8）	a)	a)	a)	a)
6.4 规划（PL）				
6.4.1 安全规划策略及规程（PL－1）	a）～c)	a）～c)	a）～c)	a）～c)
6.4.2 系统安全规划（PL－2）	a）～d)	a）～d)	a）～d)	a）～g)
6.4.3 行为规则（PL－3）	a）～b)	a）～b)	a）～c)	a）～d)
6.4.4 信息安全架构（PL－4）	—	a）～c)	a）～d)	a）～d)
6.4.5 安全活动规划（PL－5）	—	a)	a)	a)
6.5 风险评估（RA）				
6.5.1 风险评估方针策略与规程（RA－1）	a）～c)	a）～c)	a）～c)	a）～c)
6.5.2 安全分类（RA－2）	a）～c)	a）～c)	a）～c)	a）～c)
6.5.3 安全风险评估（RA－3）	a）～d)	a）～d)	a）～d)	a）～d)
6.5.4 漏洞扫描（RA－4）	a）～c)	a）～h)	a）～i)	a）～n)
6.6 应急规划（CP）				
6.6.1 应急规划方针策略与规程（CP－1）	a）～c)	a）～c)	a）～c)	a）～c)
6.6.2 应急计划（CP－2）	a）～d)	a）～h)	a）～f)，i)，j)	a）～f)，i）～n)
6.6.3 应急培训（CP－3）	a）～b)	a）～c)	a）～c)	a）～d)
6.6.4 应急计划的测试和演练（CP－4）	a）～e)	a）～h)	a）～i)	a）～i)
6.6.5 备用存储场所（CP－5）	—	a）～e)	a）～e)	a）～e)
6.6.6 备用处理场所（CP－6）	—	a）～h)	a）～h)	a）～h)
6.6.7 电信服务（CP－7）	—	a）～d)	a）～d)	a）～d)

续表

要求	安全级			
	第一级	第二级	第三级	第四级
6.6.8 信息系统备份（CP−8）	a）～c）	a）～f）	a）～i）	a）～i）
6.6.9 信息系统恢复和重建（CP−9）	a）～b）	a）～f）	a）～f）	a）～g）
6.7 物理和环境安全（PE）				
6.7.1 物理和环境保护方针策略与规程（PE−1）	a）～c）	a）～c）	a）～c）	a）～c）
6.7.2 物理访问授权（PE−2）	a）～c）	a）～c）	a）～c）	a）～c）
6.7.3 物理访问控制（PE−3）	a）～f）	a）～g）	a）～g）	a）～j）
6.7.4 传输介质的访问控制（PE−4）	a）	a）	a）	a）～d）
6.7.5 输出设备的访问控制（PE−5）	a）	a）	a）	a）～d）
6.7.6 物理访问监控（PE−6）	a）	a）～b）	a）～b）	a）～f）
6.7.7 访问记录（PE−7）	a）～b）	a）～d）	a）～d）	a）～d）
6.7.8 电源设备与电缆（PE−8）	—	a）～d）	a）～d）	a）～d）
6.7.9 紧急断电（PE−9）	—	a）～c）	a）～c）	a）～c）
6.7.10 应急电源（PE−10）	—	a）～d）	a）～e）	a）～e）
6.7.11 应急照明（PE−11）	a）～b）	a）～b）	a）～b）	a）～b）
6.7.12 消防（PE−12）	a）～b）	a）～e）	a）～f）	a）～f）
6.7.13 温湿度控制（PE−13）	a）～b）	a）～b）	a）～b）	a）～c）
6.7.14 防水（PE−14）	a）～b）	a）～c）	a）～c）	a）～c）
6.7.15 交付及移除（PE−15）	a）	a）	a）	a）
6.7.16 备用工作场所（PE−16）	a）～c）	a）～c）	a）～c）	a）～c）
6.7.17 信息泄露（PE−17）	—	—	a）	a）
6.8 配置管理（CM）				
6.8.1 配置管理方针策略和规程（CM−1）	a）～c）	a）～c）	a）～c）	a）～c）
6.8.2 基线配置（CM−2）	a）～c）	a）～f）	a）～i）	a）～i）
6.8.3 配置变更控制（CM−3）	—	a）～g）	a）～j）	a）～m）
6.8.4 变更安全影响分析（CM−4）	a）	a）	a）～b）	a）～b）
6.8.5 对变更的访问限制（CM−5）	—	a）～e）	a）～i）	a）～i）
6.8.6 配置设置（CM−6）	a）～e）	a）～h）	a）～i）	a）～j）
6.8.7 配置最小功能化（CM−7）	a）～b）	a）～d）	a）～e）	a）～e）
6.8.8ICS 部件清单（CM−8）	a）	a）～e）	a）～f）	a）～i）
6.8.9 配置管理计划（CM−9）	—	a）～c）	a）～c）	a）～d）

续表

要求	安全级			
	第一级	第二级	第三级	第四级
6.9 系统和信息完整性（SI）				
6.9.1 系统和信息完整性方针策略和规程（SI－1）	a）～b）	a）～b）	a）～b）	a）～b）
6.9.2 缺陷修复（SI－2）	a）～d）	a）～f）	a）～f）	a）～i）
6.9.3 恶意代码防护（SI－3）	a）～c）	a）～g）	a）～h）	a）～h）
6.9.4 信息系统监视（SI－4）	a）～e）	a）～i）	a）～i）	a）～l）
6.9.5 安全警报、建议和指示（SI－5）	a）～d）	a）～d）	a）～e）	a）～e）
6.9.6 安全功能验证（SI－6）	—	a）～c）	a）～c）	a）～f）
6.9.7 软件、固件和信息完整性（SI－7）	—	a）～c）	a）～c）	a）～e）
6.9.8 信息输入验证（SI－8）	—	a）	a）	a）～e）
6.9.9 错误处理（SI－9）	—	a）～b）	a）～b）	a）～b）
6.9.10 信息处理和留存（SI－10）	a）	a）	a）	a）
6.9.11 防止可预计的故障（SI－11）	—	a）～b）	a）～b）	a）～f）
6.9.12 信息的输出过滤（SI－12）	—	a）	a）	a）
6.9.13 内存防护（SI－13）	—	—	a）	a）
6.9.14 使用防病毒工具（SI－14）	—	—	a）	a）
6.9.15 入侵检测和防护（SI－15）	—	a）	a）	a）
6.10 介质保护（MP）				
6.10.1 介质保护方针策略与规程（MP－1）	a）～c）	a）～c）	a）～c）	a）～c）
6.10.2 介质访问（MP－2）	a）	a）～b）	a）～c）	a）～c）
6.10.3 介质标记（MP－3）	—	a）	a）	a）
6.10.4 介质存储（MP－4）	—	a）～e）	a）～e）	a）～e）
6.10.5 介质传递（MP－5）	—	a）～g）	a）～g）	a）～h）
6.10.6 介质净化（MP－6）	a）～b）	a）～e）	a）～f）	a）～f）
6.10.7 介质使用（MP－7）	a）	a）～c）	a）～c）	a）～c）
6.11 事件响应（IR）				
6.11.1 事件响应方针策略与规程（IR－1）	a）～c）	a）～c）	a）～c）	a）～c）
6.11.2 事件响应培训（IR－2）	a）～b）	a）～b）	a）～d）	a）～d）
6.11.3 事件响应测试和演练（IR－3）	—	a）～c）	a）～c）	a）～d）

续表

要求	安全级			
	第一级	第二级	第三级	第四级
6.11.4 事件处理（IR－4）	a）～c）	a）～e）	a）～h）	a）～h）
6.11.5 事件监控（IR－5）	a）	a）～b）	a）～b）	a）～b）
6.11.6 事件报告（IR－6）	a）～b）	a）～d）	a）～d）	a）～d）
6.11.7 事件响应帮助（IR－7）	a）	a）～c）	a）～c）	a）～c）
6.11.8 事件响应计划（IR－8）	a）～f）	a）～f）	a）～f）	a）～f）
6.12 意识和培训（AT）				
6.12.1 安全意识培养和安全培训方针策略和规程（AT－1）	a）～c）	a）～c）	a）～c）	a）～c）
6.12.2 安全意识培训（AT－2）	a）～d）	a）～e）	a）～f）	a）～f）
6.12.3 基于角色的安全培训（AT－3）	a）～d）	a）～e）	a）～g）	a）～g）
6.12.4 安全培训记录（AT－4）	a）～b）	a）～b）	a）～b）	a）～b）
6.13 访问控制（AC）				
6.13.1 访问控制方针策略和规程（AC－1）	a）～c）	a）～c）	a）～c）	a）～c）
6.13.2 账户管理（AC－2）	a）～h）	a）～j）	a）～j）	a）～n）
6.13.3 访问执行（AC－3）	a）～i）	a）～j）	a）～j）	a）～n）
6.13.4 信息流执行（AC－4）	—	a）	a）	a）～e）
6.13.5 职责的分割（AC－5）	—	a）～c）	a）～c）	a）～c）
6.13.6 最小权限（AC－6）	—	a）～f）	a）～g）	a）～h）
6.13.7 不成功的录入尝试（AC－7）	a）～c）	a）～c）	a）～c）	a）～e）
6.13.8 会话封锁（AC－8）	—	a）～b）	a）～b）	a）～c）
6.13.9 远程访问（AC－9）	a）	a）～e）	a）～e）	a）～m）
6.13.10 无线访问（AC－10）	a）～c）	a）～d）	a）～h）	a）～k）
6.13.11 移动设备的访问控制（AC－11）	a）～g）	a）～j）	a）～n）	a）～n）
6.13.12 外部信息系统的使用（AC－12）	a）～b）	a）～b）	a）～d）	a）～d）
6.13.13 对程序源代码的访问控制（AC－13）	a）～b）	a）～b）	a）～b）	a）～b）
6.14 维护（MA）				
6.14.1 系统维护方针策略与规程（MA－1）	a）～c）	a）～c）	a）～c）	a）～c）
6.14.2 受控维护（MA－2）	a）～h）	a）～j）	a）～k）	a）～k）

续表

要求	安全级			
	第一级	第二级	第三级	第四级
6.14.3 维护工具（MA－3）	—	a）～f）	a）～f）	a）～f）
6.14.4 非本地维护（MA－4）	a）～e）	a）～h）	a）～l）	a）～l）
6.14.5 维护人员（MA－5）	a）～c）	a）～c）	a）～g）	a）～g）
6.14.6 及时维护（MA－6）	—	a）	a）～c）	a）～c）
6.15 审计和可核查性（AU）				
6.15.1 审计和可核查性方针策略和规程（AU－1）	a）～c）	a）～c）	a）～c）	a）～c）
6.15.2 审计事件（AU－2）	a）～e）	a）～f）	a）～h）	a）～h）
6.15.3 审计记录内容（AU－3）	a）	a）～b）	a）～c）	a）～c）
6.15.4 对审计处理失败的响应（AU－4）	a）～c）	a）～e）	a）～g）	a）～g）
6.15.5 审计评审、分析和报告（AU－5）	a）～b）	a）～c）	a）～d）	a）～d）
6.15.6 审计归约和报告生成（AU－6）	—	a）～c）	a）～c）	a）～c）
6.15.7 时间戳（AU－7）	a）	a）～b）	a）～b）	a）～b）
6.15.8 审计信息的保护（AU－8）	a）	a）～b）	a）～e）	a）～e）
6.15.9 抗抵赖（AU－9）	—	—	a）～e）	a）～f）
6.15.10 审计记录保留（AU－10）	a）	a）	a）	a）
6.15.11 审计生成（AU－11）	a）～d）	a）～d）	a）～g）	a）～g）
6.16 标识和鉴别（IA）				
6.16.1 标识与鉴别方针策略和规程（IA－1）	a）～c）	a）～c）	a）～c）	a）～c）
6.16.2 组织用户的标识与鉴别（IA－2）	a）～b）	a）～g）	a）～g）	a）～i）
6.16.3 设备的标识与鉴别（IA－3）	—	a）	a）	a）～d）
6.16.4 标识符管理（IA－4）	a）～e）	a）～e）	a）～e）	a）～j）
6.16.5 鉴别管理（IA－5）	a）～j）	a）～m）	a）～r）	a）～r）
6.16.6 鉴别反馈信息（IA－6）	a）	a）	a）	a）
6.16.7 密码模块鉴别（IA－7）	a）	a）	a）	a）
6.16.8 非组织用户的标识与鉴别（IA－8）	a）～d）	a）～d）	a）～d）	a）～d）

7.3.6《工业控制系统安全控制应用指南》

该标准提供了可用于工业控制系统的安全控制列表，规约了工业控制系统的安全控制选择过程，以便构造工业控制系统的安全程序——一种概念层面上的安全解决方案。

该标准可用于：

1）方便规约工业控制系统的安全功能需求，为安全设计（包括安全体系结构设计）和安全实现奠定有力的基础。

2）指导工业控制系统安全整改中安全能力的调整和提高，以便能使工业控制系统一直是安全的。

该标准的适用对象是组织中负责工业控制系统建设的组织者、负责信息安全工作的实施者和其他从事信息安全工作的相关人员。

从概念上来说，工业控制系统的安全与其他领域的安全是一样的，如下图7－9所示：

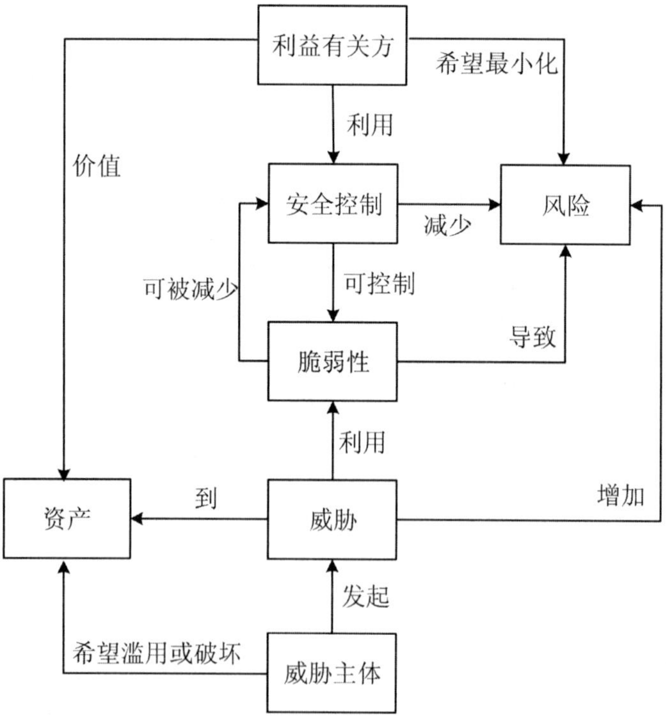

图7－9　资产、威胁与脆弱性关系图

为了使组织的工业控制系统是安全的，就必须实施选择并规约安全控制和控制增强的过程，该过程包括以下三个子过程：

1）选择初始安全控制基线；

2）裁剪所选择的初始安全控制基线；

3）补充所裁剪的安全控制基线。

安全控制选择过程可概括为下图 7－10：

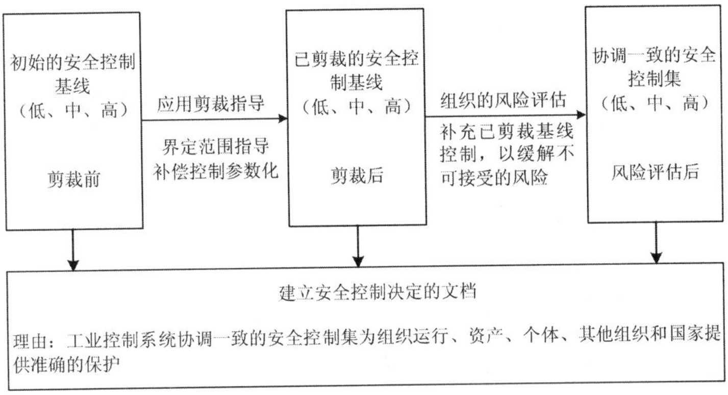

图 7－10　安全控制选择过程

7.4　本章小结

本章系统全面地介绍了工业控制系统安全法律法规以及国内外工业控制系统信息安全标准体系。通过本章的学习，我们可以对我国工业控制系统信息安全在政策法律、法规、标准方面有了比较全面的认识和了解。本章节内容也体现出国家对工业控制系统信息安全的重视程度，我国已经将工业控制系统信息安全纳入到法律层面，为应对新形势下的工业控制安全形势，提升工业企业工业控制安全防护水平，保障行业的健康发展，我国也陆续出台了一些标准，本章也介绍了一些在研等阶段的标准，并在逐步完善我国工业控制领域信息安全标准体系。工业控制信息安全行业将在法律法规的约束下以及标准的指导下，实现我国工业控制网络安全稳定、健康有序发展。

7.5　本章习题

1. 网络安全法立法架构是什么？
2. 请简要说明工业控制系统定级对象及定级要素。
3. 请列举 3－5 项已发布的工业控制系统信息安全标准。

参考文献

[1] Jack zhai. 回顾信息安全的发展历程 [EB/OL]. http://zhaisj. blog. 51 cto. com/219066/10111，2008 年 9 月 18 日.

[2] 昂楷科技. 细数我国网络安全发展史 [EB/OL]. http：mt. sohu. com/2016111/n4341 21900. shtml，2016 年 1 月 11 日.

[3] 朱明. 网络安全技术的发展现状及发展趋势 [J]. 网络安全技术与应用，2015，(02)：156－157.

[4] 赵国栋. 大数据时代的历史机遇 [M]. 北京：清华大学出版社，2013，41－54.

[5] 马颜军，张宇. 大数据时代下的信息安全 [J]. 网络安全技术与应用，2014，(12)：140－144.

[6] 漆晨曦. 运营商大数据管理及应用体系发展策略 [J]. 通信企业管理，2012，(10)：72－75.

[7] 朱文，诚凌. 玩转大数据：互联网企业先戴好"安全"帽 [J]. 中国信息安全，2013，(09)：87－90.

[8] 黄章树，刘晴晴. 基于云计算服务模式的数据挖掘应用平台的构建 [J]. 电信科学，2012，(01)：53－57.

[9] 吴吉义，沈千里，章剑林，沈忠华，平玲娣. 云计算：从云安全到可信云 [J]. 计算机研究与发展，2011，(S1)：229－233.

[10] 马龙. "两化融合"方法研究势在必行 [J]. 中国信息化，2014，(Z1)：84－85.

[11] 胡锦涛. 坚定不移沿着中国特色社会主义道路前进为全面建成小康社会而奋斗——在中国共产党第十八次全国代表大会上的报告 [J]. 党建研究，2012，(12)：4－28.

[12] 董鹏，季伟. 扒开"工业 4.0"的华丽外衣 [J]. 企业管理，2014，(11)：12－15.

[13] 王雪彩. "安全可控工业控制系统"项目投资可行性分析 [D]. 北京化工大学，2013.

[14] 许海峰，靳静，丛力群. 冶金行业工业控制信息安全系统浅析 [J]. 自动化仪表，2015，(09)：1－5.

[15] 北京匡恩网络科技有限责任公司. 2015 年工业控制网络安全态势报告 [EB/OL] http://gongkong. ofweek. com/2016－05/ART－310021－8120－29095541 _ 3. html，2016 年 5 月 11 日.

[16] N. Falliere，L. O. Murchu，E. Chien，Symantec. W32. Stuxnet Dossier，Version1. 1，October 2010.

[17] TONG Xiaoyang, WANG Xiaoru, Inference and Countermeasure Presuppostion of Network Attack in Incident on Ukrainian Power Grid [J], Automation of Electric Power Systems, vol. 40, no. 7, pp. 144-148, 2016.
[18]《信息安全与通信保密》编辑部. 防御工控系统安全风险，中国在行动 [J]. 信息安全与通信保密，2014，(06)：18-21.
[19] 杜品圣. 智能工厂——德国推进工业 4.0 战略的第一步（上）[J]. 自动化博览，2014，(01)：22-25.
[20] 杜品圣. 智能工厂——德国推进工业 4.0 战略的第一步（下）[J]. 自动化博览，2014，(02)：50-55.
[21] Eric D Knapp, et al Industrial Network Security - Securing Critical Infrastructure Networks for Smart Grid, SCADA, and Other Industrial Control Systems [M] * USA: Elsevier Inc , 2011.
[22] V. M. Igure, Security assessment of SCADA protocols: a taxonomy based methodology for the identification of security vulnerabilities in SCADA protocols, VDM Verlag Dr. Muller Aktiengesellschaft & Co. KG, 2008.
[23] ODVA, CIP Technology Overview. , <http: //www. odva. org/Home/OD-VAT-ECHNOLOGIES/CIP/CIPTech-nologyOverview/ tabid/ 68/ Default. aspx. >, 2010 (cited: November 24, 2010), Saarbriicken, Germany.
[24] 中华人民共和国国家质量监督检验检疫总局. 中国国家标准化管理委员会. GB/T 20984—2007. 信息安全技术 信息安全风险评估规范 . 2007 年 6 月 14 日.
[25] 中华人民共和国国家质量监督检验检疫总局. 中国国家标准化管理委员会. GBT 263332010. 工业控制网络安全风险评估规范. 2011 年 1 月 14 日.
[26] 中华人民共和国国家质量监督检验检疫总局. 中国国家标准化管理委员会. GB/T 30976. 1-2014. 工业控制系统信息安全——第 1 部分：评估规范 . 2014 年 7 月 24 日.
[27] 中华人民共和国国家质量监督检验检疫总局. 中国国家标准化管理委员会. GB/T 30976. 1-2014. 工业控制系统信息安全——第 2 部分：验收规范 . 2014 年 7 月 24 日.
[28] 中华人民共和国国家质量监督检验检疫总局. 中国国家标准化管理委员会. GB/T 33009. 3-2016. 工业自动化和控制系统网络安全集散控制系统（DCS）第 3 部分：评估指南 . 2016 年 10 月 13 日.
[29] Eric D. Knapp 著. 工业网络安全 [M]. 周秦，郭冰逸，贺惠民等译. 北京：国防工业出版社，2015 年 9 月.
[30] 肖建荣. 工业控制系统信息安全技术分析与探讨 [J]. 自动化博览，2015，(06)：

74－77.

[31] 饶志宏，兰昆，蒲石．工业 SCADA 系统信息安全技术［M］．北京：国防工业出版社，2014 年 3 月．

[32] 施柳．基于 VxWorks 的嵌入式设备监控系统［D］．北京交通大学，2010．

[33] 项目管理协会．PMBOKR 指南（第 4 版）［M］．（王勇，张文武），北京：电子工业出版社，2009：6－21．

[34] 柳纯录．信息系统项目管理师教程目录（第 2 版）［M］．北京：清华大学出版社，2016：39－52．

[35] 刘勇．浅谈网络安全管理与运维服务［EB/OL］http：//netsecurity. slcto. com/art/2013 04/392180 all. htm，2013 年 4 月 27 日．

[36] 刘翠．渗透测试技术的应用分析［J］．产业与科技论坛，2014，(11)：65－66．

[37] 焦福文，刘岩．保证电子政府安全运行的基本方法［M］．北京：中国财政经济出版社，2003．

[38] 张敏，张五一，韩桂芬．工业控制系统信息安全防护体系研究［J］．工业控制计算机，2013，(10)：25－27．

[39] 董博文．浅谈软件安全开发关键技术的研究和实现［J］．计算机光盘软件与应用，2012，(08)：187－188．

[40] 安辉耀．芯片安全与硬件木马［J］．中国信息安全，2011，(06)：34－37．

[41] 张磊．初探计算机病毒及其预防和处理措施［J］．电脑知识与技术，2013，(26)：5843－5853－5857．

[42] 陈娜．网络安全态势感知体系及关键技术研究［J］．自动化与仪器仪表，2015，(01)：47－49

[43] 孟令强，关勇，张向红，龚丽君，郭浩波．基于可信计算的应用程序白名单管理系统［J］．计算机安全，2010，(10)：16－17－21．

[44] 石波，王红艳，郭旭东．基于业务白名单的异常违规行为监测研究［J］．信息网络安全，2015，(09)：144－148．